国家自然科学基金项目（42061011，41977236）
江西省重点研发项目（20232BBE50025）
江西省自然科学基金项目（20223BBG71W01）
新疆兵团科技计划项目（2020AB003）

资助

砂土地层人工冻土水-热-力耦合模型及工程应用

张潮潮　李栋伟　秦子鹏　夏明海　吕向兵　王振华　著

武汉理工大学出版社
·武汉·

内容提要

本书主要介绍人工冻土物理力学性能试验及发现的规律及取得的成果，提出一种更适用于砂土地层的黏弹塑性蠕变本构模型，开展冻胀融沉试验、强渗透地层地下水流速测试、原位冻结模型试验等，构建多物理场耦合数学模型及有限元计算模型，构建智能参数反演及多场耦合数值分析预测模型，介绍优化设计及信息化施工管理等方面的内容。本书建立砂土地层的黏弹塑性蠕变本构模型，构建能够表达冻土体中液态水渗流、温度场分布、水分场迁移、冰-水相态含量、冻胀和应力-应变状态的砂土人工冻土体水-热-力耦合数学模型，研发智能优化反演程序，构建基于有限元原理的复杂地层人工冻结法信息化管理系统等。

本书可作为人工冻结法理论与技术的参考依据，也可为砂土地层冻结法工程的建设提供科学支撑。本书可供冻土工程科研人员、冻结法从业者及爱好者阅读参考。

图书在版编目（CIP）数据

砂土地层人工冻土水-热-力耦合模型及工程应用 / 张潮潮等著. -- 武汉：武汉理工大学出版社，2025.5. -- ISBN 978-7-5629-7433-8

Ⅰ.P642.14

中国国家版本馆 CIP 数据核字第 2025MU2799 号

责 任 编 辑：严　曾	
责 任 校 对：尹珊珊	排版设计：正风图文
出 版 发 行：武汉理工大学出版社	
社　　　　址：武汉市洪山区珞狮路122号	邮　　编：430070
网　　　　址：http://www.wutp.com.cn	
印　刷　者：武汉乐生印刷有限公司	
经　销　者：各地新华书店	
开　　　　本：710×1000　1/16	印张：15	字　　数：294千字
版　　　　次：2025年5月第1版	
印　　　　次：2025年5月第1次印刷	
定　　　　价：78.00元	

凡购本书，如有缺页、倒页、脱页等印装质量问题，请向出版社发行部调换。
本社购书热线电话：027-87391631　027-87523148　027-87165708（传真）

版权所有，盗版必究

前　言

　　人工冻结法目前在矿井、城市地铁隧道、基坑工程等地下空间领域得到广泛应用，尤其在城市地铁隧道领域，人工冻结法技术已成为地铁联络通道开挖前土体的加固止水、盾构隧道进出洞时端头及盾尾的封水、地铁事故修复，以及其他一些突发事故的工程抢险等领域中的最佳工法。人工冻结法及信息化设计与施工技术具有广阔的应用前景。

　　富水地层地下工程普遍存在地质复杂、地下水位高、地下水流速快，给冻结工程的安全施工和冻结帷幕的精准预测带来了巨大挑战。近年来人工冻结法在沿海地区地铁建设工程中事故频发，引起严重的城市工程地质环境灾害，导致巨大经济损失和人员伤亡，亟须建立大流速饱和冻结砂土水-热-力多物理场耦合模型，揭示冻结帷幕形成机理、冻结温度场变化规律，为富水滨海砂土地层冻结法工程的建设提供科学依据。

　　本书针对富水地层冻结工程的安全建设与信息化施工这一实际问题，综合采用理论公式推导、室内土工试验、原位模型试验、实际工程现场监测、有限元数值分析等研究方法，提出一种改进的分数阶黏弹塑性蠕变本构模型，该模型具有较高的精度和较强的应力敏感性；探讨水-热-力耦合场规律，构建滨海饱和砂土地层人工冻土体水-热-力耦合数学模型并以偏微分方程组的形式，将该数学模型控制方程进行有限元程序二次开发；设计研发动态智能参数反演模型及程序，克服了传统反演方法随机性大，反演过程耗时且精度不高的不足；建立超长联络通道三维水-热-力耦合数值计算模型，进行关键参数智能反演和水-热-力耦合计算分析，并在此基础上对冻土发展情况进行预测；研发富水地层冻结设计与施工动态管理平台。基于以上研究结果，使人工冻结法施工过程信息化、科学化、专业化，为冻结工程的安全高效施工提供科学指导。

　　本书由南昌工程学院张潮潮、大连大学李栋伟、浙江水利水电学院泰子鹏、新疆伊犁哈萨克自治州奎屯河流域管理处夏明海、新疆生产建设兵团第七师水利工程管理服务中心吕向兵、东华理工大学王振华合著。

　　在编写过程中，本书参考和引用了国内外近年来正式出版的有关人工冻结法理论与技术的标准、规范、专著及论文等。由于冻土在理论和实践上发展较快，限于作者水平，书中论述难免有不足之处，敬请读者批评指正。

作　者
2024 年 11 月

目　　录

第1章　概述 ·· 1
1.1　研究背景及意义 ·· 1
1.2　国内外研究进展 ·· 3
1.3　主要研究内容 ·· 8

第2章　人工冻土物理力学性能试验及本构模型 ······················ 11
2.1　工程背景及土样来源 ·· 11
2.2　常规土工参数试验 ·· 13
2.3　人工冻土力学性能试验 ·· 13
2.4　黏弹塑性蠕变本构模型 ·· 21
2.5　本章小结 ·· 27

第3章　冻土水-热-力多场耦合物理试验 ····································· 29
3.1　水热物理参数及其等效表达式 ··· 29
3.2　土柱冻胀融沉试验 ·· 34
3.3　强渗透地层地下水流速测试 ·· 40
3.4　渗流作用下原位冻结模型试验 ·· 42
3.5　本章小结 ·· 53

第4章　饱和冻土体水-热-力多物理场耦合数学模型 ················· 55
4.1　饱和冻土水-热-力耦合理论 ·· 55
4.2　水分场控制方程 ·· 57
4.3　温度场控制方程 ·· 65
4.4　应力场控制方程 ·· 68
4.5　边界条件 ·· 70
4.6　无渗流水-热-力耦合模型验证 ·· 71
4.7　渗流条件下水-热-力耦合模型验证 ·································· 82
4.8　本章小结 ·· 95

第5章 智能参数反演及多场耦合数值分析预测模型 …… 97
5.1 温度场参数反演概述 …… 97
5.2 温度场反演分析理论模型 …… 98
5.3 动态智能参数反演模型 …… 100
5.4 超长联络通道三维水-热-力耦合模型及关键参数反演 …… 104
5.5 超长联络通道水-热-力耦合计算及温度场预测 …… 112
5.6 本章小结 …… 128

第6章 高寒地区原位冻结模型试验与盐水冻结实施方案 …… 129
6.1 原位冻结模型试验概况 …… 129
6.2 模型试验设计方案 …… 135
6.3 模型试验过程及结果分析 …… 141
6.4 盐水冻结实施方案 …… 155
6.5 盐水冻结与液氮冻结对比 …… 165
6.6 本章小结 …… 169

第7章 优化设计及信息化施工管理 …… 171
7.1 渗流条件下冻结孔优化设计 …… 171
7.2 参数化建模 …… 199
7.3 动态监控量测 …… 202
7.4 信息反馈及施工参数调整 …… 205
7.5 富水地层人工冻结法设计与施工动态信息管理系统 …… 207
7.6 本章小结 …… 210

第8章 结论与展望 …… 211
8.1 结论 …… 211
8.2 不足及展望 …… 214

参考文献 …… 215

附录A 单参数动态智能反演主要程序 …… 225

附录B 多参数动态智能反演主要程序 …… 229

第1章 概　　述

1.1　研究背景及意义

在世界范围内,天然冻土分布广泛,全球土地面积的一半都有冻土产生,在我国约有四分之三的陆地会形成冻土。由于天然冻土的广泛存在,学者们早已开展了关于天然冻土的研究,并总结出了冻土的许多优势及其产生的一些不利影响。随着技术的进步,人们开始利用冻土的优势大力发展人工冻结法技术,将天然土体通过人工制冷技术进行冻结使其转化为人工冻土体。人工冻结法具有良好的封水(止水)性能,且形成的冻土帷幕强度高、地层可复原性好、绕障性强、施工方便,适用于各类地层,特别在富水地层中具有优越性[1-2]。人工冻结法是依靠在冻结管中循环的冷媒带走冻结管周围土体中的热量,使土体中的水降温结冰,继而与土颗粒等其他物质胶结形成冻土体。目前,工程中常用的制冷剂为盐水,盐水冻结可以使冻土温度达到$-37 \sim -20$ ℃,液氮冻结是隧道工程应急抢险的重要手段,其所形成的冻土温度可达-196 ℃[3]。

自1862年人工冻结法首次应用于建筑基础加固以来,人工冻结法技术开始发展并得到快速普及应用。1995年,我国首次在某煤矿风井施工中使用了人工冻结法,此后,人工冻结法施工技术在我国快速发展并取得丰硕成果。人工冻结法目前在矿井、城市地铁隧道、基坑工程、地下硐室等地下空间领域得到广泛应用,尤其在城市地铁隧道应用领域更是得到快速发展。随着我国城市化进程的不断加快,城市地下空间建设量显著增长。以城市轨道交通为例,2020年,全国已有36条新的轨道交通线路,累计达到247条;如图1.1所示,截至2021年底,我国开通城轨交通运营的城市已达50个,运营线路283条,其中,地铁运营线路7 209.7 km,城轨交通线网规划获批的城市达到67个。(上述数据不含港澳台)目前及未来相当长的时间内,城市轨道交通建设会持续大力开展,人工冻结法技术已成为地铁联络通道开挖前土体的加固止水、盾构隧道进出洞时端头及盾尾的封水、地铁事故修复以及其他一些突发事故的工程抢险等领域中的最佳工法,人工冻结法及信息化设计与施工技术具有广阔的应用前景。

然而,近年来人工冻结法施工在沿海地区地铁建设工程中事故频发,造成了巨大的生命财产损失,给城市的工程地质环境造成了极大的危害。例如,上海地铁4

号线在冻结期间发生管涌坍塌事故，导致邻近的 3 座建筑物倾覆，如图 1.2 所示，造成了约 1.5 亿元的直接经济损失。该事故的发生是由冷冻设备出现故障导致土体温度回升、竖井与旁通道的开挖顺序错误，以及地下承压水导致喷水涌砂这三方面不利因素综合影响导致的[4]；杭州地铁软土隧道工程坍塌事故，如图 1.3 所示，造成 21 人死亡和 24 人受伤，直接经济损失 4961 万元；深圳地铁 A 标段暗挖隧道采用人工冻结法加固施工，然而地下存在暗河且水流流速大，导致冻结帷幕的形成出现问题[5]。

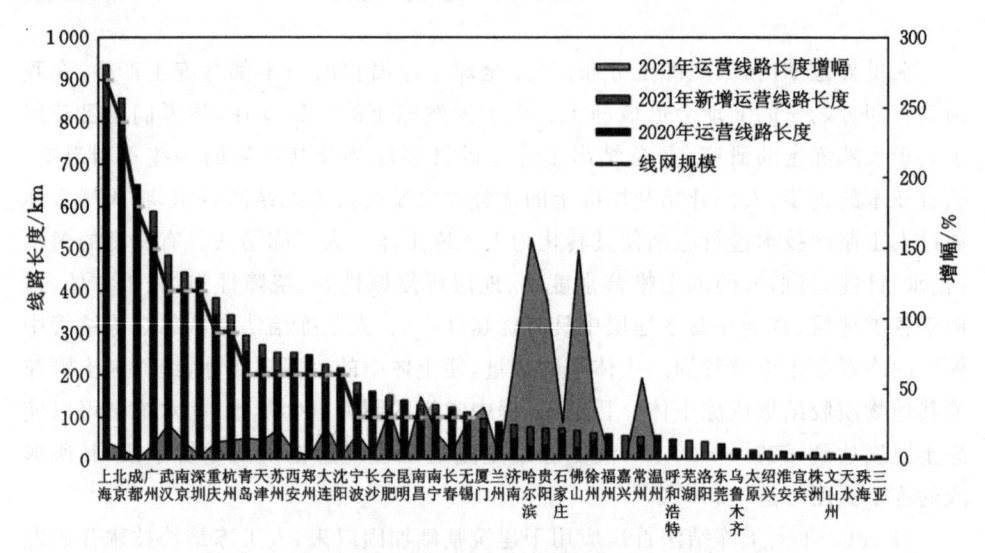

图 1.1 2021 年各城市轨道交通运营线路长度及增长幅度
（图片来源于中国城市轨道交通协会《城市轨道交通 2021 年度统计和分析报告》）

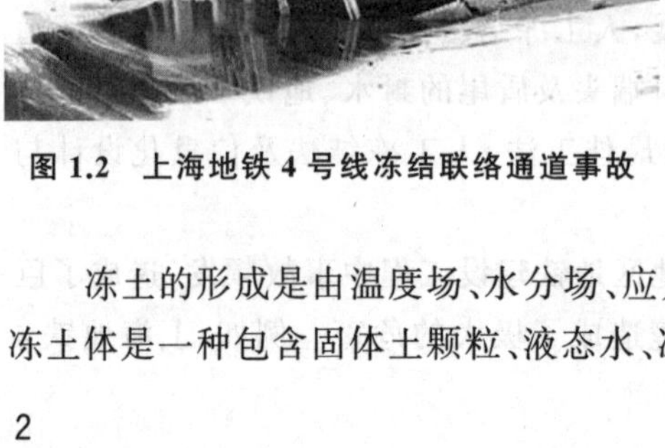

图 1.2 上海地铁 4 号线冻结联络通道事故 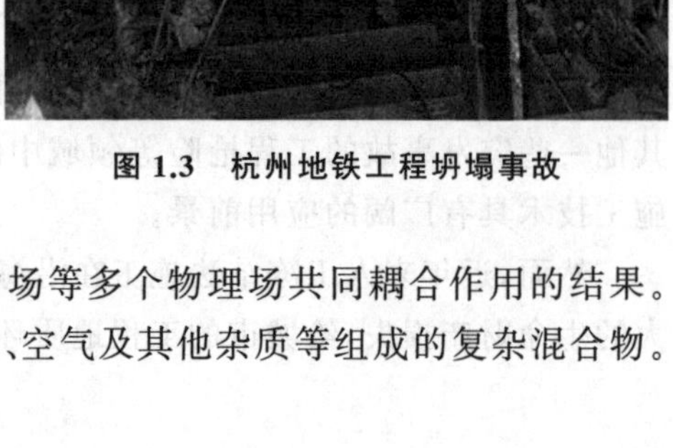　　**图 1.3 杭州地铁工程坍塌事故**

冻土的形成是由温度场、水分场、应力场等多个物理场共同耦合作用的结果。冻土体是一种包含固体土颗粒、液态水、冰、空气及其他杂质等组成的复杂混合物。

冻结过程是一个动态的变化过程,在低温影响下,冻土的温度场产生变化,土体中的液态水会发生相变结冰。随着冻结持续进行,冰含量持续增加,液态水变成冰会导致其体积增加,单位体积液态水变成冰其体积增大约9%,导致冻胀现象的出现。同时,冻土体的物理力学性质也与温度有着密切关系,冻结过程是一个水-热-力多场耦合作用的过程。温度场发生变化时,冻土中的水分场也会变化,同时由于冻胀和相变,温度场和水分场的变化必然会影响应力场,应力场的变化也会反过来影响温度场和水分场,这三场呈相互影响,互相牵制的状态。

富水地层地下工程普遍存在地质复杂、地下水位较高、补给源充足、排水和止水困难等问题,尤其是当地下水流动较快的情况下,更是给冻结工程的安全施工和冻结帷幕的精准预测带来了挑战。

关于强渗透地层、大流速饱和人工冻土体水-热-力多物理场耦合模型的建立及分析相对较少,亟须建立大流速饱和砂土人工冻土体水-热-力多物理场耦合模型,揭示冻结帷幕形成机理、冻结温度场变化规律,为富水地层冻结法工程的建设提供理论基础。同时,冻结形成的冻土帷幕牵涉复杂的地质条件和应力状态,原有的深部矿山冻土力学(应力控制)概念已不能或不能完全适用于富水表土地层地铁冻结工程(变形控制)实践,富水砂土地层冻土力学性质有待继续研究。以超长冻结地铁联络通道为例的高风险冻结工程,可参照案例很少,设计施工中存在很多盲区,工程存在很大风险,亟须新的理论及技术指导。因此,对富水地层人工冻土力学性能、本构模型、水-热-力多物理场耦合模型、冻结帷幕形成机理、智能参数反演寻优、冻结温度场预测预报、冻结工程信息化设计与施工等关键技术研究显得非常必要。

1.2 国内外研究进展

1.2.1 冻土本构模型研究

冻土力学以冻土的强度与变形特征为研究对象,研究成果主要用于服务实际工程[6]。近年来,国内外对冻土的强度特性进行了大量的研究,而关于冻土单轴力学性质的研究开展得最早,也是研究最深入的[7]。Ma等[8]、李栋伟[9]开展冻结黏土抗压强度试验,结果表明冻结温度的降低引起冻结黏土的抗压强度增大,应变速率的增加导致抗压强度指数型增强。孙立强等[10]研究了冻土单轴抗压强度随土体中盐含量的变化规律。Xu等[11]开展了5种不同应变速率和4种不同温度下的饱和冻土单轴压缩试验,提出了一种考虑温度和应变速率影响的

3

弹塑性本构模型。

冻土三轴试验更能准确反映出冻土的实际受力状态,最新冻土本构模型和强度准则的提出大多基于三轴试验。张雅琴等[12]以不同围压、不同应力路径条件下的南京冻粉质黏土三轴试验结果为基础,分析了该土体三轴受力强度规律。赖远明等[13]基于-6 ℃的冻结砂土强度试验结果,提出了一种改进的邓肯-张模型,该改进模型可以同时描述应变的软化与硬化。Lai等[14-15]在对冻土进行了三轴压缩试验的基础上,提出了一种基于试验结果的强度准则。李栋伟等[16]以冻土三轴试验数据为训练集,建立反向传播(back propagation,BP)神经网络本构模型,并对该本构模型进行二次开发。Lai等[17]对冻结盐渍砂土进行了一系列三轴压缩试验,在试验的基础上提出了一种新的双屈服面本构模型。Liu等[18]对人工结构土样进行了不同围压下的三轴压缩试验,提出了人工结构性土的二元介质本构模型。栗晓林等[19]与焦贵德等[20]总结了前人对冻土变形特性的研究成果,讨论了循环荷载作用下冻土的变形特性,探讨了冻土在循环荷载下的累积变形和动强度。陈敦等[21]利用空心圆柱测量仪对不同温度下的饱和冻土进行了剪切变形、各向异性特征、剪切带演化等方面的研究。Zhou等[22]提出了一种基于固体颗粒相、晶体冰相和液态水相三种物相信息的冻土宏观强度提升的多尺度均匀化模型。罗飞等[23]基于混合复合物理论,不考虑冰的压融,研究冻结砂土应力受内摩擦角的影响规律,构建一个适用于冻结砂土的考虑颗粒破碎的非线性本构模型。李顺群等[24]根据传统剑桥模式,推导并得到了基于K0线的原状土修正剑桥模型。Liu等[25]基于热孔隙力学,建立了基于不可逆过程的多孔弹塑性饱和冻土本构模型。

在冻土蠕变研究方面,许多关于冻土蠕变的研究表明,应力水平是影响冻土强度和变形的重要因素,应力水平的提高会导致冰的融化、冰与土颗粒黏结的破坏、冰晶体的破碎甚至土颗粒的破碎,影响土的蠕变特性,进而这些因素的影响会反映在冻土的黏滞系数的变化中[26]。通过对砂土的研究分析,Vialov[27]提出蠕变是土壤中的一些缺陷和微观裂缝的形成与发展所致。陈湘生[28]建立了我国较早的人工冻结黏土蠕变数学模型。孙凯等[29]考虑时间和应力对冻土的影响,并将其反映在黏性系数中,基于元件模型建立了一种蠕变本构关系。李栋伟等[30-34]开展了大量人工冻土蠕变试验,将损伤变量引入经典冻土西原模型中,得到了冻土蠕变损伤耦合本构关系。Yao等[35]基于冻土在不同冻结温度下的蠕变试验结果,提出了考虑温度影响下的冻土蠕变模型。赵延林等[36]在Burgers模型上串联一个M-C(摩尔-库仑)塑性元件,以更好地描述冻土强度非线性衰减特性。张德等[37]建立了考虑不同围压作用的冻结砂土损伤本构模型,并提出了一种改进的摩尔-库仑强度屈服准则。麻世垄等[38]将Drucker-Prager强度准则作为冻土微元统计分布变量,建立了三维应力状态中主应力系数影响下的冻结砂土损伤本构模型。罗飞等[39]在

Nishihara模型的基础上,引入了一个基于损伤变量的黏塑性元件,考虑了时间和应力对构件之间的耦合效应,建立了一个新的冻结砂土蠕变模型。de Gennaro等[40]提出了非饱和岩土材料的黏塑性本构模型,用于描述饱和和非饱和岩土材料随时间变化的力学行为。Lai等[41-42]和Liao等[43]基于参数的概率分布和随机过程理论,提出了损伤统计本构关系和随机模型。王廷栋等[44-45]进行了冻土蠕变的光黏弹性模拟试验可行性研究,得出了由模型试验结果计算原型应力、应变及位移的公式。

1.2.2 冻土水-热-力多场耦合研究

1. 水-热耦合方面

冻土多物理场耦合研究从水热迁移耦合开始。Harlan[46]在20世纪70年代首先提出了水热迁移耦合模型,为后来水-热-力耦合的研究奠定了基础。Andersland[47]开展冻土室内试验,研究冻结过程中土体的相变潜热变化,并提出了一种计算相变潜热的方法。Yu等[48]研究了不同模型复杂性对理解冻土中质量、动量和能量传递的影响,评估了模型在模拟水和热传递及表面潜热通量方面的性能。Scott等[49]提出了一种新的冻土中水的相分配本构关系,求解了冻土中流动的修正非等温Richards方程。Wu等[50]提出了一个将全饱和土壤中的热流体传输与相变耦合的数学模型。Li等[51]提出了一种描述非饱和冻土中温度变化和液态水-蒸汽再分配的综合耦合模型。梁冰等[52]分析了岩石的孔隙率与应力的关系,进而得出渗透率与温度的关系。

很多学者通过开展室内模型试验进行水热耦合研究,如张松等[53]进行了单排管冻结模型试验,得出了在瞬时定渗情况下,温度场的演变规律。Pimentel等[54]开展了大量试验,以探讨高流速对冻结作用的影响。Wang等[55-56]建立了大型水热耦合物理模型试验系统,基于试验结果提出了渗流作用下单管冻结稳态温度场的解析表达式。Pimentel等[54]开发了一种新的高渗流速度条件下人工冻结法大规模物理模型,并讨论了现有的有渗流和无渗流人工冻结的闭式解。李方政等[57]和荣传新等[58]建立了渗流条件下冻结模型试验系统,进行渗流条件下冻结模型试验研究。Sudisman等[59]开展了室内冻结模型试验,对不同土体的水力传导特性和温度场情况进行了研究。汪仁和等[60]根据人工多圈管冻结模型试验,认为温度梯度是引起水分迁移的主要原因,构建了正冻土中水热耦合微分控制方程。龙小勇等[61]开展不均匀冻胀水热耦合模型试验,得到了冻胀产生的机理及温度、水分场和耦合作用的发展规律。吉植强等[62]通过模型试验来研究不同的渗流速度和冻结管间距下土体温度场和冻结帷幕的发展情况。Vitel等[63]建立了一种用于研究渗透作用下的非变形饱和多孔介质的水-热数值模型。黄诗冰等[64]考虑裂隙中的水冰相变过程和渗流作用，建立了低温冻结条件下裂隙岩体水-热耦合模型。Hu等[65]建立了一个完全耦合的数值模型来模拟温度场和地下水流场的变化。徐光苗[66]在国内外水热耦合研究基础上，建立了一种考虑相变的低温岩土体水热耦合计算模型。Ji等[67]将土壤骨架、孔隙冰和孔隙水作为独立体进行力学分析，进一步改进了热-流耦合方程。

2. 水-热-力耦合方面

在水热冻胀研究方面，Neaupane等[68-69]分析了冻结过程中的水/冰相变和冻胀，建立了冻岩体的热、流、固耦合控制方程。Zhou等[70]提出分离孔隙比的概念作为冰透镜体形成的判断标准，建立了水-热-力耦合的数学模型。Ji等[71]考虑土壤孔隙度与有效应力之间的关系，建立了描述单个冰透镜体在约束条件下生长的热-水-力学耦合模型。何平等[72]解释了冻结缘产生的原因，定义了分凝冰的形成条件，提出了土体冻结过程中的水-热-力三场耦合方程。曾桂军等[73]建立了饱和土体冻胀模型，能够模拟土体水分迁移及分凝冰形成过程的冻胀。周扬等[74]基于能反映透镜体生长过程的冻结模型，构建了水热耦合分离冰冻胀模型。张玉伟等[75]建立三维温度场模型，获得土体冻结深度变化规律，并提出新的冻胀模型。

在水-热-力耦合模型试验方面，吴亚平等[76]开展桩底水热效应对冻土桩-土流变特性影响的模型试验研究。程桦等[77]开展大型水-热-力三场物理模型试验，对冻结法施工中冻结壁的形成规律、冻胀与融沉效应等问题进行了探究。白丽伟等[78]建立了煤矿地下水库坝体应力-渗流数学模型，研究不同储水深度对煤矿地下水库坝体稳定性的影响。Shen等[79]开展冻结模型试验，根据相关偏微分方程确定了水场的相似准则，使用弹性模型推导了应力场和载荷的类似准则。李清林[80]基于寒区路基土开展研究，构建了一个水-水汽-热-力耦合数学模型，并通过试验进行模型验证。李智明[81]建立了基于复合混合物理论的非饱和冻土水-热-气-力四场耦合模型，并通过数值模拟的方法进行模型计算。

宁建国等[82]和朱志武等[83]利用自行推导的本构关系对冻土路基的水分场、温度场、应力场三场耦合进行数值模拟计算。陈飞熊等[84-85]针对饱和冻土体，建立了水-热-力-变形耦合的数学模型。Qin等[86]基于混合物理论分析了非饱和土的热-水-力学耦合行为。Liu等[87]建立了一个用于模拟冻结非饱和多孔材料中的水-热-力耦合过程的计算模型。贾善坡等[88]导出变形多孔介质热-流-固三场耦合模型及其控制方程，探讨有限元法的求解过程。路建国等[89]针对冻土水-热-力耦合相关的理论进行了归纳,发现目前的水分迁移驱动力假说在解释水分迁移现象方面尚有不足之处。陈卫忠等[90]综述国内外水-热-力耦合方面的研究现状以及取得的研究成果,构建了含相变低温岩体水热耦合模型。

3. 水-热-力-盐等多场耦合

Thijs[91]将耦合水流、热传输和溶质传输的垂直一维数值模型与8年的监测数据相结合,以估计溶质传输参数。黄兴法等[92]以土壤物理基本定律为基础,建立了结冻、未结冻、饱和、非饱和土壤的水热盐耦合运动通用模型。Zhang等[93]建立了一维水热盐耦合数学模型,考虑将饱和盐渍土柱置于冻结条件下,以模拟水分迁移和盐迁移。肖泽岸等[94]研究了单向冻结过程中的水盐运动规律及产生的土体变形情况,建立了冻结盐渍土中水盐变形计算模型。李瑞平等[95]对盐渍化土体冻融期水热盐的动态变化进行了模拟研究,结果表明土体的冰点随含盐量增大而降低,需要更长的冻结时间。Rouabhi等[96]导出了考虑盐度效应的完全耦合传热传质公式。

Wu等[97]改进了非平衡状态下未冻结含水量的表达,提出了全饱和含盐冻土相变的热-水-盐-力学耦合模型。冯瑞玲等[98]在已有的冻土三场耦合模型的基础上,建立了盐渍土水-盐-热-力四场耦合动力学模型。邴慧等[99]测试研究分析了青藏高原铁路沿线粉质黏土体的冻胀量、水分场和盐分场的分布情况等。

1.2.3 人工冻结帷幕预测研究

人工冻土本构模型的研究及多物理场耦合模型的构建其目的主要是为了研究冻土帷幕的形成发展规律,冻土体形成过程中温度场、渗流场及应力-应变之间的影响机制,为人工冻结工程的安全、经济、高效施工提供科学的理论依据和计算方法。

陈军浩等[100]以上海某冻结联络通道为研究对象,开展了冻结过程中冻结帷幕厚度、平均温度计算分析,并构建了用于预测冻结温度场发展规律的联络通道三维数值模型。龙伟等[101]以港珠澳大桥珠海连接段拱北隧道为工程实例,研究管幕冻结法的温度场发展规律,并根据实际冻结工况进行了COMSOL软件数值计算。Hu等[102-103]给出了单圈冻结管冻结壁稳态温度场的数学模型,还提出了圆形冻结壁厚度和平均温度的计算方法。岳丰田等[104]研究分析某江底隧道联络通道冻结过程中冷却盐水温度、周围土体温度、冻胀产生的压力及变形等规律。姜耀东等[105]以某地铁工程为例,研究了冻结帷幕在时间和空间上的演化规律和发展速度。Wang等[106]设计采用了U形冻结管,并研究了其与冻土体之间的相互作用,发现增大土粒径有助于减小管道变形。黄建华等[107]研究了水泥改良对联络通道地层冻结温度场的影响,建立联络通道冻结开挖三维数值模型。覃伟等[108]以某超长联络通道为例,分析了施工过程中温度场、冻结帷幕和已有隧道的变形规律。Vasilyeva 等[109]探讨了多尺度数学模型的解的精度,并提出将冻结管视为线源项。方江华等[4]对上海4号线江中连接段修复工程冻结过程中的冻结参数进行了设计,确定了冻结系数。李大勇等[110]对冻结施工中土体的温度场分布、冻结引起的地表及隧道变形及冻结后最佳开挖时间的确定等进行了分析研究。Yang 等[111]试验分析了渗流条件下人工冻砂土上下游冻土的发展情况,研究了地下水流动对冻结温度场的影响。Li 等[112]以某富水砂层冻结联络通道工程为背景,提出了一个水热耦合模型来预测富水砂层冻结帷幕的动态形成过程。杨平等[113]采用数值计算的方法,构建了基于地下水流的冻结锋面发展的数学模型。Alzoubi 等[114]建立渗流下冻结温度场预测模型,以模拟冷却剂温度、两个冷冻管之间的间距及渗流温度对闭合时间和冻结体形状的影响。刘伟俊等[115]根据相似准则,在其设计的北京砂卵石层冻结模型试验中,从迎水面长度、顺水流长度和厚度三个方面对多排管段水平冻结体温场的发展规律进行了研究。周洁等[116]以某冻结工程为背景,通过缩尺模型试样,研究了上部软黏土下部砂土的组合地层在渗流下冻土发展规律。张晋勋等[117]依托北京地铁车站盆形冻结工程,开展了富水砂卵石地层有无渗流下的冻结模型试验并进行了数值模拟分析,探讨有无渗流下该地层温度场变化规律。

目前,我国人工冻结法技术应用在数量与规模上处于世界领先,但仍存在一些问题。

(1) 冻结设计往往没有根据实际工况进行优化设计分析,导致冻结设计要么非常保守,采用了非常多的冻结管,冻结帷幕厚度较厚,造成了较大的浪费,要么设计存在薄弱点,易造成风险。

(2) 钻机的钻井能力、冻结管的偏斜测量与控制等需要进一步提高,动态监测系统不完善。

(3) 工程计算采用物理力学参数一般通过室内试验获得,与工程现场实际存在差距,往往不能真实反映出工程实际。

(4) 实际工程中依然采用传统的施工方法,信息化水平非常低,没有实时信息的指导,施工过程缺乏动态调整。

(5) 富水地层地下工程普遍存在地质复杂、地下水位高、地下水流速快等问题,给冻结工程的安全施工和冻结帷幕的精准预测带来了巨大挑战。

1.3 主要研究内容

本书综合采用理论公式推导、室内土工试验、原位模型试验、实际工程现场监测、有限元数值分析等研究方法,深入研究分析了饱和冻结砂土体多场耦合机制,基于物质连续性方程、能量守恒方程、平衡微分方程、本构方程,结合边界条件,构建能够表达冻土体中存在的液态水渗流、温度场分布、水分场迁移、冰-水相态含量、冻胀和应力-应变状态的富水地层饱和人工冻结砂土体水-热-力耦合数学模型。通过提出的人工冻结砂土本构模型、水-热-力多物理场耦合模型、智能优化反演程序等构建基于有限元原理的富水地层人工冻结法设计与施工动态信息管理系统。

1. 富水典型地层热物理力学性质指标

(1) 物理性质指标:土体的颗粒级配、含水率、重度、液塑限等。

(2) 力学性质指标:承压水地层的单轴抗压强度、三轴剪切强度、应力-应变曲线、蠕变变形规律等。

(3) 正冻土热学参数指标:不同冻结温度下正冻土的导热系数、比热容、结冰温度、冻胀率、冻胀力等。

2. 富水地层冻结砂土蠕变本构模型

(1) 基于应力路径的冻土三轴剪切试验研究。通过不同温度梯度和应力路径的三轴剪切试验研究,获得典型地层冻结砂土三轴剪切应力-应变关系曲线,获得弹性模量、泊松比、黏聚力、内摩擦角等参数值。

(2) 基于应力路径的冻土蠕变试验研究。通过不同加载应力路径和冻结温度条件下的三轴蠕变试验研究,获得典型地层冻结砂土蠕变应变-时间关系曲线簇、蠕变强度准则等数学表达式。

(3) 人工冻土蠕变本构模型。基于元件模型,建立典型地层冻土分数阶黏弹塑性蠕变本构模型,并确定本构模型中参数的试验方法。

3. 渗流作用下冻结过程中水-热-力多物理场耦合模型

(1) 土柱冻胀融沉试验。通过开展冻融试验,获得单侧冻结条件下,土样温度场、水分场变化规律,同时得到土体冻胀融沉规律及具体参数。

(2) 强渗透地层地下水流速测试。通过对某江底强渗透地层中的水流速度、方向进行试验,得到该地区地下水流速度和流向的变化,从而为冻结法的设计和施工提供可靠的数据。

(3) 渗流作用下原位冻结模型试验。开展江底渗流作用下地铁水平冻结过程原位冻结模型试验研究,获得模型中的温度场、应力场和水分场演变规律。

(4) 揭示地层冻结过程温度场、应力场和水分场形成机理,建立渗流作用下冻结过程中水-热-力多物理场耦合计算模型。

4. 智能参数反演及多场耦合数值分析预测模型

(1) 基于参数反演理论,设计研发两种动态智能参数反演模型及程序,通过算法程序命令动态循环调用有限元计算软件进行计算。

(2) 建立超长联络通道三维水-热-力耦合数值计算模型,并结合所研发的动态智能参数反演程序进行了导热系数、渗透系数、弹性模量的反演。

(3) 进行超长联络通道冻结工程水-热-力耦合计算分析,分别研究了渗流场、温度场、冰-水相态、开挖变形等的发展规律,并与实测值进行对比分析。

(4) 开展冻结帷幕预测,研究其在多物理场耦合条件下的发展规律,为冻结工程的安全施工提供科学依据。

5. 水-热-力耦合条件下冻结工程优化设计及信息化施工管理

(1) 进行渗流条件下冻结孔优化设计分析,在研究结果基础上,针对超长联络通道冻结工程,从设计、施工等方面提出新的设计、技术、方法。

(2) 建立冻结工程动态监控量测系统,主要包括钻孔监测系统、温度监测系统、流量压力监测系统及变形监测系统等,各监测值可汇集并显示于富水地层冻结设计与施工动态管理平台,为冻结工程提供重要的基本信息。

(3) 基于人工冻土本构模型、水-热-力多物理场耦合模型、智能优化反演程序及富水地层冻土体参数指标,构建基于有限元原理的富水地层人工冻结法信息化管理系统。

(4) 研发富水地层冻结设计与施工动态管理平台,实现冻结帷幕动态设计、冻结温度场预测预报、冻结施工偏差分析等功能。使仿真过程程序化,更加贴近用户使用习惯,集成科研分析及工程应用所需要的主要功能,生成能够独立运行的 exe 文件。

第 2 章 人工冻土物理力学性能试验及本构模型

冻土的强度和变形性质是影响冻结工程安全的重要因素,不同于常规土体,人工冻土有其特有的力学性质。本章通过开展试验土样常规土工参数试验,以及冻土的单轴抗压强度试验、三轴剪切试验和三轴蠕变试验,获得常温及负温下土体的关键物理力学性能参数。研究冻土在不同温度、不同围压、不同蠕变条件下的力学性质及变形规律,通过理论推导并结合试验数据结果,提出一种改进的分数阶黏弹塑性蠕变本构模型,通过与冻土三轴蠕变试验结果的拟合对比分析,验证所提出的蠕变本构模型的正确性。

2.1 工程背景及土样来源

福州市某地铁联络通道中心距为 66 m,采用人工冻结法水平加固,矿山暗挖法施工,为目前国内最长人工冻结法施工地铁联络通道。该联络通道位于福州市区五里亭立交桥旁,贯穿立交桥墩基础,通道中心线距临近桩基最近处约 6.4 m,联络通道平面位置如图 2.1 所示。同时该区间地下管网众多,包括电力、电信、煤气、军用、通信、供水、温泉、雨污水、路灯等管线,地下管线基本与地铁隧道线路走向一致。

该联络通道为国内最常采用的人工冻结法施工的联络通道,且其所处位置环境复杂,距离立交桥桥墩基础非常近,工程施工风险等级为一级。与常规冻结工程相比较,该冻结工程具有施工难度大、冻结时间长、冻结体量大、开挖构筑时间长、周边环境复杂、对变形控制要求高等特点。

联络通道一般设置在两条隧道中间,将两条隧道连通起来,起连通、排水、防火及逃生等作用。人工冻结法施工联络通道是在两条隧道内打设冻结孔,通过冷媒不断循环将冻结管周围土体的热量带走,从而使冻结管周围土体结冰,待交圈后形成封闭的冻结帷幕。冻结帷幕起封水及承载作用,在其保护下挖掉中间的待开挖土体,并施工联络通道的主体结构,待主体结构全部施工完成后,停止冻结。

联络通道冻结壁剖面图如图 2.2 所示,通道外围冻结壁有效厚度为 2 m,设计冻土平均温度不高于−10 ℃。联络通道及泵站冻结帷幕范围内主要代表性土层为淤泥质粉细砂土层和含泥中细砂土层,试验样品取自该联络通道处的地层,取样深度为地面以下 20～30 m,以淤泥质粉细砂土层为代表开展物理力学性能试验。

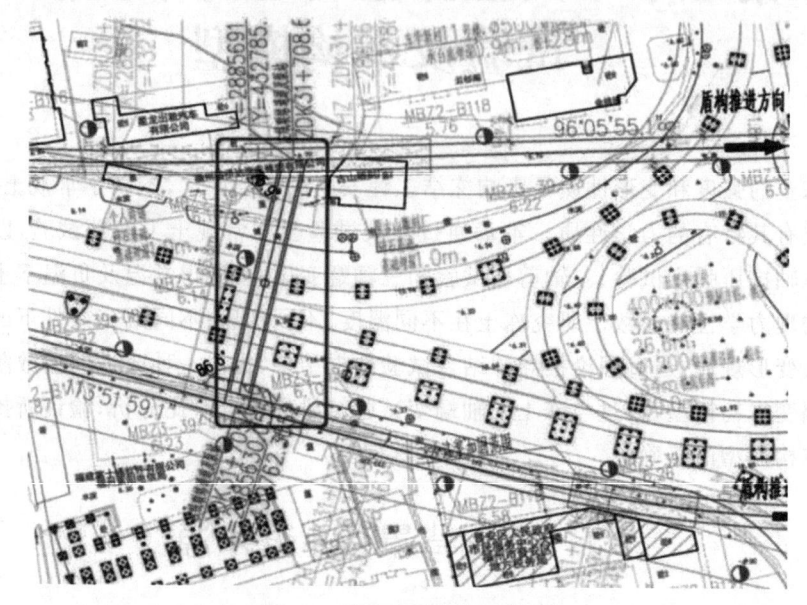

图 2.1　联络通道平面位置图

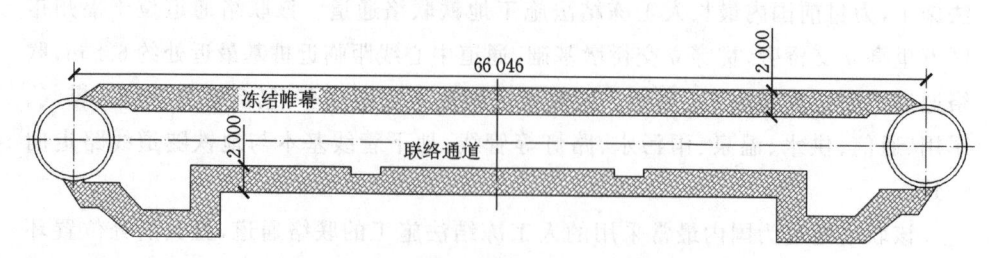

图 2.2　联络通道冻结壁剖面图(单位:mm)

淤泥质粉细砂层呈深灰色,以稍密-中密为主,顶部局部为松散,饱和,含粉细粒石英颗粒及云母等,层间夹有淤泥及少量有机质,级配不良。在福州地区及大部分滨海地区,皆可遇到该地层。如过度降水或对其加固处理不当或外载荷过大等容易使这类地层产生流土、液化、变形过大,甚至产生突水涌砂,危害地铁施工安全,容易造成施工事故。

2.2 常规土工参数试验

依据《土工试验方法标准》(GB/T 50123—2019)规定,开展淤泥质粉细砂土体的土工参数试验,通过颗粒分析试验获得所测量土体各粒径质量占比并绘制粒径累积曲线,如图 2.3 所示。通过试验获得土样的基本物理参数如表 2.1 所示。

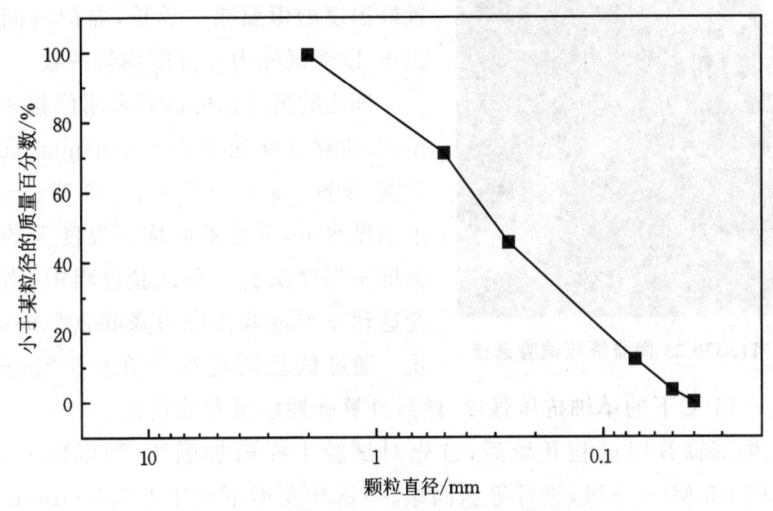

图 2.3 淤泥质粉细砂土层粒径累积曲线

表 2.1 土样基本物理参数

参数	值	参数	值
重度/(kN/m³)	17.28	静止侧压力系数	0.45
含水率/%	25.50	不均匀系数 C_u	26.53
液限/%	31.30	曲率系数 C_c	3.44
塑限/%	23.60		

2.3 人工冻土力学性能试验

2.3.1 试验系统及主要试验步骤

MTS370.25 伺服液压试验系统可以自行设计控制程序,并依据设计好的程序控制加载和卸载过程,自动采集时间、应力、应变等数据。本次人工冻土的力学性能试验在 MTS370.25 伺服液压试验系统上进行,试验设备如图 2.4 所示。

试验采用 $\phi 50 \text{ mm} \times 100 \text{ mm}$ 的圆柱形样品。开始试验前,将制备好的试样放入设置好温度的恒温箱中养护,养护时间不少于 24 h,以使试样内外温度均匀一致。

冻土的抗压强度试验采用位移速率加载模式,位移变化速率为 1 mm/min,根据试验方案,设置 -5 ℃、-7 ℃、-10 ℃、-15 ℃ 四个温度水平,进行不同冻结温度下的冻土单轴抗压强度试验。在试验过程中,当轴向应变达到 20% 或峰值应力降低 20% 时,试验终止。通过试验测定冻土在 -5 ℃、-7 ℃、

图 2.4 MTS370.25 伺服液压试验系统

-10 ℃、-15 ℃ 下的单轴抗压强度,然后计算弹性模量和泊松比。

冻土的三轴剪切试验开始后,首先对试验土样施加围压,围压取 0.5 MPa、1.0 MPa 和 1.5 MPa 三级,进行等压固结,待试样变形不大于 0.005 mm/h 时土样固结稳定。保持围压固定不变,土样加载轴压,进行三轴剪切试验。三轴剪切试验采用应变加载法,应变率为 1%/min。如果轴向力有一个峰值,则在峰值点之后,剪切应变值达到峰值应变的 3%~5% 终止试验;如果轴向力继续增加,则在剪切至 20% 的应变值后终止试验。

冻土的三轴蠕变试验设置 -5 ℃、-7 ℃、-10 ℃ 和 -15 ℃ 四个冷冻温度组,将不同温度下的试验土样放到三轴试验机轴向加载杆之间,对土样施加围压,围压大小根据取土深度计算得出,使土样固结稳定。保持围压固定不变,土样加载轴压,轴压大小根据三轴剪切强度乘以蠕变系数获得,蠕变系数取 0.3、0.5、0.7 三级。当土样蠕变值趋于稳定($d\varepsilon/dt \leqslant 0.0005 \text{ h}^{-1}$)24 h 以上或土样被破坏时,试验终止。

2.3.2 单轴抗压强度试验

1. 单轴抗压强度

通过试验获得 -5 ℃、-7 ℃、-10 ℃、-15 ℃ 四个温度水平下的冻土单轴抗

压强度,每个温度水平下做三组试验,取其平均值,如表 2.2 所示。

表 2.2　冻土单轴抗压强度试验结果

试验温度/℃	单轴抗压强度/MPa			平均值/MPa
−5	2.22	2.66	2.58	2.49
−7	2.87	2.93	3.63	3.14
−10	4.17	3.96	4.26	4.13
−15	5.13	5.35	5.39	5.29

　　冻土内部由于冰晶体的存在,其结构、强度等特性都与常规土体有所不同。温度的变化直接影响冻土的抗压强度,随着温度的降低,冻土内部组成逐渐发生变化,液态水转变为冰晶,使土体的抗压强度增大,冻土的单轴抗压强度 σ_s 与温度 T 关系曲线见图 2.5。在试验温度范围内,冻土单轴抗压强度与温度的关系可以用线性函数拟合,相关系数 $R=0.99$,表明冻土抗压强度随温度的降低呈线性增加趋势。

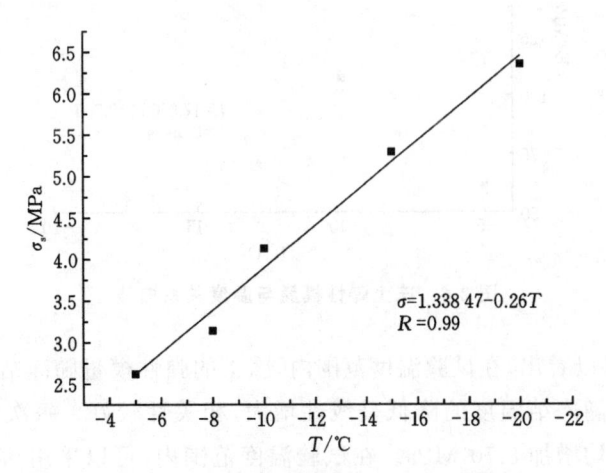

图 2.5　冻土单轴抗压强度与温度关系

2. 弹性模量

　　冻土弹性模量确定方法:取抗压强度的 1/2 与其所对应的应变值的比值,即

$$E=\frac{\sigma_s/2}{\varepsilon_{1/2}} \tag{2.1}$$

式中:E 为试样的弹性模量;σ_s 为试样的极限抗压强度;$\varepsilon_{1/2}$ 为试样极限抗压强度值

的 1/2 所对应的应变值。

试验得到的冻土弹性模量见表 2.3,冻土试样的弹性模量与温度的关系如图 2.6 所示。

表 2.3 冻土弹性模量

试验温度/℃	弹性模量/MPa			平均值/MPa
−5	64.21	60.83	58.80	61.28
−7	81.22	83.32	85.48	83.34
−10	105.89	106.75	109.11	107.25
−15	147.87	151.24	149.39	149.50

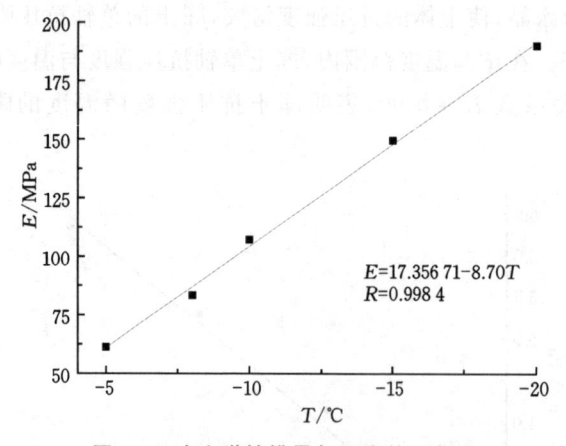

图 2.6 冻土弹性模量与温度关系曲线

从图 2.6 可以看出,在试验温度范围内,冻土的弹性模量随冻结温度的降低而增大,弹性模量随冻结温度的降低呈线性增大,相关性较好。每次温度下降 1 ℃ 时,弹性模量平均增加 8.70 MPa。在试验温度范围内,可以采用插值法来计算相应土层在任意温度下的弹性模量。

3. 泊松比

冻土泊松比的确定方法:冻土在弹性范围内横向应变与纵向应变的比值,即

$$\mu = \varepsilon_x / \varepsilon_z \tag{2.2}$$

式中:ε_x、ε_z 分别为冻土径向、轴向应变值。

冻土泊松比试验结果见表 2.4,泊松比与温度关系曲线见图 2.7。

表 2.4　冻土泊松比试验结果

试验温度/℃	泊松比			平均值
−5	0.34	0.36	0.35	0.35
−7	0.33	0.35	0.34	0.34
−10	0.33	0.31	0.32	0.32
−15	0.29	0.28	0.30	0.29

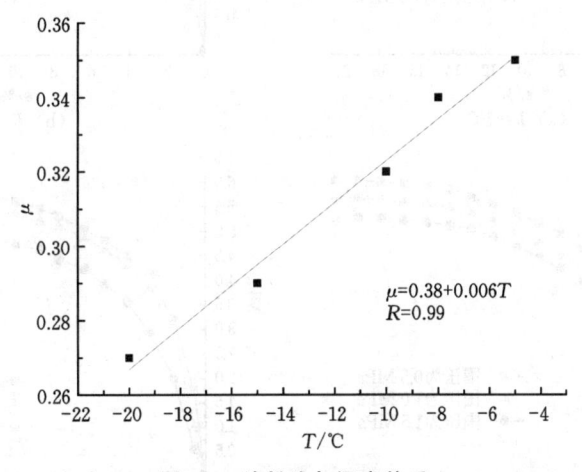

图 2.7　泊松比与温度关系

由冻土泊松比与温度关系曲线可得出：在试验温度范围内，试验冻土的泊松比随冻结温度的升高而变大，且近乎呈线性增长，相关性较好。温度每升高 1 ℃，冻土的泊松比平均增大 0.006。

2.3.3　应力路径下的人工冻土三轴剪切试验

通过试验得到不同温度和围压下的人工冻土三轴剪切应力-应变关系，试验结果如图 2.8 所示。

冻土的三轴剪切过程大致可分为弹性增长阶段、塑性屈服阶段和加速破坏阶段三个阶段。在加载的初始阶段，应力-应变曲线近似呈线性增长趋势。此时，土壤的变形主要是通过土壤中颗粒之间的压缩，即弹性增长阶段。随着应力的不断增加，土样开始产生不可逆的塑性变形，而塑性变形继续增加。当达到最大应力时，土壤表面开始出现细裂纹，即塑性屈服阶段。当试样达到最大应力后，土壤裂纹形成、延伸、穿透，导致试样失效，即加速失效阶段。冻土的三轴抗剪强度参数见表 2.5。

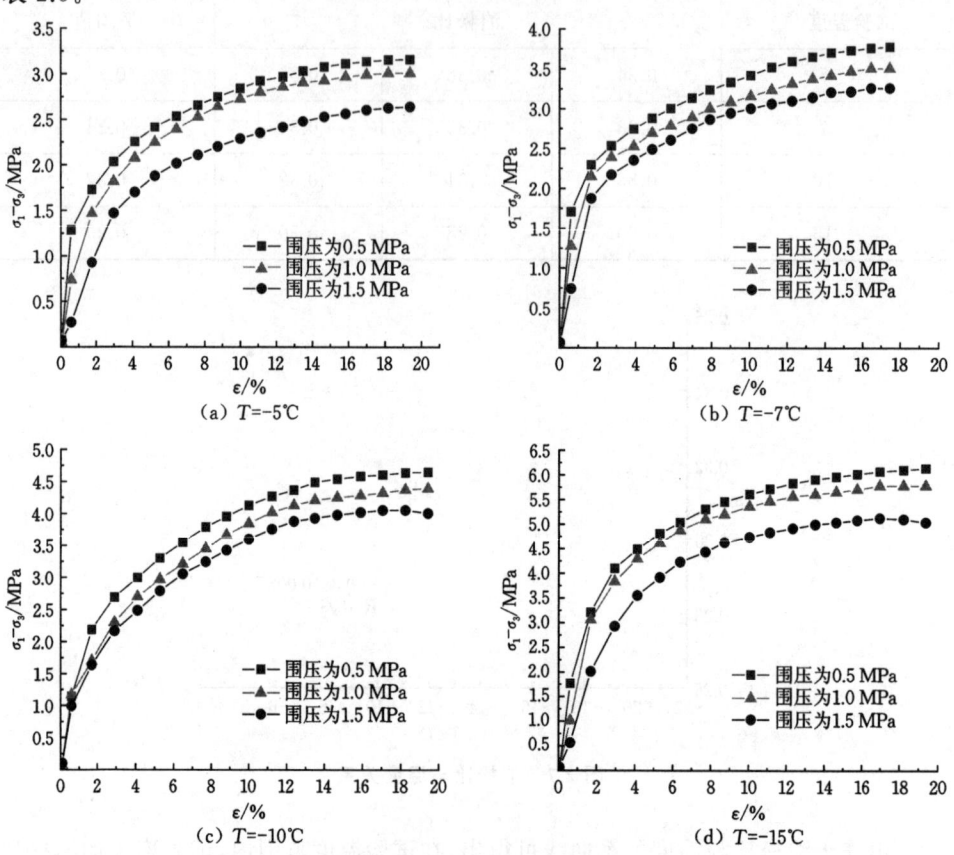

图 2.8　不同温度和围压下三轴剪切应力-应变曲线

表 2.5　三轴剪切试验结果

测试编号	温度/℃	围压/MPa	$\sigma_1-\sigma_3$/MPa	黏聚力 C/MPa	内摩擦角 φ/(°)
M1-1		0.5	2.5		
M1-2	-5	1.0	3.0	1.3	8.6
M1-3		1.5	3.2		
M2-1		0.5	3.3		
M2-2	-7	1.0	3.5	1.5	9.2
M2-3		1.5	3.8		

续表

测试编号	温度/℃	围压/MPa	$\sigma_1-\sigma_3$/MPa	黏聚力 C/MPa	内摩擦角 φ/(°)
M3-1		0.5	4.0		
M3-2	−10	1.0	4.4	1.9	12.7
M3-3		1.5	4.6		
M4-1		0.5	5.2		
M4-2	−15	1.0	5.7	2.2	16.3
M4-3		1.5	6.2		

2.3.4 应力路径下的人工冻土三轴蠕变试验

通过试验得到不同温度下冻土的三轴蠕变应变与时间的关系，蠕变曲线如图 2.9 所示。

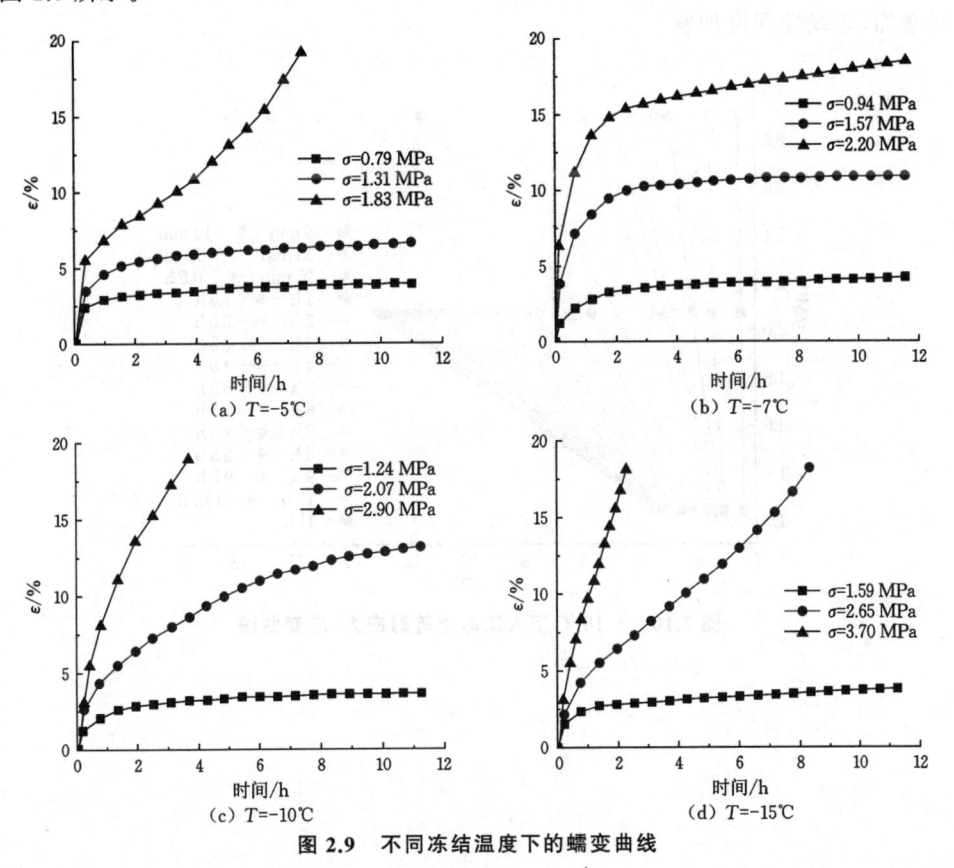

图 2.9 不同冻结温度下的蠕变曲线

不同冻结温度和应力条件下的人工冻土蠕变试验结果表明,先冻结后固结再加载应力路径下的人工冻土表现了典型的蠕变特性,蠕变的三个阶段都有不同的表现。蠕变过程中存在一个应力临界值,当偏应力水平低于此临界值时,蠕变只会出现Ⅰ阶段与Ⅱ阶段,而当偏应力水平超过此临界值后,Ⅲ阶段才会发生。冻土的蠕变是一种典型的非线性流变,即应力-应变的等时曲线不是一条直线或折线。应力水平和时间的变化会引起非线性,而应力和时间对非线性的影响是耦合的。在冻土应力保持不变的条件下,应变会随时间增大。冻土首先出现瞬时弹性和塑性变形,其次是蠕变阶段,进入Ⅰ阶段,即不稳定蠕变阶段。冻土的蠕变呈现衰减变形,即变形逐渐接近稳定值。之后,应变率近似保持不变,进入Ⅱ阶段,即稳定的蠕变阶段。当对冻土施加的应力较小时,Ⅱ阶段的蠕变持续时间较长,甚至Ⅲ阶段(加速蠕变)也不会出现。相反,蠕变的Ⅱ阶段非常短,甚至消失了。

以典型-10 ℃冻结条件下冻土的蠕变曲线为例,通过数据再处理,得到人工冻土等时应力-应变曲线,如图 2.10 所示。从图中可以看出,试验开始后的前面时间内,应力-应变呈线性相关,但随着时间推移,应力-应变出现了非线性,且随着时间增加,非线性程度加剧。

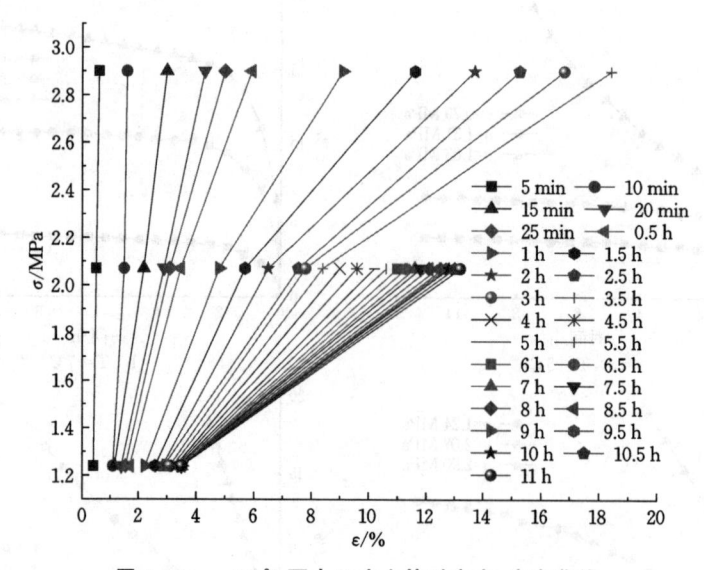

图 2.10 -10 ℃下人工冻土等时应力-应变曲线

2.4 黏弹塑性蠕变本构模型

2.4.1 典型蠕变模型

常见的蠕变模型是由弹性元件及黏性元件及塑性元件三种基本元件通过串联、并联及其组合而形成的。弹性元件服从胡克定律,应力与应变呈正比例;黏性元件服从牛顿黏性定律,应力与应变速率呈正比例;塑性元件也称为圣维南体,当应力小于屈服应力时,元件为刚体,不发生变形,而应力超过屈服应力时,应变随时间推移趋于无穷。工程实际中,冻土体蠕变规律并不是固定统一的,通常较为复杂,需要将上述三种基本元件进行不同的组合,目前常见蠕变模型有[118-119]以下几种。

1. Maxwell 模型

Maxwell 模型(图 2.11)由弹性元件和黏性元件串联而成。应力保持不变时,应变以常速率发展,蠕变速率恒定,Maxwell 模型具有瞬时变形,属于不稳定蠕变模型。

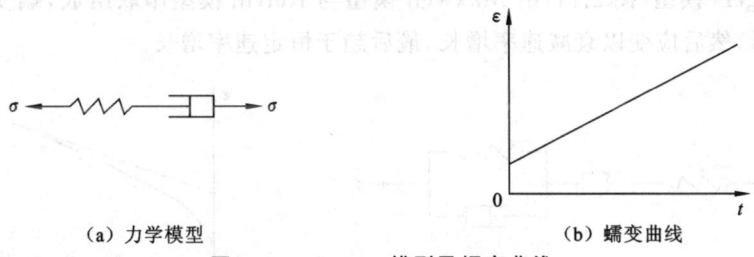

(a) 力学模型　　　　　　　(b) 蠕变曲线

图 2.11　Maxwell 模型及蠕变曲线

2. Kelvin 模型

Kelvin 模型(图 2.12)由弹性元件和黏性元件并联而成。应力保持不变时,应变随时间逐渐衰减,最终蠕变速率恒定,Kelvin 模型无瞬时变形,属于稳定蠕变模型。

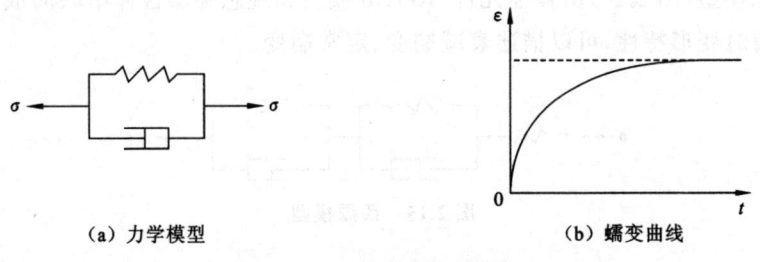

(a) 力学模型　　　　　　　(b) 蠕变曲线

图 2.12　Kelvin 模型及蠕变曲线

3. 理想黏塑性模型

理想黏塑性模型(图 2.13)由黏性元件和塑性元件并联而成。只有当应力超过屈服应力时,模型才发生变形,呈现出黏塑性性质。理想黏塑性模型无瞬时变形,属于不稳定蠕变模型。

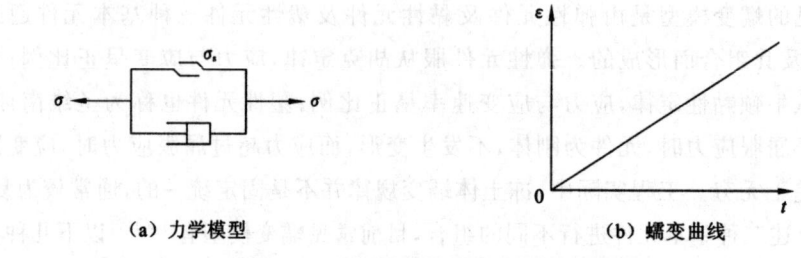

(a) 力学模型　　　　　　　(b) 蠕变曲线

图 2.13　理想黏塑性模型及蠕变曲线

4. Burgers 模型

Burgers 模型(图 2.14)由 Maxwell 模型与 Kelvin 模型串联组成,蠕变开始有瞬时变形,然后应变以衰减速率增长,最后趋于恒定速率增长。

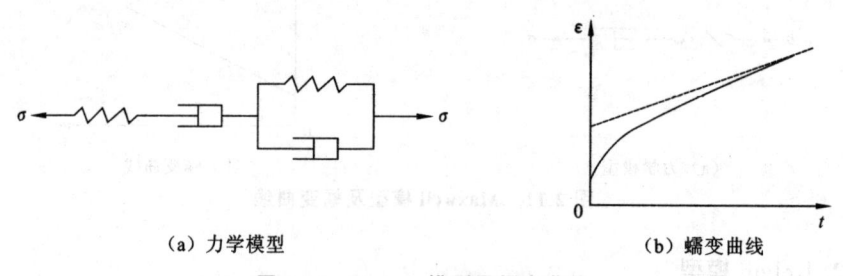

(a) 力学模型　　　　　　　(b) 蠕变曲线

图 2.14　Burgers 模型及蠕变曲线

5. 西原模型

西原模型(图 2.15)由弹性元件、Kelvin 模型和理想黏塑性体串联而成,西原模型具有瞬时变形特性,可以描述衰减蠕变、定常蠕变。

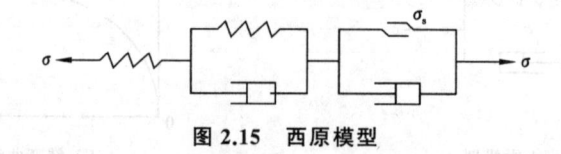

图 2.15　西原模型

目前使用较多描述蠕变的模型为 Kelvin 模型、Burgers 模型和西原模型等,通过蠕变试验结果及拟合分析发现这些模型有一定的适用范围,同一个模型并不能完全较好地拟合所有条件下的试验数据结果。

由于分数阶微积分在非线性动态系统中的优点[120-121],本书引入分数阶微积分来描述冻土蠕变的非线性力学行为,并提出一种改进的分数阶黏弹塑性蠕变本构模型。一方面用分数阶黏塑性体代替经典黏性体,得到改进的黏塑性体;另一方面考虑了应力对冻土蠕变特性,特别是加速蠕变的影响,提出一种阶次大于 1 的分数阶黏塑性体,其阶次可随应力水平而变化,使其对应力的变化更加敏感。最后,将经典弹性体、经典黏性体、改进的分数阶弹性体和改进的分数阶黏塑性体串联连接,得到并验证冻土的非定常分数阶微分积分蠕变模型。

2.4.2 分数阶黏滞体

1. Riemann-Liouville 分数阶微分

首先引入和分数阶导数密切相关的 Gamma 函数 $\Gamma(\gamma)$:

$$\begin{cases} \Gamma(\gamma) = \int_0^\infty y^{\gamma-1} e^{-y} dy \\ \Gamma(n) = (n-1)!, \quad \forall n \in \mathbf{Z}^+ \\ \Gamma(\gamma+1) = \gamma \Gamma(\gamma) \end{cases} \tag{2.3}$$

对于一般的连续函数,引入下面的 Riemann-Liouville 分数阶微分,设 γ 为任一实数,n 为一恰当整数,满足 $n-1 < \gamma \leqslant n$;$0 < \alpha < 1$,代表次式为分数阶微积分。则 Riemann-Liouville 分数阶微分定义为

$$_aD_x^\gamma f(x) = \begin{cases} \dfrac{d^n f(x)}{dx^n}, & \gamma = n \in \mathbf{N} \\ \dfrac{1}{\Gamma(n-\gamma)} \dfrac{d^n}{dx^n} \left[\displaystyle\int_a^x \dfrac{f(\tau)}{(x-\tau)^{\gamma-n+1}} d\tau \right], & 0 \leqslant n-1 < \gamma < n \end{cases} \tag{2.4}$$

当 $0 < \gamma < 1$,且 $n=1$ 时,有

$$_aD_x^\gamma f(x) = \frac{d}{dx}\left[_aD_x^{-(1-\gamma)} f(x)\right] = \frac{1}{\Gamma(1-\gamma)} \frac{d}{dx}\left[\int_a^x \frac{f(\tau)}{(x-\tau)^\gamma} d\tau\right] \tag{2.5}$$

2. 定常分数阶黏滞体

理想黏滞体元件,其应力-应变关系满足牛顿定律,即

$$\sigma = \frac{\eta d\varepsilon}{dt} \tag{2.6}$$

式中：σ 为材料所受的应力；ε 为材料产生的应变；η 为黏滞系数；t 为时间。

定常分数阶黏滞体示意图如图 2.16 所示。

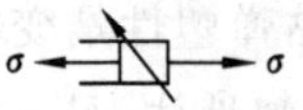

定常分数阶黏滞体的本构关系为

$$\sigma(t) = \frac{\eta_\gamma d^\gamma \varepsilon(t)}{dt^\gamma} \tag{2.7}$$

图 2.16 定常分数阶黏滞体示意图

式中：η_γ 为黏滞系数；γ 为分数阶微分阶数，当 $\gamma=0$ 时，代表理想弹性体，当 $\gamma=1$ 时，代表理想流体，当 $0<\gamma<1$ 时，可描述介于两者之间的材料性质。

当应力 σ 恒定时，依据 Riemann-Liouvile 分数阶微分算子理论，对式（2.7）进行分数阶积分得

$$\varepsilon = \frac{\sigma}{\eta_\gamma} \frac{t^\gamma}{\Gamma(1+\gamma)} \tag{2.8}$$

3. 非定常分数阶黏滞体

基于分数阶微积分理论，提出一种适合人工冻土的微分阶次可随应力而改变的非定常分数阶黏性元件[122]。当冻土所受应力超过其屈服极限时，冻土进入加速蠕变阶段，分数阶微分阶次 γ 随应力 σ 的变化而变化，关系表达为

$$\gamma = \lambda \exp\left(\frac{\sigma - \sigma_s}{\sigma_0}\right) \tag{2.9}$$

式中：λ 为与冻土性质有关的正实数；σ_s 为冻土的屈服应力；σ_0 为单位应力，取值为 1，量纲与 σ 相同。

改进的分数阶微积分黏滞体示意图如图 2.17 所示。

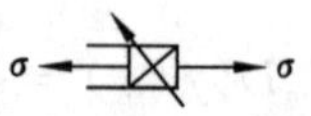

当应力 σ 恒定时，依据 Riemann-Liouvile 分数阶微分算子理论，分数阶积分得

$$\varepsilon = \frac{\sigma}{\eta_\gamma} \frac{t^{\lambda \psi}}{\Gamma(1+\gamma)} \tag{2.10}$$

图 2.17 改进的分数阶黏滞体示意图

其中

$$\psi = \exp\left(\frac{\sigma - \sigma_s}{\sigma_0}\right) \tag{2.11}$$

2.4.3 分数阶导数黏弹塑性蠕变模型

根据元件模型理论,构建分数阶导数黏弹塑性蠕变本构模型,如图 2.18 所示。

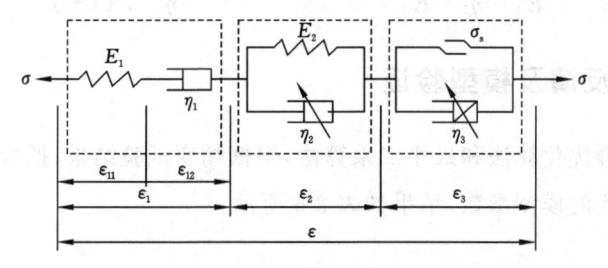

图 2.18 分数阶导数黏弹塑性蠕变模型示意图

该非线性蠕变本构模型由 Maxwell 模型(第 1 部分)、定常分数阶黏滞体(第 2 部分)和非定常分数阶黏滞体(第 3 部分)组成。

Maxwell 模型方程为

$$\varepsilon_1 = \frac{\sigma}{E_1} + \frac{\sigma t}{\eta_1} \tag{2.12}$$

式中:σ 为蠕变应力;E_1 为第 1 部分弹性模量;η_1 为第 1 部分黏滞系数。

定常分数阶黏滞体蠕变方程为

$$\varepsilon_2 = \frac{\sigma}{E_2}\left(1 - e^{-\frac{E_2}{\eta_2}\frac{t^\gamma}{\Gamma(1+\gamma)}}\right), \quad 0 \leqslant \gamma \leqslant 1 \tag{2.13}$$

式中:t 为时间;E_2 为第 2 部分弹性模量;γ 为分数阶阶数;η_2 为第 2 部分黏滞系数。

非定常分数阶黏滞体蠕变方程为

$$\varepsilon_3 = \frac{\sigma - \sigma_s}{\eta_3} \frac{t^{\lambda\psi}}{\Gamma(1+\gamma)} \tag{2.14}$$

其中

$$\psi = \exp\left(\frac{\sigma - \sigma_s}{\sigma_0}\right) \tag{2.15}$$

式中:η_3 为第 3 部分黏滞系数;σ_s 为屈服应力。

当 $\sigma \leqslant \sigma_s$ 时,第 3 部分为刚体,对本构模型没有影响。该模型可描述冻土的前两阶段,即初始蠕变、稳态蠕变阶段,此时的模型蠕变方程为

$$\varepsilon = \frac{\sigma}{E_1} + \frac{\sigma t}{\eta_1} + \frac{\sigma}{E_2}\left[1 - e^{-\frac{E_2}{\eta_2}\frac{t^\gamma}{\Gamma(1+\gamma)}}\right] \tag{2.16}$$

当 $\sigma > \sigma_s$ 时，第 3 部分的开关打开，其可描述冻土的加速蠕变阶段，此时的模型蠕变方程为

$$\varepsilon = \frac{\sigma}{E_1} + \frac{\sigma t}{\eta_1} + \frac{\sigma}{E_2}(1 - e^{-\frac{E_2}{\eta_2}\frac{t^{\gamma}}{\Gamma(1+\gamma)}}) + \frac{\sigma - \sigma_s}{\eta_3}\frac{t^{\lambda\psi}}{\Gamma(1+\gamma)} \tag{2.17}$$

2.4.4 参数反演及模型验证

采用粒子群优化算法和最小二乘算法，根据蠕变试验结果，拟合不同温度下冻土蠕变试验曲线的模型参数，结果如表 2.6 所示。

表 2.6 黏弹塑性蠕变模型的拟合参数

T /℃	应力 σ/MPa	模型参数							
		E_1 /MPa	η_1 /(MPa·h)	E_2 /MPa	η_2 /(MPa·h)	γ	η_3 /(MPa·h)	λ
-5	0.79	102.14	310.52	292.35	383.71	0.3095	115.265	3.586
	1.31	130.64	150.97	265.17	187.56	0.0231		
	1.83	215.39	76.82	317.56	104.27	0.3880		
-7	0.94	115.33	382.19	208.20	405.73	0.3765	238.376	2.156
	1.57	159.82	224.23	260.32	284.14	0.7759		
	2.20	226.03	109.35	327.93	198.23	0.2333		
-10	1.24	133.37	437.34	256.11	486.53	0.1307	303.926	4.238
	2.07	168.31	219.68	253.17	291.55	0.4245		
	2.90	252.48	120.78	319.14	257.96	0.4726		
-15	1.59	177.86	483.38	252.11	512.58	0.3048	391.361	7.819
	2.65	217.71	274.85	254.32	308.14	0.5055		
	3.70	256.72	163.86	340.08	269.86	0.1390		

图 2.19 为不同温度和应力下人工冻土的蠕变试验结果，以及采用所构建的本构模型对试验结果进行拟合所得曲线。通过试验值与拟合曲线对比，拟合度均在 0.98 以上，表明了本章建立的非线性黏弹性塑性模型的正确性和适用性。本章提出的冻土本构模型可以很好地描述不同温度条件下的试验结果，包括初始蠕变、稳

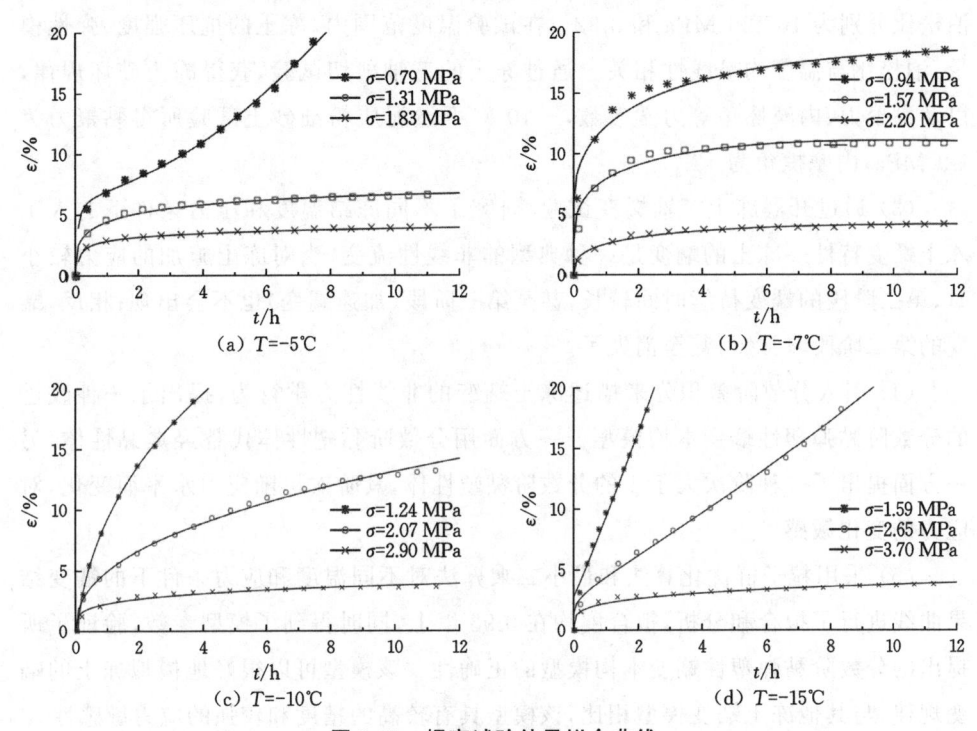

态蠕变、加速蠕变等完整的蠕变过程,特别是加速蠕变阶段。

图 2.19 蠕变试验结果拟合曲线

2.5 本章小结

本章通过开展试验土样常规土工参数试验及冻土的单轴抗压强度试验、三轴剪切试验和三轴蠕变试验,得到了土体的关键物理力学性能参数。基于此提出了一种改进的分数阶黏弹塑性蠕变本构模型,并通过其对不同应力和温度下人工冻土的三轴蠕变试验结果进行拟合,验证了蠕变本构模型的正确性。本章得到的主要成果如下。

(1) 本章开展了常规土工参数试验,以及 −5 ℃、−7 ℃、−10 ℃和−15 ℃四个温度水平下的冻土单轴抗压强度试验,0.5 MPa、1.0 MPa 和 1.5 MPa 三个围压水平下的冻土三轴剪切试验,以及蠕变系数取 0.3、0.5、0.7 三级时冻土的蠕变试验。

(2) 通过冻土单轴抗压强度试验测定了冻土在不同冻结温度下的抗压强度,

同时得到了其弹性模量和泊松比，−10 ℃下淤泥质粉细砂土试验所得弹性模量和泊松比分别为 107.25 MPa 和 0.32。在试验温度范围内，冻土的抗压强度、弹性模量、泊松比与温度均呈线性相关。通过冻土的三轴剪切试验，获得冻土破坏规律，以及黏聚力、内摩擦角等力学参数，−10 ℃下淤泥质粉细砂土试验所得黏聚力为 1.9 MPa，内摩擦角为 12.7°。

（3）通过开展冻土三轴蠕变试验，研究了不同冻结温度和压力条件下的人工冻土蠕变特性。冻土的蠕变是一种典型的非线性流变，当对冻土施加的应力较小时，第二阶段的蠕变持续时间较长，甚至第三阶段（加速蠕变）也不会出现；相反，蠕变的第二阶段非常短，甚至消失了。

（4）引入分数阶微积分来描述冻土蠕变的非线性力学行为，提出了一种改进的分数阶黏弹塑性蠕变本构模型。一方面用分数阶黏塑性体代替经典黏性体，另一方面提出了一种阶次大于1的分数阶黏塑性体，其阶次可随应力水平而变化，对应力的变化敏感。

（5）采用粒子群优化算法和最小二乘算法对不同温度和应力条件下的蠕变结果曲线进行了拟合和分析，拟合度均在 0.98 以上，同时得到了模型参数，验证了所提出的分数阶黏弹塑性蠕变本构模型的正确性。该模型可以很好地模拟冻土的蠕变规律，与其他冻土蠕变模型相比，该模型具有较高的精度和较强的应力敏感性。

第3章 冻土水-热-力多场耦合物理试验

为了构建饱和冻土体水-热-力多物理场耦合数学模型,需要开展相关的物理试验探究其变化规律,并获得所需参数。本章开展冻土体导热系数、比热容、渗透系数等试验,获得其在不同温度下的参数值并构建其等效表达式;通过土柱冻胀融沉试验研究冻土的温度场分布、含水量变化和冻胀位移的产生;通过开展江底强渗透地层地下水流速测试及原位冻结模型试验,探讨渗流场、温度场及应力场相互影响机制。

3.1 水热物理参数及其等效表达式

3.1.1 导热系数

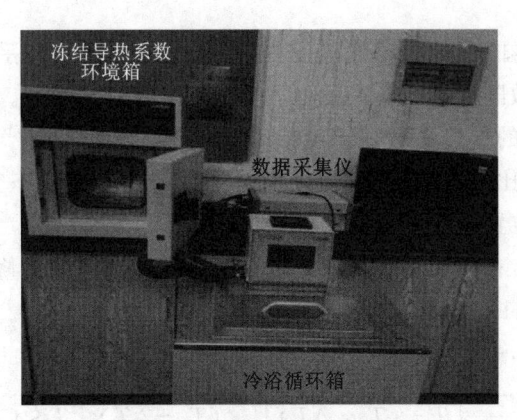

本节采用 XIATECH TC3000E 瞬态热线法导热系数仪开展不同温度下土体导热系数试验,以探究土体导热系数的变化规律。该导热系数测试仪可以测量的温度范围为 $-60\ ℃\sim120\ ℃$,测量量程为 $0.005\sim10\ W/(m·K)$,精度为 $\pm3\%$,测试系统如图3.1所示。

图3.1 导热系数测试系统

试验采用含水率为 25.5% 的淤泥质粉细砂土样,测试 1 ℃、5 ℃、10 ℃、15 ℃、20 ℃ 下融土的导热系数 λ,以及 $-1\ ℃$、$-5\ ℃$、$-10\ ℃$、$-15\ ℃$、$-20\ ℃$ 下冻土的导热系数。试验得到的导热系数如表3.1所示,导热系数随温度变化曲线如图3.2所示。

表 3.1　不同温度下土体导热系数值

温度/℃	导热系数/[W/(m·K)]	温度/℃	导热系数/[W/(m·K)]
−20	1.97	1	1.21
−15	1.93	5	1.20
−10	1.87	10	1.19
−5	1.81	15	1.20
−1	1.72	20	1.19

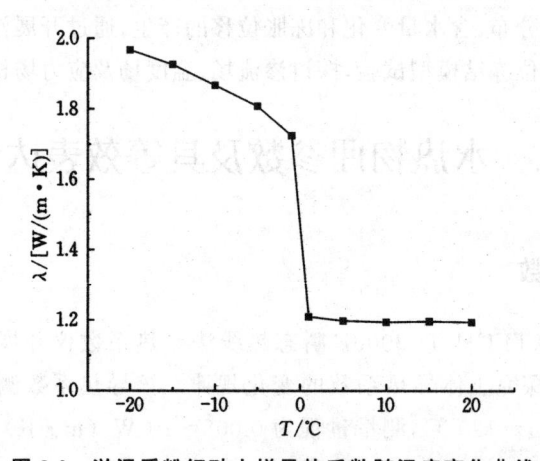

图 3.2　淤泥质粉细砂土样导热系数随温度变化曲线

由试验结果可知,在试验温度范围内,融土的导热系数几乎不变,可以视为常数;冻土的导热系数随温度的升高而减小,且变化近似呈线性。因此,可以采用一次函数来描述冻土的导热系数随温度的变化情况。赖远明等[123-124]采用显热容法构造了导热系数和比热容的表达式,设导热系数与比热容在冻土阶段和融土阶段为定值,而在冰点位置处会产生一个突变。

根据试验结果,在其表达式基础上进行了冻土导热系数的修正,修正后的导热系数表达式为式(3.1),其表达式示意图如图 3.3 所示。

$$\lambda(T)=\begin{cases}kT+b, & T<(T_{\mathrm{f}}-\Delta T)\\ \lambda_{\mathrm{f0}}+\dfrac{\lambda_{\mathrm{u}}-\lambda_{\mathrm{f}}}{2\Delta T}[T-(T_{\mathrm{f}}-\Delta T)], & (T_{\mathrm{f}}-\Delta T)\leqslant T\leqslant(T_{\mathrm{f}}+\Delta T)\\ \lambda_{\mathrm{u}}, & T>(T_{\mathrm{f}}+\Delta T)\end{cases} \quad (3.1)$$

式中:T 为温度;T_{f} 为土体结冰温度;ΔT 为土体结冰温度的变化值;λ_{f} 为冻土的导热系数函数;λ_{f0} 为结冰温度下对应的导热系数;λ_{u} 为融土的导热系数;k、b 为系数。

海维赛德阶跃函数的定义如下:

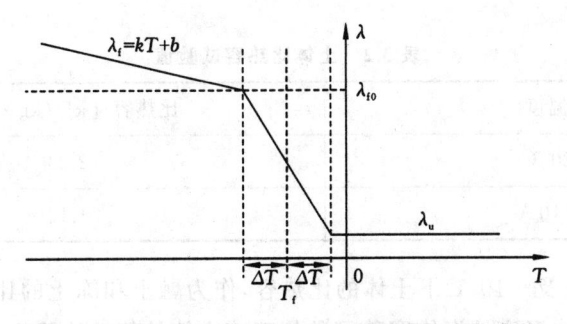

图 3.3 考虑相变的土体导热系数随温度变化曲线

$$H(x)=\begin{cases}0, & x<0 \\ 1, & x\geqslant 0\end{cases} \quad (3.2)$$

定义考虑相变冻土体温度的海维赛德函数表达式为

$$H(T-T_f)=\begin{cases}0, & T<T_f \\ 1, & T\geqslant T_f\end{cases} \quad (3.3)$$

冻土体的等效导热系数表达式定义为

$$\lambda(T)=\lambda_u H(T-T_f)+\lambda_f[1-H(T-T_f)] \quad (3.4)$$

与式(3.1)结合,式(3.4)进一步表达为

$$\lambda(T)=\lambda_u H(T-T_f)+(kT+b)[1-H(T-T_f)] \quad (3.5)$$

该式即为考虑相变的冻土体等效导热系数表达式。

3.1.2 比热容

相变区间冻土比热容的表达式为式(3.6),其表达式示意图如图 3.4 所示。

$$C(T)=\begin{cases}C_f, & T<(T_f-\Delta T) \\ \dfrac{L}{2\Delta T}+\dfrac{C_f+C_u}{2}, & (T_f-\Delta T)\leqslant T\leqslant (T_f+\Delta T) \\ C_u, & T>(T_f+\Delta T)\end{cases} \quad (3.6)$$

式中:C_f、C_u 分别为冻土与融土的比热容。

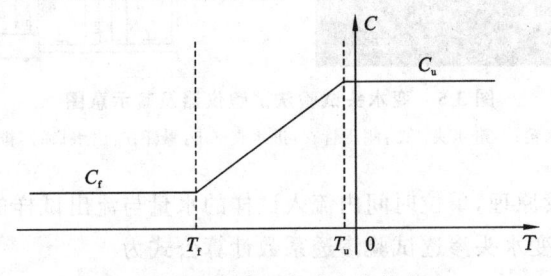

图 3.4 相变区间冻土比热容

表 3.2　土体比热容试验值

温度	比热容/[kJ/(kg·K)]
20 ℃	2.33
−10 ℃	1.12

测量出 20 ℃及−10 ℃下土体的比热容，作为融土和冻土的比热容代表值，通过考虑相变冻土体温度的海维赛德函数构建冻土体的等效比热容表达式：

$$C(T)=C_{u}H(T-T_{f})+C_{f}[1-H(T-T_{f})] \tag{3.7}$$

3.1.3　渗透系数

根据相关研究及试验得出，土体在恒定温度下的渗透系数计算公式为

$$k_{T_0}=\frac{\gamma_w QL\eta}{PA} \tag{3.8}$$

式中：k_{T_0} 为温度为 T_0 时土体的渗透系数；γ_w 为渗流液体的重度；Q 为渗流流量；L 为渗流路径长度；η 为动力黏滞系数；P 为渗透压力；A 为试样的横截面积。

土体渗透系数的测定采用变水头试验法，试验仪器为 TST-55 型渗透仪，仪器装置及示意图如图 3.5 所示。

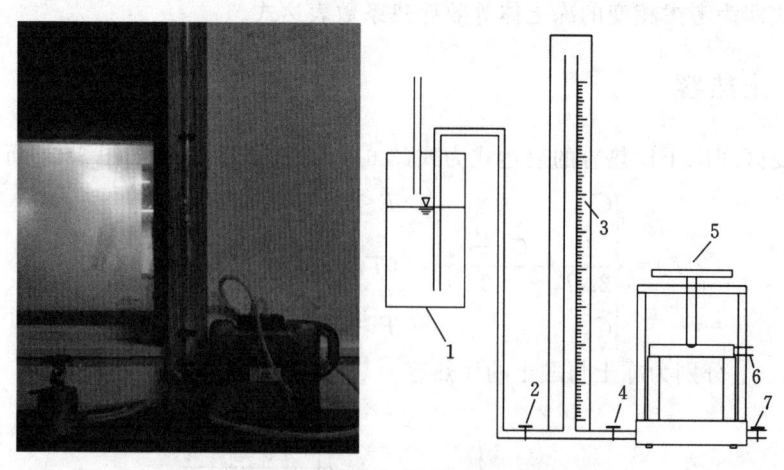

图 3.5　变水头试验法试验仪器及其示意图
1：供水箱；2：进水夹 1；3：测压管；4：进水夹 2；5：螺杆；6：出水口；7：排水夹

根据水流连续原理，单位时间内流入试样的水量与流出试样的渗流量相等，通过推导计算，得到变水头渗透试验渗透系数计算公式为

$$k_{T_0}=2.3\frac{aL}{A(t_2-t_1)}lg\frac{h_1}{h_2} \quad (3.9)$$

式中：a 为玻璃管断面积；2.3 为变换因数；L 为试样高度；t_1、t_2 为读数的起止时间；h_1、h_2 为起止水头高度；A 为试样过水面积。

经试验得到 20 ℃下淤泥质粉细砂土体的渗透系数为 2.641 m/d。正温条件下，受液体动力黏滞系数 η 的影响，土体在不同温度时的渗透系数略有不同，因此可以根据测试温度为 T_0 时土体的渗透系数换算得到其他温度下的渗透系数值，换算公式为

$$k_T=k_{T_0}\frac{\eta_T}{\eta_{T_0}} \quad (3.10)$$

不同温度下水的动力黏滞系数如表 3.3 所示，当土体温度为零下时，表明土体已冻结形成了冻土，几乎不再透水，渗透系数接近 0，计算中一般取一极小值。

表 3.3 水的动力黏滞系数取值表[127]

温度/℃	动力黏滞系数/($\times 10^{-6}$ kPa·s)
0	1.781
5	1.518
10	1.307
15	1.139
20	1.002
25	0.890
30	0.798
40	0.653

相关试验及研究表明，土体中渗透系数会受温度梯度的大致线性影响[125-126]，但变化幅度较小，因此在一定程度上可以假定土体的渗透系数在未冻结状态与冻结状态分别为常数，通过考虑相变冻土体温度的海维赛德函数构建冻土体的等效渗透系数表达式：

$$k(T)=k_u H(T-T_f)+k_f[1-H(T-T_f)] \quad (3.11)$$

式中：k_u 为未冻土体渗透系数；k_f 为冻土体渗透系数。

3.2 土柱冻胀融沉试验

3.2.1 试验系统

本节采用 TMS 冻融循环测试系统进行土柱冻胀融沉试验,该试验系统由加载系统、温度控制系统、水分补偿系统和测量系统组成,可以根据试验需要控制施加的外荷载、冷源温度、水分等变量,同时配备有土压力传感器、温度传感器、水分传感器等监测元件。试验装置及其内部结构如图 3.6 所示,A~E 为 5 个温度传感器安装位置。

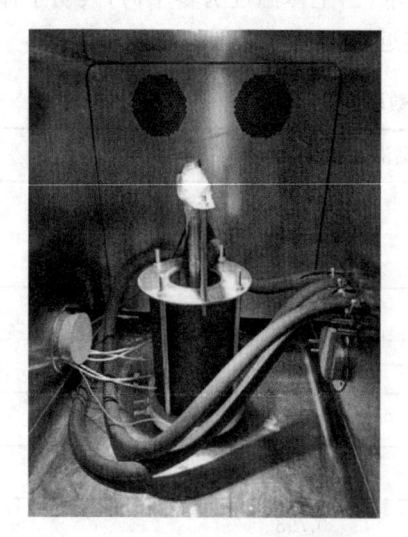

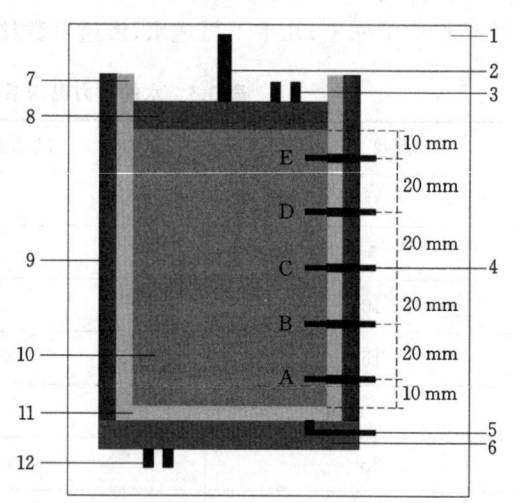

图 3.6 TMS 冻融循环测试系统
1:环境箱;2:位移传感器;3:冷液循环接口;4:温度传感器;5:排水口;6:底板;
7:试样筒;8:顶板;9:保温橡胶;10:土样;11:透水板;12:冷液循环接口

3.2.2 试验方案

本节通过开展冻胀融沉试验,拟获得单侧冻结条件下,土样温度场、水分场变化规律,同时得到土体冻胀融沉规律及具体参数。试验采用封闭系统下一维冻融,以底板为冷端,顶板为暖端,冷源温度及边界条件设置见表 3.4。为减小试验过程中外界环境的影响,一方面对样品仓周围使用 30 mm 厚保温棉包裹,另一方面控制环境箱温度尽量与冷源温度变化一致。

表 3.4 冷源及边界约束条件

控制条件	恒温过程	冻结过程	融化过程
环境箱温度/℃	15	1	20
试样筒侧壁	绝热	绝热	绝热
暖端温度/℃	1	1	—
冷端温度/℃	1	−5/−10/−15	—
结束条件	试样各测点温度均匀	2 h 内高度变化<0.02 mm	2 h 内高度变化<0.02 mm

试样采用 ϕ100 mm×100 mm 规格的圆柱,径向有位移约束,竖直正上方不添加约束,即土样在轴向可以自由变形。人工冻结工程一般以−10 ℃下的冻土为设计标准,因此,本次试验设计温度为−5 ℃、−10 ℃、−15 ℃ 三个冷源温度对照组,以及含水率为 15%、20%、30% 三个水分对照组,试验方案如表 3.5 所示。

表 3.5 冻融试验方案

试验编号	冻结温度/℃	含水率/%
1	−5	15
2	−10	15
3	−15	15
4	−10	20
5	−10	30

3.2.3 主要试验步骤

试验严格按照煤炭部行业标准《人工冻土物理力学性能试验》(MT/T 593—2011)和国家标准《土工试验方法标准》(GB/T50123—2019)中相关要求进行。

将土样烘干、碾碎、过筛,然后根据设计好的含水率,加入对应计量的去离子水,配置含水率分别为 15%、20%、30% 的土样,要求试样含水率误差不大于±1%。

将配置好的重塑土装入密封塑料袋静置 24 h,使其水分均匀分布,然后将湿土分 6 层装入有机玻璃筒中,按照试样设计要求分层击实制成 ϕ100 mm 的圆柱状试样。

将击实后土样缓慢推出有机玻璃筒,并对土样上下面进行切削,使其两端面平行,误差控制在 0.5 mm 以内,土样高度控制在 100 mm,尺寸误差小于 1%。为减小土样与试样筒内壁的摩擦力,在试样筒内壁均匀涂抹一薄层凡士林,然后将制好土样从顶端装入试样筒内,让其自由滑落。

在试样筒的土样所在位置设置一排均匀分布的温度测量孔,测温孔与样品底部的距离分别为 0.10 cm、0.30 cm、0.50 cm、0.70 cm、0.90 cm。温度采集探头通过预留的温度测量孔延伸到土壤中(由下而上的顺序分别为 A、B、C、D、E),测量土壤内部温度与冷源距离之间的关系。在试样筒顶端安装位移计。

开启恒温箱,控制环境温度为 1 ℃,待试样各测点温度均匀达到 1 ℃以后,试验开始。冻结过程中,温度先从 1 ℃降至试验温度,然后保持恒定,当 2 h 内试样高度变化<0.02 mm 时冻结结束,融化过程中,温度从试验温度升至 20 ℃,然后保持恒定,当 2 h 内试样高度变化<0.02 mm 时冻结结束,以此为一个冻融循环周期。

3.2.4 结果与分析

1. 温度场

图 3.7 为土样不同高度处测点在不同时刻的温度变化曲线,通过分析可以得到以下结论。

(1) 整个冻结过程大致可分为快速降温阶段、衰减降温阶段和稳定阶段三个阶段。

(2) 在冻结初期,土体的温度较高,冷端的温度很低,冷端和土壤之间的温差很大,较大的温度梯度导致土体降温速度非常快。

(3) 随着土体温度的降低,与冷端之间的温度梯度减小,土体温度下降速率减小,土体中的水开始冻结,释放潜热,进入降温衰减阶段。

(4) 随着冻结时间的推移,土体温度持续下降,冷端与土体之间的温差逐渐减小,热交换趋于平衡,土体温度下降速率越来越小,最终趋于稳定。

(5) 不同测点的温度变化趋势大致相同,越接近冷源,土体降温速度越快,稳定温度也越低。当冷源的温度为-5 ℃时,最远的测点 E 最终的稳定温度为-2 ℃,最近的测点 A 最终的稳定温度为-4 ℃,土样整体温差不是很大,这主要是因为冷源温度与环境温度接近。

(6) 当冷源的温度为-10 ℃时,通过对照试验可以看出,含水率从 15%至 30%,土样内温度场接近,说明试验范围内含水率对冻结温度场的影响较小,最远的测点 E 最终稳定温度为-3 ℃,最近的测点 A 最终稳定温度是-8 ℃,土样整体温差变大。

(a) 冷源温度-5℃，含水率15%

(b) 冷源温度-10℃，含水率15%

(c) 冷源温度-10℃，含水率20%

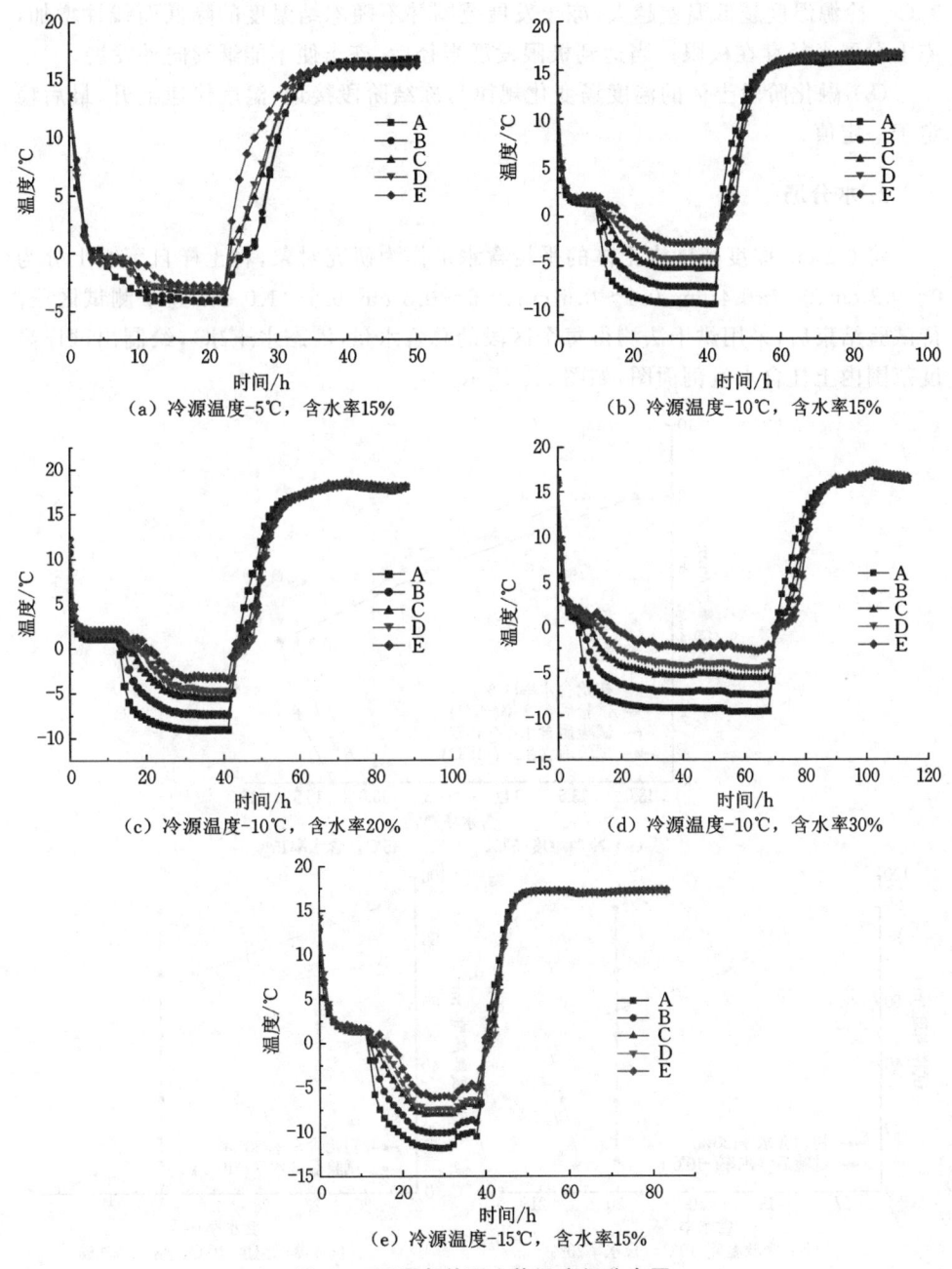

(d) 冷源温度-10℃，含水率30%

(e) 冷源温度-15℃，含水率15%

图 3.7 不同条件下土体温度场分布图

（7）当冷源温度为 $-5\ ℃$、$-10\ ℃$、$-15\ ℃$ 时，最远测点 E 的最终稳定温度分别为 $-2\ ℃$、$-3\ ℃$、$-6\ ℃$，稳定温度与相应的冷源之间的温差分别为 $3\ ℃$、$7\ ℃$、

9 ℃。冷源温度越低温差越大，冻土发展范围并不随冻结温度的降低而线性增加，冻土发展半径存在极限。当达到极限发展半径后，冻土便不能继续向外发展。

（8）融化阶段土体的温度场变化规律与冻结阶段接近，温度快速上升，最后稳定于一定值。

2. 水分场

将 0.2 cm 厚度范围内土体的平均含水量作为研究对象，将土样自下而上分为 0～0.2 cm、0.2～0.4 cm、0.4～0.6 cm、0.6～0.8 cm、0.8～1.0 cm 五个测试区段。待试验结束后，采用烘干法测得每个区段的总含水量（液态水＋冰），绘制出试样高度范围内土柱含水量剖面图，如图 3.8 所示。

（a）冷源温度-5℃、-10℃、-15℃，含水率15%

（b）冷源温度-10℃，含水率20%

（c）冷源温度-10℃，含水率30%

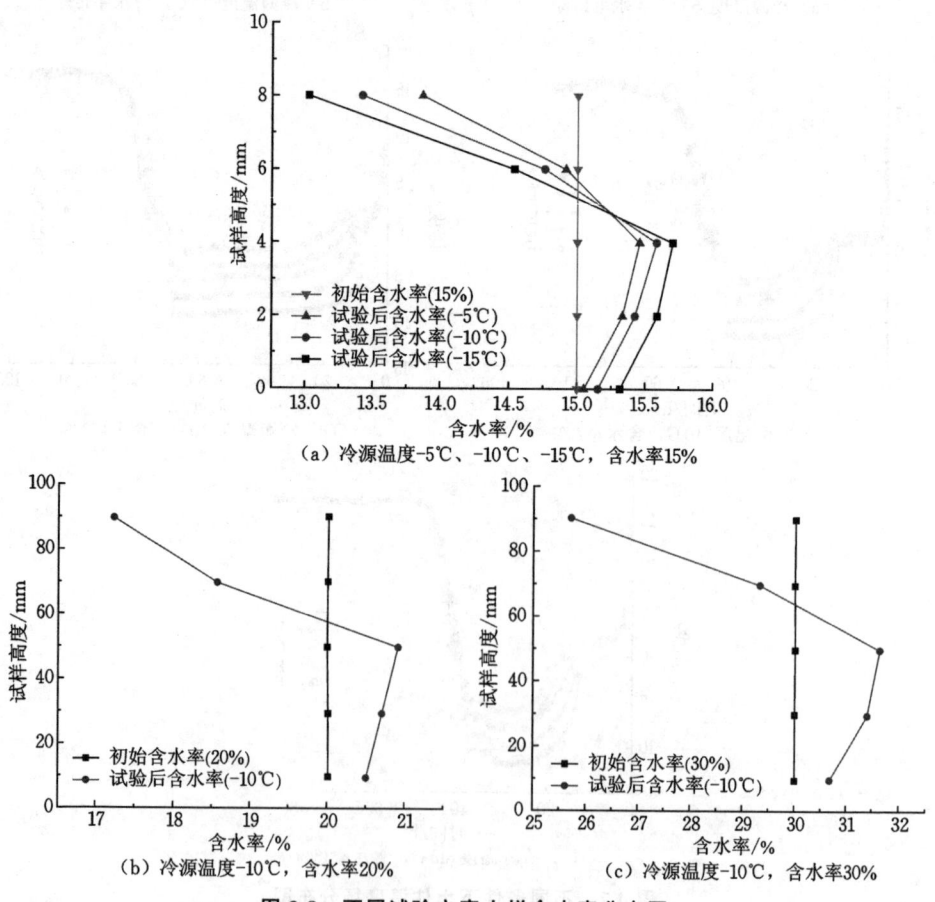

图 3.8　不同试验方案土样含水率分布图

由图 3.8 可以看出，冻结后土柱靠近冷源的下部含水率较大，而土柱上部含水率明显减小,自下而上,土柱中的含水率先略增大后快速减小。这是因为在一维冻结过程中,冷源先将冷量传递给下部接触处土体,该区域土体温度降低,开始冻结形成冻结缘,在毛细作用和冻结吸引力的影响下,冻结缘上部自由水分逐渐向冻结缘移动,随着持续的冷量向上传递,冻结缘开始向上发展,自由水持续向冻结区转移,土柱上部的自由水减少。冻结区逐步向上发展,待冻结缘发展到上部时,其中自由水已较少,同时上部土体受负温影响时间更短,在这些因素的共同作用下使得土柱上部的含水率较小。

3. 冻胀融沉

不同冷源温度与含水率下土体冻胀率的试验结果见表3.6,表中的值为冻结稳定阶段的冻胀率,即最大冻胀率。

表 3.6 不同试验条件下土样冻胀率

参数	冷源温度/℃				
	−5	−10			−15
含水率/%	15	15	20	30	15
冻胀率/%	0.32	1.2	1.7	2.0	3.1

图 3.9 为不同温度与含水率条件下试样的冻胀融沉量随时间的变化曲线,可以得出以下结论。

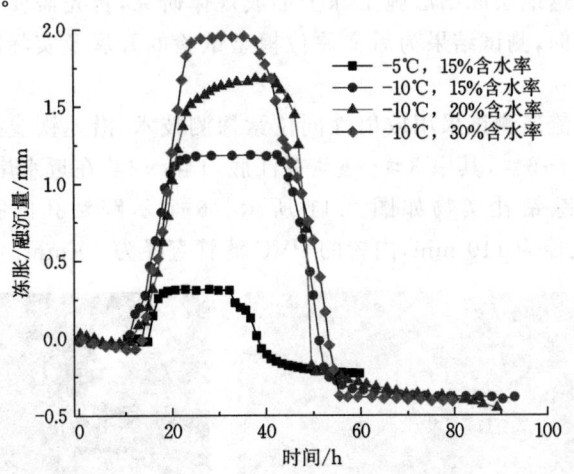

图 3.9 不同条件下土样冻胀融沉量

(1) 冻结开始后,冻胀量首先减小,并成为一个负值,即发生了"冻结收缩"的现象。这一现象是由于冻结开始后土体孔隙水负压,土体体积减小,当孔隙水负压引起的体积减小大于水冻结引起的体积增加时,土体总体积减小。

(2)在冻结收缩达到临界点后,冻胀量开始增大,初始变化速率很大,最终趋于稳定。

(3)通过对比含水率15%条件下冷源温度为-5 ℃、-10 ℃与-15 ℃土体的冻胀率可以得到:同样含水率条件下,冷源温度为-5 ℃时最大冻胀量为0.32 mm,冷源温度为-10 ℃时最大冻胀量为1.2 mm,冷源温度为-15 ℃时最大冻胀量为3.1 mm,可见冻结温度对土体冻胀有很大影响。

(4)通过对比冷源温度为-10 ℃条件下含水率为15%、20%、30%土样可以得到:同样温度条件下,含水率为15%时最大冻胀量为1.2 mm,含水率为20%时最大冻胀量为1.7 mm,含水率为30%时最大冻胀量为2.0 mm,在试验条件范围内,土体含水率越大,冻胀量也越大。

(5)融化阶段,土体产生快速的融沉变形,且最终融沉量会大于冻胀量,这是由于一方面经历过冻融循环,会对土体骨架产生影响,土颗粒排列更加紧密,另一方面原来土体中的水分会在冻融循环过程中发生迁移流动。

3.3 强渗透地层地下水流速测试

3.3.1 试验概况

为开展强渗透地层冻结法施工冻土形成规律研究,首先需要测试该地层中地下水的流速和流向,测试结果为后文原位模型试验的开展及实际冻结工程的设计提供可靠的依据。

本次地下水流速测试采用放射性同位素探测技术,沿地铁线路布置6个示踪钻孔,编号为1#~6#,其中3#~6#在江底,1#~2#在近水岸边,平面布置见图3.10,江底示踪钻孔实物如图3.11所示。6个示踪钻孔的孔深为20.38~40.76 m不等,孔径为110 mm,内置的PVC滤管直径为90 mm。

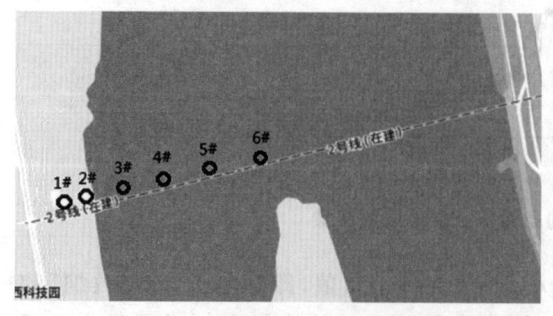

图3.10 示踪钻孔平面布置图

图3.11 江底示踪孔钻孔

向示踪孔内投放示踪剂,按固定时间间隔采集示踪孔内不同测点深度处的水样,然后进行室内痕量分析试验,测得固定时间间隔内示踪剂浓度变化,进而计算出地下水的流速。地下水的流向通过多向采集的水样计算获得。

3.3.2 结果及分析

通过对 6 个示踪孔的地下水流速流向测试,得到不同测点深度处地下水的流向方位角和流速,结果见表 3.7 和表 3.8。地下水的流向方位角的变化范围为 126°~175°,总体向东南方向流动,各测点深度的地下水流速最大值为 2.46 m/d,最小值为 0.10 m/d。

表 3.7 各测点地下水流向方位角 [单位:(°)]

测点深度/m	1#	2#	3#	4#	5#	6#
5	126	130	165	166	149	150
10	—	—	—	175	138	—
15	—	—	—	—	—	164
20	140	133	170	137	—	155
25	—	—	149	—	—	135

表 3.8 各测点地下水流速

测点深度/m	1# 流速/(m/d)	1# 岩性	2# 流速/(m/d)	2# 岩性	3# 流速/(m/d)	3# 岩性	4# 流速/(m/d)	4# 岩性	5# 流速/(m/d)	5# 岩性	6# 流速/(m/d)	6# 岩性
5	2.46	粗中砂	2.26	粗中砂	1.21	粗中砂	1.22	粗中砂	1.18	粗中砂	1.58	粗中砂
10	2.19	粗中砂	1.95	粗中砂	—	—	0.55	粉土	0.92	粗中砂	1.41	粗中砂
15	1.90	粗中砂	1.63	粗中砂	0.18	淤泥质土	—	—	0.10	粉质黏土	1.29	粗中砂
20	1.89	粗中砂	1.75	粗中砂	0.95	粉土	1.04	卵石	—	—	1.06	粗中砂
25	1.23	粗中砂	1.41	粗中砂	0.86	卵石	—	—	—	—	1.14	卵石

根据江底强渗透地层地下水流速测试所得的水平流速情况,1#钻孔、2#钻孔揭示出地层土体岩性均匀。以 1#、2#钻孔为研究对象,其地下水水平流速随测

点深度的变化曲线如图 3.12 所示。由图可知,水平流速与深度的变化曲线并非为完全线性关系,而是更趋向于指数函数关系,同时测点深度与水力梯度大致成反比,因此可以采用指数型函数来描述渗流速度与水力梯度的关系。

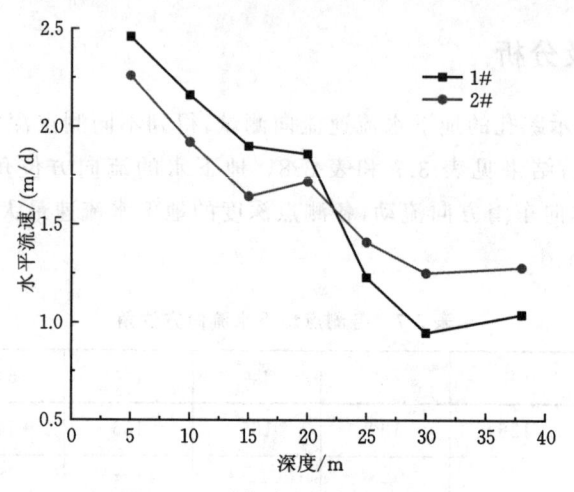

图 3.12 测点地下水的水平流速

3.4 渗流作用下原位冻结模型试验

3.4.1 原位冻结模型试验意义

模型试验方法因其能够反映特定物理场的变化规律,得到广泛应用。通过查阅相关文献,发现近年来已经开展了不少冻结模型试验,而目前关于冻结模型试验的研究主要采用缩尺度模型试验。缩尺度模型试验是实际冻结情况的简化,在设计与分析过程中仍有很多假设,与现场工程实际情况存在或多或少的差距,无法完全准确地反映现场实际冻结情况。而采取现场原位冻结模型试验则可以很好地避免这些问题,能够更准确地获得冻结壁温度场发展规律,然而目前并没有找到在实际工程现场开展原位冻结试验的相关文献。

在富水复杂地层开展地下工程的施工,冻结法是最优的止水工法,特别江底地层环境复杂,土层渗透系数大,富水性较好,施工过程中极易产生流砂、管涌等现象,施工风险很高,国内外也鲜有如此复杂环境下的冻结施工案例。为了准确了解渗流作用下复杂富水地层冻土形成发展规律,拟开展此次江底隧道 1∶1 原位冻结模型试验,研究成果可为复杂富水地层冻结工程提供借鉴。

3.4.2 原位冻结模型试验简介

在江底既有地铁隧道内开展1∶1原位冻结模型试验,为真实反映实际冻结情况下冻土体形成发展规律,冻结管的尺寸、盐水降温情况、冷冻站的布设、管路的连接保温等都与实际冻结工程相同。模型试验处隧道的覆土深度约为 17.3 m,土层为中密粗中砂层,属于强透水层,渗透系数达到 39.7m/d。模型试验开展的位置与强渗透地层地下水流速测试中的 6♯钻孔位置接近,隧道顶部埋深约 17.3 m,则隧道中心埋深约 20.4 m,则取 6♯钻孔 20 m 深度测点处的流速流向测试值作为模型试验地下水流速值。6♯钻孔 20 m 深度测点处的流速测试值为 1.06 m/d,流向测试值为 155°,水流向东南方向流动。

模型试验通过在既有隧道管片上开孔,向隧道外土体内打设6个试验冻结孔(编号为 D1～D6),27 个测温孔(编号为 C1～C27),每个测温孔在深度为 0.5 m、1.5 m、2.5 m 三个位置埋设温度测点,共计 81 个测点。通过冷冻站向冻结管内持续循环低温盐水,研究渗流条件下,单管冻结、双管冻结及三管冻结温度场的发展规律。其中单管冻结是冻结温度场研究的基础,双管冻结可看为单排冻结管冻结,三管冻结可看为双排冻结管冻结,模型试验的研究成果对现场实际冻结工程具有重要的指导意义。

3.4.3 试验系统组成

图 3.13 为原位冻结试验系统示意图。冻结孔、测温孔是本次试验系统的最关键组成部分,冻结管选用实际冻结工程相同的型号,采用 $\phi 89$ mm×8 mm 低碳钢无缝钢管。冻结孔、测温孔的打设严格按照试验设计,确保长度、偏斜等在控制误差要求内。同时,江底富水地层隧道管片开孔有一定的风险,为保证试验安全性,在管片上安装孔口管,然后钻孔施工。

冷冻站是本次试验系统的冷量心脏,通过冷冻站不断提供冷量,保证冻结管中的低温盐水,冻结管才能持续输出冷量,使其周围土体变成冻土。隧道内试验位置旁设置一个冻结站,其设备主要包括制冷机组、盐水箱、盐水泵、冻结器、清水系统等。

冻结管、冷冻站及中间连接的管路共同组成盐水循环系统,其中冻结管串联成一组,接入盐水循环系统,每个冻结管出口各装阀门一个,以便控制流量。盐水循环系统外表面需包裹 50 mm 厚的橡塑保温材料,并用塑料薄膜包扎保温层的外面。

依靠测温元件获得不同冻结时间下土体的温度,将所有测温元件的监测数据收集整理,可得到冻结管周围土体的温度场情况。将测温元件分组安装进测温孔中设计位置,并分组对号接入智能温度监测系统。

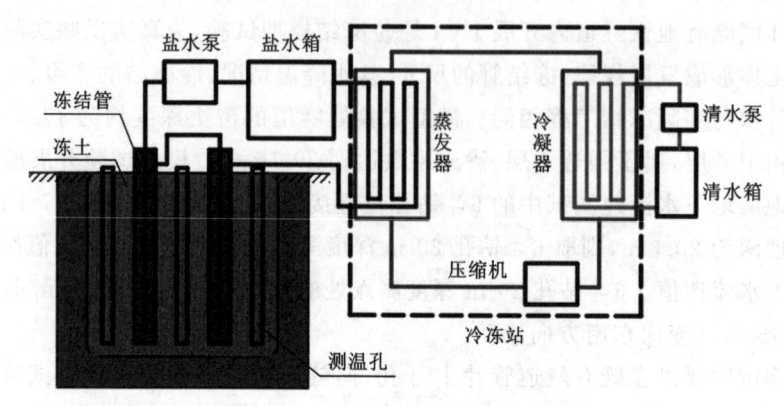

图 3.13 原位冻结试验系统示意图

3.4.4 试验方案

在既有地铁隧道管片上开设 6 个试验冻结孔(编号为 D1~D6),27 个测温孔(编号为 C1~C27),冻结孔长度为 2.61~2.90 m,测温孔长度为 2.50~2.72 m,相邻两个测温孔间距 400 mm,主要冻结参数见表 3.9。冻结孔、测温孔布置如图 3.14、图 3.15 所示,整个冻结区域大致划分为单孔冻结区、双孔冻结区及三孔冻结区。

表 3.9 模型试验主要冻结参数

参数	值	参数	值
冻结孔个数/个	6	测温孔个数/个	27
试验最低盐水温度/℃	−30	冻结管总长度/m	16.642
单孔盐水流量/(m³/h)	5~8	冻结总需冷量/(Kcal/h)	1600
冻结管规格/mm	89×8		

本次试验共布置 27 个测温孔,共计 81 个测点,测试数据较多,如果仍采用传统的人工热电偶的测温方法,则会产生大量繁杂、重复工作,且获得的温度数据离散性大、不连续。鉴于此,本试验研发了冻结温度监测系统,监测界面如图 3.16 所示,该智能监测系统可实时获得每个温度测点的温度值。

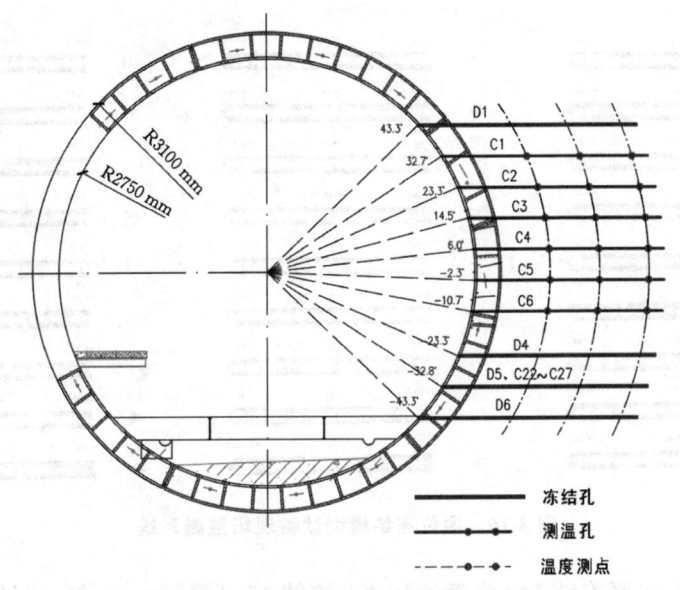

图 3.14 冻结孔、测温孔布置立面图

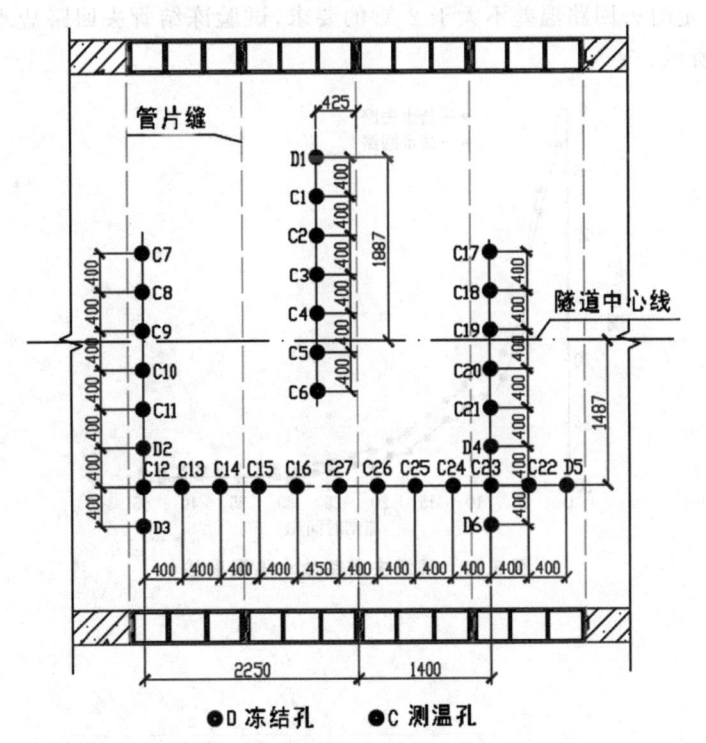

图 3.15 冻结孔、测温孔开孔位置图(单位:mm)

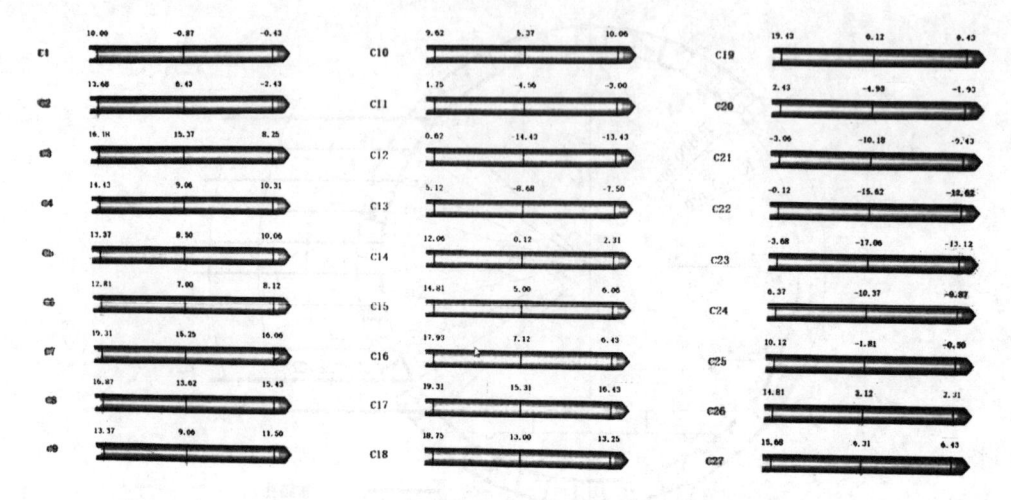

图 3.16　原位冻结模型试验现场监测系统

盐水降温按照冻结 7 d 降至 −18 ℃，冻结 15 d 降至 −24 ℃，冻结 25 d 降至 −28 ℃，稳定时去回路温差不大于 2 ℃ 的要求，试验冻结管去回路盐水温度曲线如图 3.17 所示。

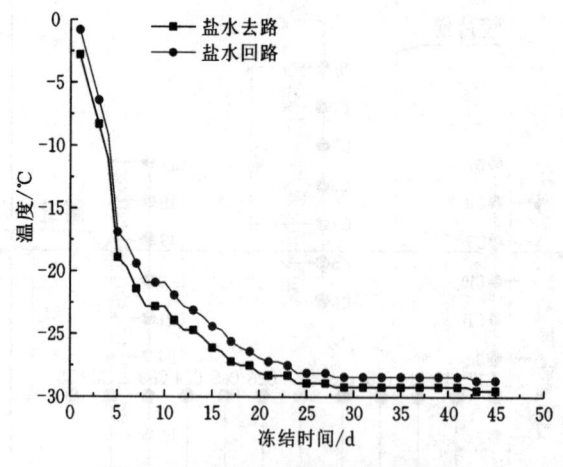

图 3.17　现场去回路盐水降温曲线

3.4.5 试验结果及分析

1. 单孔冻结

单孔冻结是研究人工冻结的基础,本试验单孔冻结布置如图 3.18 所示,其中 D1 为冻结孔,C1~C6 为测温孔,C1~C6 与 D1 在同一排,相邻各孔间距皆为 400 mm,C6 测温孔距 D1 冻结孔最远,为 2.4 m。

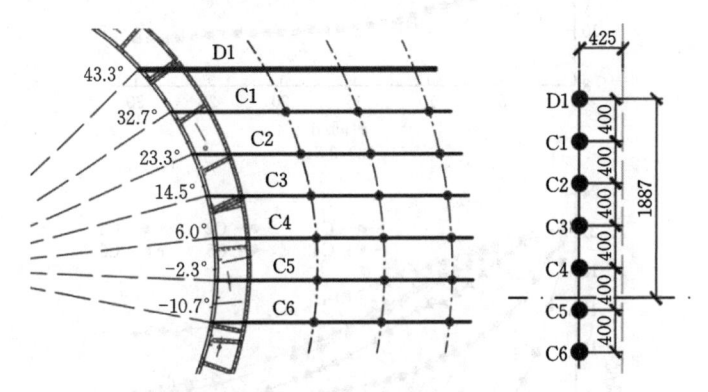

图 3.18 单孔冻结布置图(单位:mm)

C1~C6 测温孔分别为在测深 0.5 m、1.5 m、2.5 m 三个位置的测点,测得温度如图 3.19 所示,测深 0.5 m、1.5 m、2.5 m 三个位置分别对应于测温孔在土体中的前端、中间及末端。沿界面方向不同位置测点温度随时间变化情况如图 3.20 所示。

从图 3.19 可以看出,冻结开始后,C1 测温孔温度急剧下降,前 5 d 温度下降最明显,一段时间后趋于平缓;图(a)中 C1 温度趋于稳定在 10 ℃左右,图(b)中 C1 温度 25 d 时达到 0 ℃,32 d 时的温度约为 −1.2 ℃,图(c)中 C1 温度 27 d 时达到 0 ℃,32 d 时的温度约为 −0.7 ℃。冻结开始后,C2 测温孔温度也出现较明显下降,但与 C1 测温孔相比幅度减小,32 d 时两处温差可达到 7.5 ℃。C3~C6 测温孔温度从一开始就下降缓慢,最后亦趋于平缓,没有出现 C1、C2 测温孔温度急剧下降的情况。由图 3.20 可以看出,试验中只有距界面 0.4 m 处的 C1 测温孔温度达到了 0 ℃。

测深 0.5 m、2.5 m 为靠近两个端面的位置,0.5 m 靠近隧道管片,2.5 m 接近冻结管末端,因此可将其考虑为两个边界,对比图 3.19(a)~(c)可以发现,图(a)、图(c)所示的冻结效果明显比图(b)差,且以图(a)的冻结效果最差。冻结管末端位置外没有冷源,因此冷量会被外界环境吸收,冻结效果会下降,靠近隧道位置处,由于隧道内空气的流动,隧道与环境的热量交换导致此处的冷量损失更明显。依此结论,

47

(a) 0.5 m

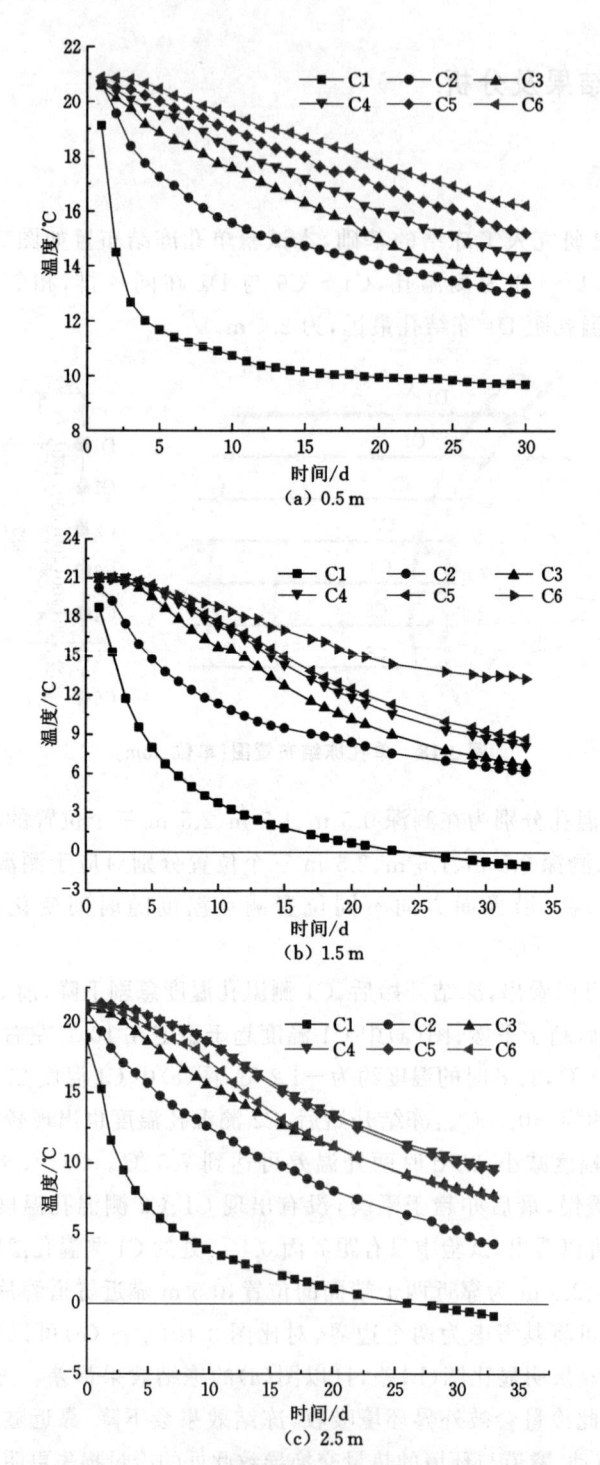

(b) 1.5 m

(c) 2.5 m

图 3.19 C1～C6 测温孔在不同深度测点温度变化情况

在工程中,应做好冻结工程的表面保温措施,较少冷量损失,后文只以 1.5 m 测深为研究对象。

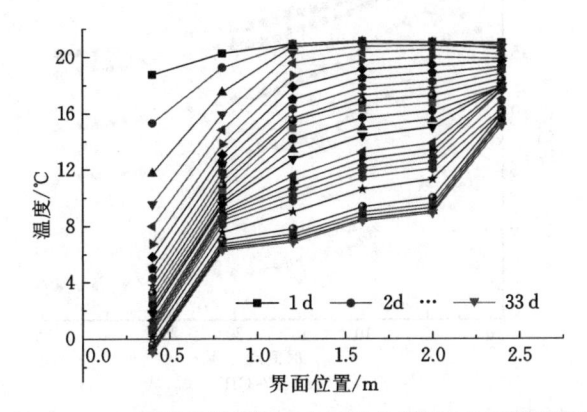

图 3.20 C1~C6 测温孔沿界面方向不同位置测点温度随时间变化

2. 双孔冻结

双孔冻结也可视为单排冻结,不仅需要了解同一排冻结孔温度场在端部的发展状况,更重要的是掌握冻结壁温度场在厚度方向的发展情况。单排孔冻结在市政冻结工程中较普遍,研究其温度场变化规律具有重要的意义。本试验中双孔冻结布置如图 3.21 所示,图中 D2、D3 为冻结孔,C7~C16 为测温孔,相邻各孔间距皆为 400 mm,C7 测温孔水平向距 D3 最远,为 2.8 m,C16 测温孔垂向距 D2、D3 最远,为 1.6 m。

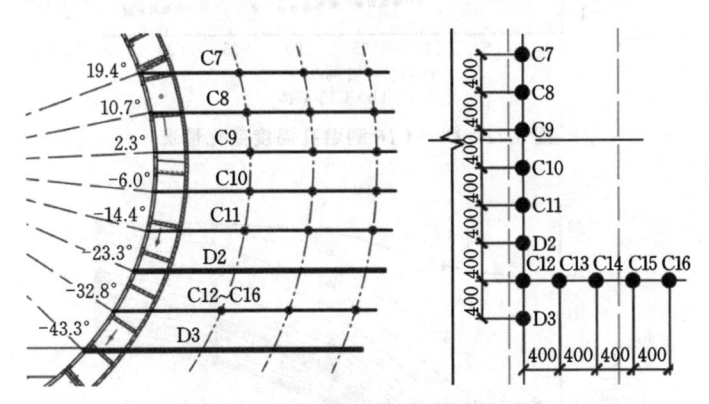

图 3.21 双孔冻结布置图(单位:mm)

C7~C11 测温孔测得同一排冻结孔纵向温度场的发展情况,C12~C16 测温孔测得冻结壁厚度方向温度场的发展情况,测温孔温度变化情况如图 3.22 所示,沿界面方向不同位置测点温度随时间变化情况如图 3.23 所示。

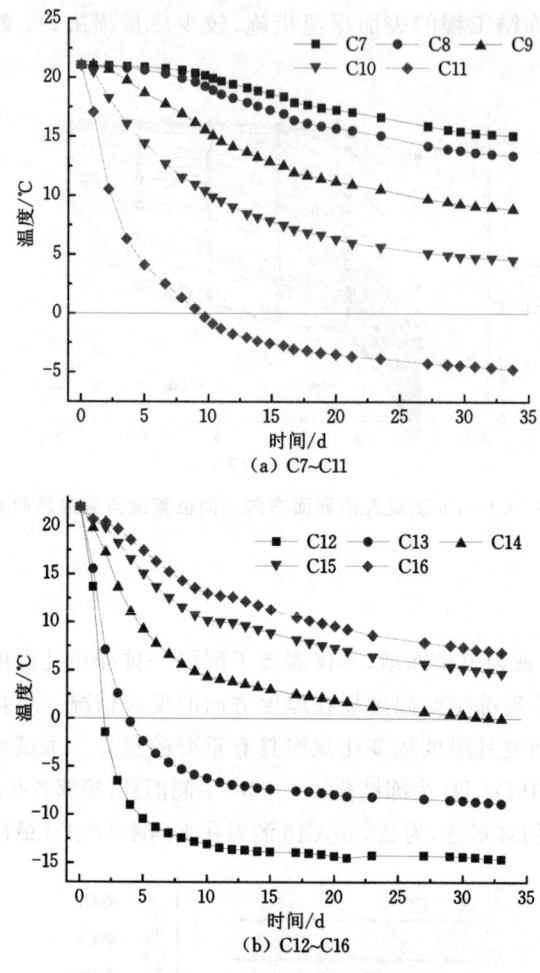

图 3.22 C7～C16 测温孔温度变化情况

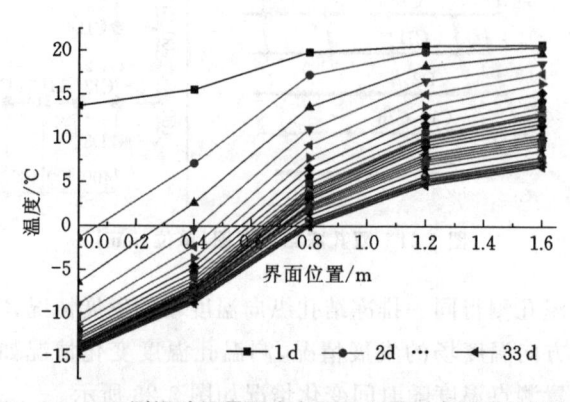

图 3.23 C7～C16 测温孔沿界面方向不同位置测点随时间温度变化

由图 3.22(a)可以看出 C7～C11 测温孔温度变化幅度逐渐增大,即越靠近 D2、D3 温度下降越剧烈,C11 测温孔温度下降最明显,前 5 d 温度急剧下降,7 d 温度已下降至 0 ℃,32 d 时温度达到 −6 ℃。C9、C10 测温孔开始冻结后也有较明显的降温,但与 C11 测温孔相比差距较大,32 d 时其温度分别达到 8 ℃、5 ℃。C7、C8 测温孔温度一直缓慢下降,最后也趋于稳定。由图(b)可以看出 C12～C16 测温孔温度变化趋势类似,0～7 d 经历快速降温阶段,之后转为缓慢降温。C12 测温孔位于 D2、D3 冻结孔之间,其温度下降幅度特别大,32 d 时温度达到 −15 ℃,C13 测温孔 32 d 时温度达到 −10 ℃,C14 测温孔 32 d 时温度达到 0 ℃。

C1 与 C11 测温孔相比较,位置类似,距离最近冻结管距离均为 0.4 m,区别为 C1 测温孔只靠近唯一冷源,而 C11 测温孔附近的冷源 D2 旁边 0.8 m 处还有冷源 D3。C1 与 C11 测温孔温度场变化趋势类似,但 C11 测温孔无论在降温速度还是在最终稳定温度方面均比 C1 测温孔表现出色,这主要是因为 D1 冻结孔孔的冷量向四周扩散,而由于 D3 冻结孔的存在,D2 冻结孔的冷量在向 D2～D3 方向扩散上可以大幅度减小,这部分冷量就可以向旁边扩散,导致相同半径情况下,D2 冻结孔周边温度比 D1 冻结孔低。C2 与 C10 测温孔相比较也有同样的结果,但可以看出随着半径增大,这一效果逐渐减弱。

C13～C16 测温孔温度表现比 C8～C11 测温孔要好,这是由于 C13～C16 测温孔位于 D1、D2 对称轴上,D1、D2 的冷量在此处的分配是相同的。因此在开展冻结工程时,一定要特别注意最外侧冻结孔,防止由于冷量不足而出现冻结帷幕不交圈等情况。由图 3.23 可知,试验中距界面 0.8 m 处的 C14 测温孔稳定温度达到了 0 ℃,因此在试验条件下,双孔冻结冻结壁厚度可以达到 1.6 m。

3. 三孔冻结

三孔冻结也可被视为双排冻结,三孔冻结不仅需要了解冻结孔温度场在端部的发展状况,更重要的是冻结壁温度场在厚度方向的发展情况。双排孔冻结在市政冻结工程中也较普遍,研究其温度场变化规律具有重要的意义。本试验三孔冻结布置如图 3.24 所示,图中 D4、D5、D6 为冻结孔,C17～C27 为测温孔,相邻各孔间距皆为 400 mm,C17 测温孔水平向距 D6 最远,为 2.8 m,C27 测温孔垂向距 D4、D6 最远,为 1.6 m,水平向距 D5 最远,为 2.4 m。

C17～C21 测温孔测得同一排冻结孔纵向温度场的发展情况,C22～C27 测温孔测得冻结壁厚度方向温度场的发展情况,测温孔温度变化情况如图 3.25 所示,沿界面方向不同位置测点温度随时间变化情况如图 3.26 所示。

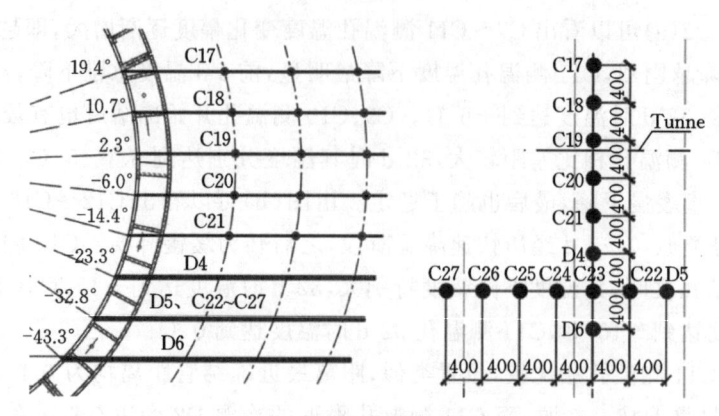

图 3.24 三孔冻结布置图(单位:mm)

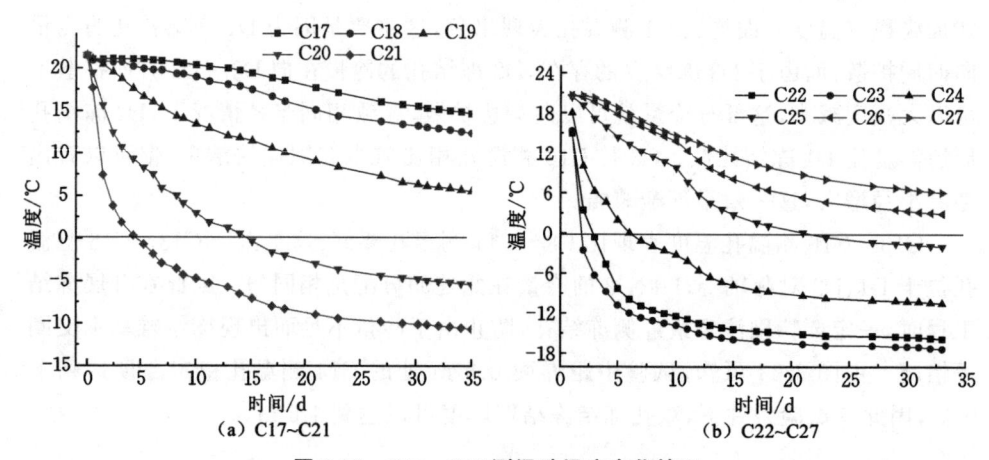

图 3.25 C17～C27 测温孔温度变化情况
(a) C17～C21 (b) C22～C27

由图 3.25(a)可得冻结 32 d 时,C21 测温孔温度为 -8 ℃,C20 测温孔温度为 -5 ℃,与双孔冻结对应位置的 C11、C10 测温孔的温度进行对比,冻结 32 d 时,C11、C10 测温孔的温度为 -6 ℃、5 ℃,C21、C20 测温孔的温度下降梯度增大,最后稳定温度减小。可见,由于 D5 冻结孔的存在,D4、D6 冻结孔向 D5 冻结孔方向传递的冷量减少,冷量向其他方向转移。

由图 3.25(b)可知,冻结 32 d 时,C22、C23、C24、C25 测温孔温度分别为 -15 ℃、-17 ℃、-10 ℃、-2 ℃,冻结壁厚度方向最远处的测温孔 C27 测温孔温度为 6 ℃。C22、C23 测温孔在三个冻结孔中间,冻结开始后温度很快下降,并维持很低的温度。与双孔冻结对应位置的测温孔的温度进行对比,冻结 32 d 时,C12 测温孔的温度为 -15 ℃,C13 测温孔的温度为 -10 ℃,C24 测温孔的温度为 -11 ℃,C14 测温孔的温度为 0 ℃,C25 测温孔的温度为 -2 ℃。可见在任意不同对应位置,三孔冻结效果均远好于双孔冻结。

由图 3.26 可得，试验中距界面 0.8 m 处的 C25 测温孔稳定温度低于 0 ℃，且考虑两排冻结管间距 0.8 m，因此在试验条件下，双排冻结冻结壁厚度可以达到 2.4 m。

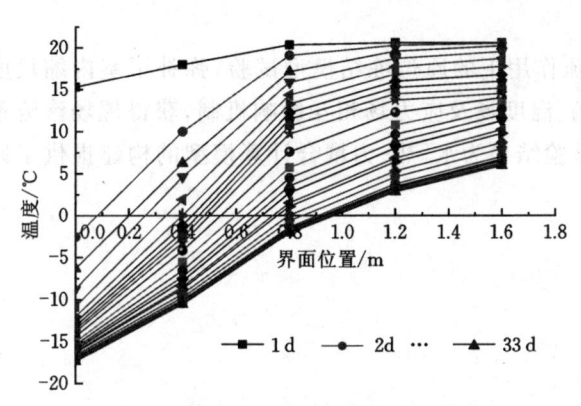

图 3.26　沿界面方向不同位置测点温度随时间变化

3.5　本章小结

本章开展了大量人工冻土热物理试验，获得水-热-力多场耦合数学模型所需参数，并通过单向冻结试验研究了冻土的温度场分布、含水量变化和冻胀位移的产生。开展了江底强渗透地层地下水流速测试，为原位冻结模型试验提供了现场流速值。通过渗流作用下的原位冻结模型试验，探讨了渗流场、温度场及应力场相互影响机制。通过以上的室内试验以及现场原位模型试验，为后文水-热-力耦合计算模型的构建提供了研究基础及重要参数值。本章得到的主要成果如下：

(1) 通过开展人工冻土热物理试验，获得水-热-力多场耦合数学模型所需导热系数、比热容等参数，-10 ℃下淤泥质粉细砂土试验所得导热系数和比热容分别为 1.87 W/(m·K) 和 1.12 kJ/(kg·K)。试验结果表明，土体导热系数在未冻结状态下近似为常数，而在冻结状态下近似为一次函数；土体的比热容与渗透系数在未冻结状态与冻结状态下各自分别近似为常数。通过定义考虑相变冻土体温度的海维赛德函数，构建冻土体导热系数、比热容、渗透系数的考虑相变影响的等效表达式。

(2) 通过冻胀融沉试验，研究了冻土的温度场分布、含水量变化和冻胀位移的产生等，得到了沿土柱高度含水率的变化情况以及冻胀率。由试验结果可知，冻结过程大致可分为快速降温阶段、衰减降温阶段和稳定阶段，开始冻结后，在毛细作用和冻结吸力的影响下，冻结缘上部自由水分逐渐向冻结缘移动，土柱上部的含水率较小。

（3）开展了江底强渗透地层地下水流速、流向测试，获得江底地层不同位置处的渗流流速值及方向，同时结果表明渗流速度与水力梯度的关系更适合采用指数型函数来描述。

（4）通过渗流作用下的原位冻结模型试验，弥补了室内缩尺度模型试验的不足，探讨了渗流场、温度场及应力场相互影响机制，获得现场渗流条件下冻结帷幕发展规律，以上试验结果为水-热-力耦合计算模型的构建提供了研究基础及重要参数值。

第4章 饱和冻土体水-热-力多物理场耦合数学模型

根据饱和冻土体中各组分所占比例,研究其水-热-力耦合机制,推导得到水分场微分控制方程、温度场微分控制方程及应力场微分控制方程,三组方程相互影响,共同构成富水地层饱和人工冻土体水-热-力耦合数学模型。进行有限元程序二次开发,将该数学模型控制方程与有限元软件结合,对已开展的室内无渗流土柱冻胀融沉试验和渗流条件下现场原位冻结试验进行有限元计算,通过计算值与试验值的对比分析,检验所建立的水-热-力耦合数学模型的正确性。

4.1 饱和冻土水-热-力耦合理论

饱和冻土由固体土颗粒、液态水及冰组成,如图4.1所示,冻结过程是一个动态变化的过程,主要是土体中的液态水不断结冰导致的。温度场的存在导致土体内部形成温度梯度,温度梯度引起水分迁移,同时水分迁移也会导致对流传热改变温度场。由于水分迁移及土体孔隙中液态水结冰,土体的渗透率减小,土体结构发生改变,孔压的变化导致有效应力发生改变,同时外力的作用也会导致土体孔隙内孔压发生改变;土体骨架在外力作用下发生变形,体应变做功会引起热量变化,而土中温度的变化会导致热应变及冻胀的产生。这三场呈相互影响,互相牵制的状态,如图4.2所示。

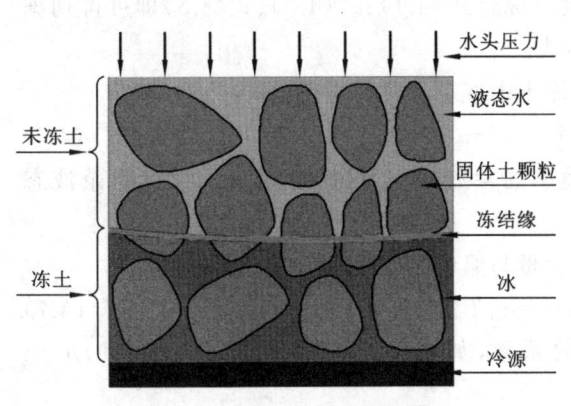

图4.1 饱和冻土各组分示意图

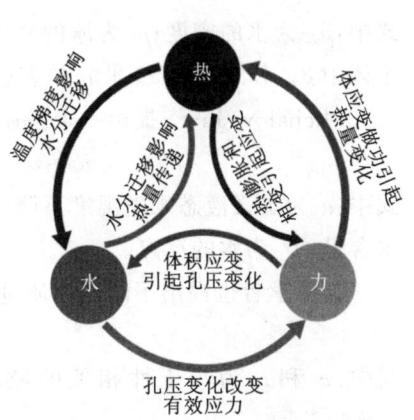

图4.2 水、热、力三场之间的相互作用机制

在低温影响下,土体的温度场产生变化,冻土中的液态水向冻结锋面移动,并发生相变结冰,液态水变成冰会导致其体积增加,单位体积液态水变成冰其体积增大约9%,会出现冻胀现象。同时,冻土体的物理力学性质与温度有密切关系,冻结过程是一个水-热-力多场耦合进行的过程,其中含冰量是一个关键因素。

设单位体积土体孔隙率为 n,忽略冻土体中的空气,则孔隙中充满水,即体积含水量 $\theta_w = n$,n 为一个变量。受冻结温度影响,当冻土体孔隙中的水结冰后,孔隙率 n 减小。冻土体中的体积含冰量为 θ_i,设体积含冰量 θ_i 与孔隙率 n 的比值为 S_i,则冻土体中体积含冰量 θ_i 与体积土体颗粒含量 θ_s 为

$$\theta_i = nS_i \tag{4.1}$$

$$\theta_s = 1 - n - nS_i \tag{4.2}$$

根据大量冻土试验结果,徐学祖等[128]提出了一个正冻土中液态水含量的经验公式:

$$\frac{\omega_0}{\omega_u} = \left(\frac{T}{T_f}\right)^B, \quad T < T_f \tag{4.3}$$

式中:ω_0 为土体的初始含水率;ω_u 为温度为 T 时土体的含水率;T_f 为土体的结冰温度;B 为常数,与土类和含盐量有关,可根据文献中的一点法测定,当没有试验数据时,B 可按砂土 0.61、粉土 0.47、黏土 0.56 选取经验值。

式(4.3)转化为如下形式:

$$\frac{\omega_0}{\omega_u} = \frac{\rho_w \theta_w + \rho_i \theta_i}{\rho_w \theta_w} = \frac{\rho_w n + \rho_i nS_i}{\rho_w n} = 1 + \frac{\rho_i}{\rho_w} S_i = \left(\frac{T}{T_f}\right)^B, \quad T < T_f \tag{4.4}$$

进一步可以得到:

$$S_i = \begin{cases} \dfrac{\rho_w}{\rho_i}\left[\left(\dfrac{T}{T_f}\right)^B - 1\right], & T < T_f \\ 0, & T \geqslant T_f \end{cases} \tag{4.5}$$

式中:ρ_w 为水的密度;ρ_i 为冰的密度。综合式(4.1)、式(4.2)、式(4.5)即可得到冻土体中 θ_w、θ_i、θ_s 关于变量 n 的表达式。

Michalowski[129]提出一个描述冻土中液态水含量的表达式:

$$w = w^* + (w_0 - w^*)e^{a(T-T_f)} \tag{4.6}$$

式中:a 为定义液态水随温度下降速率的参数;w_0 为初始含水率;w^* 为剩余液态水含量;T_f 为水的冰点。

其他学者也提出了液态水质量含量与温度的方程[130]:

$$w_u = a|T|^{-b} \tag{4.7}$$

式中:a 和 b 为与土性相关的经验系数,如相关研究中得到 $a = 30.29$,$b = 0.3569$[94,132]。

进一步可以得到土体中液态水的体积含量：

$$n = \theta_w = \frac{\rho_s}{\rho_w} w_u = \frac{\rho_s}{\rho_w} a |T|^{-b} \tag{4.8}$$

饱和冻土水-热-力耦合是一个复杂的动态过程，为便于分析计算，可做出如下假设：

(1) 土体为各向同性多孔介质，满足连续性假定；
(2) 土体处于完全饱和状态，忽略冻土体中的空气；
(3) 固体土颗粒及液态水均视为均质体，忽略其中的其他成分含量；
(4) 冻结过程中水的冰点保持不变；
(5) 流体运动遵循改进的指数型渗流定律；
(6) 应力-应变关系采用弹塑性本构关系。

4.2 水分场控制方程

4.2.1 流体连续性微分方程

在土体中取一个体积微元六面体（图4.3），选择正交直角坐标系，单位时间内微元体内流体质量的增量等于微元体六个表面流入、流出流体的质量之和，根据流体连续性理论及质量守恒定律建立微分方程。

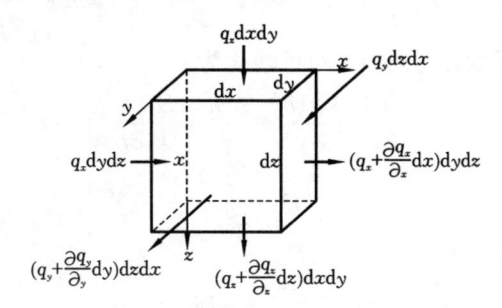

图 4.3　土体微元体内流体连续性示意图

单位时间微元体内流体质量的增量为 $\dfrac{\partial(\rho\theta_w)}{\partial t} dx\,dy\,dz$；

单位时间通过微元体两个 yz 面、两个 zx 面、两个 xy 面的流体质量分别为 $\rho\dfrac{\partial q_x}{\partial x}dx\,dy\,dz$、$\rho\dfrac{\partial q_y}{\partial y}dy\,dz\,dx$、$\rho\dfrac{\partial q_z}{\partial z}dz\,dx\,dy$。其中，$q_x$、$q_y$、$q_z$ 分别为 x、y、z 方向的流量。

根据质量守恒定律可得

$$\frac{\partial(\rho\theta_w)}{\partial t}\mathrm{d}x\mathrm{d}y\mathrm{d}z+\rho\frac{\partial q_x}{\partial x}\mathrm{d}x\mathrm{d}y\mathrm{d}z+\rho\frac{\partial q_y}{\partial y}\mathrm{d}y\mathrm{d}z\mathrm{d}x+\rho\frac{\partial q_z}{\partial z}\mathrm{d}z\mathrm{d}x\mathrm{d}y=0 \quad (4.9)$$

化简得

$$-\rho\left(\frac{\partial q_x}{\partial x}+\frac{\partial q_y}{\partial y}+\frac{\partial q_z}{\partial z}\right)=\frac{\partial(\rho\theta_w)}{\partial t} \quad (4.10)$$

对于饱和土体，体积含水量 θ_w 就是孔隙率 n，式(4.10)可进一步变为

$$-\rho\left(\frac{\partial q_x}{\partial x}+\frac{\partial q_y}{\partial y}+\frac{\partial q_z}{\partial z}\right)=\frac{\partial(\rho n)}{\partial t} \quad (4.11)$$

饱和土中水分变化率 $\frac{\partial(\rho n)}{\partial t}$ 是由水头高度 h 的变化导致的[80]：

$$\frac{\partial(\rho n)}{\partial t}=\rho S_s\frac{\partial h}{\partial t} \quad (4.12)$$

式中：S_s 为比容量，即单位储水量，其定义为

$$S_s=\rho g(a_s+n\beta_w) \quad (4.13)$$

式中：a_s 为土体压缩系数，其值取决于土的类型，如砂砾的取值范围为 $10^{-10}\sim 10^{-8}$ m²/N，砂土的取值范围为 $10^{-9}\sim 10^{-7}$ m²/N，黏土的取值范围为 $10^{-8}\sim 10^{-6}$ m²/N；β_w 为孔隙水压缩系数，其值一般取 4.4×10^{-10} m²/N。

液态水通量速率可以用渗透系数与水力梯度来表达：

$$q_x=-k_x\frac{\partial h}{\partial x},\quad q_y=-k_y\frac{\partial h}{\partial y},\quad q_z=-k_z\frac{\partial h}{\partial z} \quad (4.14)$$

各个方向渗透系数相等，式(4.8)可转化为

$$\frac{\partial^2 h}{\partial x^2}+\frac{\partial^2 h}{\partial y^2}+\frac{\partial^2 h}{\partial z^2}=\frac{S_s}{k}\frac{\partial h}{\partial t} \quad (4.15)$$

$$D_k=\frac{k}{S_s} \quad (4.16)$$

则式(4.15)可表示为

$$D_k\nabla^2 h=\frac{\partial h}{\partial t} \quad (4.17)$$

式(4.17)即为渗透变形方程。

式中：k_x、k_y、k_z 分别为 x、y、z 方向的渗透系数，当三个方向的渗透系数相等时，统一用 k 来表示。D_k 为自定义参数；∇ 为阿普拉斯算子。

4.2.2 流体运动微分方程

在流场中取一个体积微元六面体，选择正交直角坐标系，单位时间微元体内动

量的增加等于微元体内流体所受合力与单位时间净流入微元体的动量之和,根据动量守恒定律建立流体运动微分方程。

单位时间净流入微元体两个 zx 面的 y 方向的动量为 $-\dfrac{\partial(\rho u_y u_y)}{\partial y}\mathrm{d}y\mathrm{d}z\mathrm{d}x$,净流入微元体两个 yz 面的 y 方向的动量为 $-\dfrac{\partial(\rho u_x u_y)}{\partial x}\mathrm{d}x\mathrm{d}y\mathrm{d}z$,净流入微元体两个 xy 面的 y 方向的动量为 $-\dfrac{\partial(\rho u_z u_y)}{\partial z}\mathrm{d}z\mathrm{d}x\mathrm{d}y$。其中,$u_x$、$u_y$、$u_z$ 分别为 x、y、z 方向的流速。

作用于六面体微元表面的表面力,zx 面上的沿 y 方向的为 $-p_{yy}\mathrm{d}z\mathrm{d}x+(p_{yy}+\dfrac{\partial p_{yy}}{\partial y}\mathrm{d}y)\mathrm{d}z\mathrm{d}x$,$xy$ 面上的沿 y 方向的为 $-p_{zy}\mathrm{d}x\mathrm{d}y+(p_{zy}+\dfrac{\partial zy}{\partial z}\mathrm{d}z)\mathrm{d}x\mathrm{d}y$,$yz$ 面上的沿 y 方向的为 $-p_{xy}\mathrm{d}y\mathrm{d}z+(p_{xy}+\dfrac{\partial p_{xy}}{\partial x}\mathrm{d}x)\mathrm{d}y\mathrm{d}z$。

各组表面力相加可得沿 y 方向的总表面力为 $\left(\dfrac{\partial p_{xy}}{\partial x}+\dfrac{\partial p_{yy}}{\partial y}+\dfrac{\partial p_{zy}}{\partial z}\right)\mathrm{d}x\mathrm{d}y\mathrm{d}z$。

作用于微元体的沿 y 方向的质量力为 $\rho Y\mathrm{d}x\mathrm{d}y\mathrm{d}z$。

单位时间微元体内沿 y 方向的动量增量为 $\dfrac{\partial(\rho u_y)}{\partial t}\mathrm{d}x\mathrm{d}y\mathrm{d}z$。

根据动量守恒原理可得

$$\rho Y\mathrm{d}x\mathrm{d}y\mathrm{d}z+\left(\dfrac{\partial p_{xy}}{\partial x}+\dfrac{\partial p_{yy}}{\partial y}+\dfrac{\partial p_{zy}}{\partial z}\right)\mathrm{d}x\mathrm{d}y\mathrm{d}z=\dfrac{\partial(\rho u_x u_y)}{\partial x}\mathrm{d}x\mathrm{d}y\mathrm{d}z+\dfrac{\partial(\rho u_y u_y)}{\partial y}\mathrm{d}y\mathrm{d}z\mathrm{d}x+\dfrac{\partial(\rho u_z u_y)}{\partial z}\mathrm{d}z\mathrm{d}x\mathrm{d}y+\dfrac{\partial(\rho u_y)}{\partial t}\mathrm{d}x\mathrm{d}y\mathrm{d}z$$

(4.18)

化简得

$$\rho Y+\left(\dfrac{\partial p_{xy}}{\partial x}+\dfrac{\partial p_{yy}}{\partial y}+\dfrac{\partial p_{zy}}{\partial z}\right)=\dfrac{\rho\partial(u_x u_y)}{\partial x}+\dfrac{\rho\partial(u_y u_y)}{\partial y}+\dfrac{\rho\partial(u_z u_y)}{\partial z}+\dfrac{\rho\partial u_y}{\partial t}$$

(4.19)

其中:

$$\dfrac{\rho\partial(u_x u_y)}{\partial x}+\dfrac{\rho\partial(u_y u_y)}{\partial y}+\dfrac{\rho\partial(u_z u_y)}{\partial z}=\rho u_y\left(\dfrac{\partial u_x}{\partial x}+\dfrac{\partial u_y}{\partial y}+\dfrac{\partial u_z}{\partial z}\right)+\rho\left(u_x\dfrac{\partial u_y}{\partial x}+u_y\dfrac{\partial u_y}{\partial y}+u_z\dfrac{\partial u_y}{\partial z}\right)$$

(4.20)

$$\frac{\partial u_x}{\partial x}+\frac{\partial u_y}{\partial y}+\frac{\partial u_z}{\partial z}=0 \tag{4.21}$$

式(4.19)可进一步化简为

$$Y+\frac{1}{\rho}\left(\frac{\partial p_{xy}}{\partial x}+\frac{\partial p_{yy}}{\partial y}+\frac{\partial p_{zy}}{\partial z}\right)=\frac{\mathrm{d}u_y}{\mathrm{d}t} \tag{4.22}$$

将广义牛顿内摩擦定律带入运动微分方程,则:

$$\begin{aligned}\frac{\mathrm{d}u_y}{\mathrm{d}t}&=Y+\frac{1}{\rho}\left[\mu\frac{\partial}{\partial x}\left(\frac{\partial u_x}{\partial y}+\frac{\partial u_y}{\partial x}\right)+\mu\frac{\partial}{\partial y}\left(\frac{\partial u_y}{\partial y}+\frac{\partial u_y}{\partial y}\right)-\frac{\partial p}{\partial y}+\mu\frac{\partial}{\partial z}\left(\frac{\partial u_y}{\partial z}+\frac{\partial u_z}{\partial y}\right)\right]\\&=Y-\frac{1}{\rho}\frac{\partial p}{\partial y}+\mu\left(\frac{\partial^2 u_y}{\partial x^2}+\frac{\partial^2 u_y}{\partial y^2}+\frac{\partial^2 u_y}{\partial z^2}\right)\end{aligned}$$

$$\tag{4.23}$$

同理可得 x、z 方向上的方程,写成矢量形式为

$$\frac{\mathrm{d}\bar{u}}{\mathrm{d}t}=\bar{f}-\frac{1}{\rho}\nabla p+\mu\nabla^2\bar{u} \tag{4.24}$$

式中:$\bar{u}$ 为速度 u 的矢量形式;$\bar{f}$ 为外力 f 的矢量形式;∇p 为对 p 进行拉普拉斯计算。

理想流体忽略黏性作用,$u=0$,不受切应力,方程简化为

$$\frac{\mathrm{d}\bar{u}}{\mathrm{d}t}=\bar{f}-\frac{1}{\rho}\nabla p \tag{4.25}$$

对于稳定渗流场,假定 $\dfrac{\mathrm{d}\bar{u}}{\mathrm{d}t}=0$,即

$$\frac{1}{\rho}\nabla p=\bar{f} \tag{4.26}$$

4.2.3　达西定律及其不足

1. 达西定律定义

达西定律主要定义了饱和砂土中水的渗流量 Q 与渗流截面面积 A 和水头差 (h_1-h_2) 成正比,与渗流长度成反比,即

$$Q=kA(h_1-h_2)/L \tag{4.27}$$

式中:L 为渗流长度;k 为渗透系数。

用 v 表示单位时间内经过土体横截面积的渗流量,用 I 表示水力梯度,因此达西定律可表示渗流速度与水力梯度的线性关系:

$$v=Q/A=kI \tag{4.28}$$

$$I=(h_1-h_2)/L \tag{4.29}$$

2. 达西渗流公式推导[132]

采用变水头渗透系数试验方法进行渗透系数测量时，不计其他流量损失，流入试样土体的流量 $dQ=vAdt$，与测流管内流体的减少体积 $dV=-Ddh$ 数值相等，即

$$-Ddh=vAdt \tag{4.30}$$

式中：D 为测流管内截面积；h 为水头高度；t 为渗流时间；A 为试样截面积。

根据达西定律，$v=kI$，则上式转化为

$$-Ddh=kIAdt \tag{4.31}$$

式中：$I=h/L$。上式继续转化为

$$-Ddh=k(h/L)Adt \tag{4.32}$$

分离变量可得

$$-\frac{dh}{h}=\frac{kAdt}{DL} \tag{4.33}$$

将等式左边从 H_0 到 h 积分，等式右边从 0 到 t 积分，得

$$-\int_{H_0}^{h}\frac{dh}{h}=\int_{0}^{t}\frac{kAdt}{DL} \tag{4.34}$$

$$h=H_0 e^{-\frac{kA}{DL}t} \tag{4.35}$$

3. 冻结过程中达西定律的不足

达西定律是线性渗流定律，主要适用于理想砂土，而且基于理想试验条件下得出，因此达西定律有比较严格的适用条件，非理想砂土层、水力梯度过大、流速超过一定范围区间等均会导致达西定律不再适用。如前面研究的江底强渗透地层地下水流速测试所得的水平流速情况，渗流速度与水力梯度线性关系实用性不好，而指数型函数可以更好地描述渗流速度与水力梯度的关系。

对于以黏土为代表的其他土层，许多室内渗流试验和现场监测情况显示，使用达西定律计算会出现偏差，主要是由于其中黏粒等物质对渗流有抑制作用。而冻结过程中，土体孔隙中的水会相变为冰，随着冰晶的增多，土颗粒之间的孔隙慢慢填充，孔隙减少，冰晶增多，阻碍了土体中水的渗流。随着持续冻结，冰晶持续增多，渗流流速会越来越小，甚至终止。冻土体对渗流的抑制作用，一定程度上与黏土有相似之处，如果仍采用经典达西定律进行渗流计算分析将会产生较大偏差。

实际工程中大部分情况地质条件复杂，土层往往不是单一组分，再加上人工冻结强制外界条件的干预，达西定律已不能完全适用，因此有必要提出一种适应性更强的渗流公式。

4.2.4 改进的指数型渗流公式

1. 指数型渗流公式定义

本小节提出一种考虑起始水力坡降的指数型渗流模型,认为如果水力坡降 I 小于起始水力坡降 I_0,土中水不发生渗流,而当 I 大于 I_0 时,土中水才会发生渗流,渗流速度 v 与水力坡降 I 呈指数型函数关系。

指数型渗流公式定义如下:

$$v = \begin{cases} 0, & I < I_0 \\ kI^m, & I \geqslant I_0 \end{cases} \tag{4.36}$$

式中:m 为水力梯度相关参数;k 为渗透系数。

冻土体中的渗流速度采用指数型函数来描述。当 $m=1$ 时,式(4.36)转化为考虑起始水力坡降的达西定律,可以表达出理想砂土层流稳定渗流下渗透速度 v 与水力梯度 I 的关系;当 $m>1$ 时,式(4.36)可以描述水力梯度较大,流速较大时,v 与 I 之间的呈非线关系;当 $m<1$ 时,式(4.36)可以描述冻结条件下,随着孔隙率的减小,渗流速度越来越小情况下 v 与 I 之间的呈非线关系。

2. 指数型渗流公式推导

根据指数型渗流公式,当 $I > I_0$ 时,渗流速度为

$$v = kI^m \tag{4.37}$$

不计其他流量损失,流入试样土体的流量 $\mathrm{d}Q = vA\mathrm{d}t$ 与测流管内流体的减少体积 $\mathrm{d}V = -D\mathrm{d}h$ 数值相等,联立可得

$$-D\mathrm{d}h = kI^m A\mathrm{d}t \tag{4.38}$$

式中:$I = h/L$。式(4.38)继续转化为

$$-D\mathrm{d}h = k(h/L)^m A\mathrm{d}t \tag{4.39}$$

分离变量可得

$$-\frac{\mathrm{d}h}{h^m} = \frac{kA\mathrm{d}t}{DL^m} \tag{4.40}$$

等式左边从 H_0 到 h 积分,等式右边从 0 到 t 积分,得

$$-\int_{H_0}^{h} \frac{\mathrm{d}h}{h^m} = \int_{0}^{t} \frac{kA\mathrm{d}t}{DL^m} \tag{4.41}$$

$$h = \left(H_0^{1-m} - \frac{kA}{DL^m}t\right)^{\frac{1}{1-m}} \tag{4.42}$$

3. 指数型渗流公式验证

针对试样变水头渗透试验，根据其试验数据，验证指数型渗流公式的适用性，针对试验数据采用达西定律与改进指数型渗流公式进行结果拟合（图 4.4），发现改进指数型渗流公式拟合效果更好，进一步证明了改进指数型渗流公式的适用性。

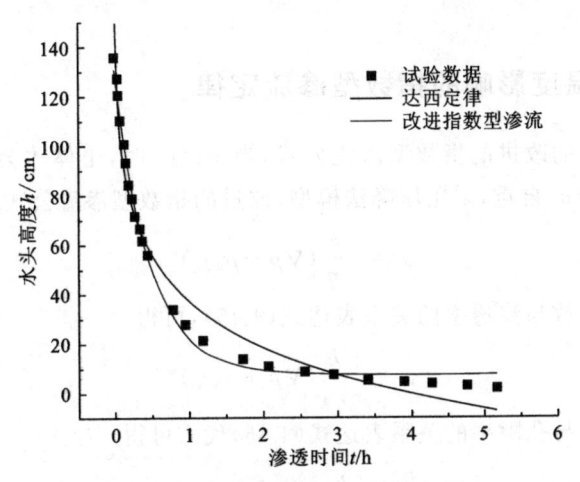

图 4.4 改进指数型渗流公式拟合曲线

4.2.5 温度对土体渗透性的影响

渗透率是评价多孔介质渗透特性的重要指标，是联系多孔介质渗透问题宏观与微观的纽带。冻土体渗透率取决于土的组成和结构、流体的性质与温度、冻结温度、压力等，而对于人工冻结工程，除土体本身成分及结构外，冻结温度对冻土体渗透率的影响最为重要。渗透率是研究人工冻结法水-热-力耦合分析的一个重要影响因素，而现有关于冻土体渗透率随温度的影响的研究相对较少[52,133]。

通过 Kozeny-Carmen 方程，可以得到渗透率 k 与孔隙率 n 变化的方程：

$$\kappa = \frac{n^3}{k_z S_p^2 (1-n)^2} \tag{4.43}$$

式中：k_z 为量纲为 1 的常数，取值为 5；S_p 为孔隙介质单位孔隙体积的孔隙比表面积，有

$$S_p = A_s / V_p \tag{4.44}$$

其中：A_s 为土体颗粒的总表面积；V_p 为土体孔隙体积。

渗透系数与渗透率的关系表达式为

$$k = \kappa \gamma_w / \eta \tag{4.45}$$

式中：k 为渗透率；γ_w 为水的重度；η 为黏滞系数。

因此，渗透系数与孔隙率的关系可以表述为

$$k=\frac{\gamma_w n^3}{\eta k_z S_p^2 (1-n)^2} \tag{4.46}$$

孔隙率 n 为关于温度的函数，因此，式(4.46)也可以看作渗透系数为受温度影响的函数。

4.2.6 考虑温度影响的指数型渗流定律

由之前提出的改进的指数型渗流公式，当 $I \geqslant I_0$ 时，土体才会发生渗流，考虑孔隙压力 p 及竖向自重，采用压降法模型，改进的指数型渗流公式其微分表达式为

$$v=-\frac{\kappa}{\eta}(\nabla p+\rho_w g)^m \tag{4.47}$$

结合渗透系数与渗透率的关系表达式(4.45)，可得

$$v=-\frac{k}{\gamma_w}(\nabla p+\rho_w g)^m \tag{4.48}$$

将渗透系数与孔隙率的关系表达式(4.46)代入可得

$$v=-\frac{n^3}{k_z S_p^2 (1-n)^2 \eta}(\nabla p+\rho_w g)^m \tag{4.49}$$

因此，得到考虑初始水力梯度在温度影响下的冻土体水分渗流改进的指数型渗流定律：

$$v=\begin{cases}0, & I<I_0 \\ -\dfrac{n^3}{k_z S_p^2 (1-n)^2 \eta}(\nabla p+\rho_w g)^m, & I \geqslant I_0\end{cases} \tag{4.50}$$

4.2.7 水分场微分控制方程

对于没有渗流场的土体，借鉴 Richards 微分方程，提出考虑冰水相变的冻土水分迁移微分控制方程为

$$\frac{\partial (\theta_w \rho_w + \theta_i \rho_i)}{\partial t}=\nabla [\rho_w D(\theta_w) \nabla \theta_w + \rho_w k(\theta_w)] \tag{4.51}$$

式中：$D(\theta_w)$ 为冻土中水的扩散率，有

$$D(\theta_w)=\frac{k(\theta_w)}{c(\theta_w)}I \tag{4.52}$$

式中：$k(\theta_w)$ 为土体的渗透率；$c(\theta_w)$ 为比水容重；$k(\theta_w)$、$c(\theta_w)$ 由滞水模型确定；I 为阻抗因子，代表土中水分迁移受冰的阻碍作用，公式为

$$I=10^{-10\theta_i} \tag{4.53}$$

对于存在渗流场的土体,其水分运动的驱动力主要为水头压力,土体为完全饱和状态,土体中的水分迁移相较于渗流来说非常小,所以忽略土体中的水分迁移作用。根据质量守恒定律,单位时间内流入单元体的流体质量和生成冰的质量之和等于单元体内储液量的增加,因此在渗流条件下流体的质量守恒方程可表示为

$$\frac{\partial(\theta_w\rho_w+\theta_i\rho_i)}{\partial t}=\nabla(\rho_w v) \tag{4.54}$$

由之前定义的指数型渗流公式(4.36)可知,当水力梯度 $I<I_0$ 时,流速 v 等于0,此阶段用 Richards 微分方程来描述土中水分迁移。

当水力梯度 $I \geqslant I_0$ 时,流速 v 用指数型渗流公式 kI^m 表示,并结合式(4.50),可以得到渗流作用下饱和土体的水分场微分方程为

$$\frac{\partial(n\rho_w+nS_i\rho_i)}{\partial t}=\nabla\left[\frac{\rho_w n^3}{k_z S_p^2(1-n)^2 \eta}(\nabla p+\rho_w g)^m\right] \tag{4.55}$$

综上,可以得到考虑初始水力梯度的冻土体水分场微分控制方程:

$$\frac{\partial(n\rho_w+nS_i\rho_i)}{\partial t}=\begin{cases}\nabla[\rho_w D(\theta_w)\nabla\theta_w+\rho_w k(\theta_w)], & I<I_0 \\ \nabla\left[\dfrac{\rho_w n^3}{k_z S_p^2(1-n)^2 \eta}\cdot(\nabla p+\rho_w g)^m\right], & I\geqslant I_0\end{cases} \tag{4.56}$$

4.3 温度场控制方程

4.3.1 温度场基本理论

1. 温度场和等温面

温度场描述了所研究物体内各点的温度分布情况,为空间与时间的函数。当温度场中的各点温度随时间而变化时,该温度场为瞬态温度场,表达式为 $T=f(x,y,z,t)$;而当温度场中的各点温度不随时间而变化时,该温度场为稳态温度场,表达式为 $T=f(x,y,z)$。

等温面为温度场中温度相同的各点组成的面,在人工冻结工程中,等温面是判断冻结壁大小和形状的重要依据。

2. 温度梯度

温度梯度为等温面法线方向的温度变化率,用 $\mathrm{grad}T$ 表示为

$$\mathrm{grad}T=\lim_{\Delta n\to 0}\frac{\Delta T}{\Delta n}=\frac{\partial T}{\partial n} \tag{4.57}$$

由温度梯度定义可知,等温面上温度梯度都为 0,温度梯度为向量,正向为温

度增加的方向。

3. 傅里叶定律

傅里叶定律描述了导热速率与温度梯度及传热面积成正比，即

$$\mathrm{d}Q = -\lambda \mathrm{d}A \frac{\partial T}{\partial n} \tag{4.58}$$

式中：λ 为导热系数，负号表示热流方向与温度梯度方向相反。

4.3.2 温度场微分控制方程

在直角坐标系中，取导热物体中任一微元体，其沿 x、y、z 轴的宽度分别为 $\mathrm{d}x$、$\mathrm{d}y$、$\mathrm{d}z$，则其体积为 $\mathrm{d}V = \mathrm{d}x\mathrm{d}y\mathrm{d}z$。依据能量守恒与转化定律，在 $\mathrm{d}t$ 时间内传导输入与输出微元体的净热量 Q_1、内热源产生的热量 Q_2、冰水相变潜热 Q_3、渗流带走热量 Q_4 之和等于微元体的能量增加量 Q_5。

1. 传导输入与输出微元体的净热量 Q_1

在 $\mathrm{d}t$ 时间内微元体 x 方向传导输入的净热量 Q_x 为左侧面输入的热量 Q_{x1} 与右侧面输出的热量 Q_{x2} 之差，λ_x 为 x 方向的导热系数，因此根据傅里叶定律可得

$$\begin{aligned}Q_x &= Q_{x1} - Q_{x2}\\ &= -\lambda_x \frac{\partial T}{\partial x}\mathrm{d}y\mathrm{d}z\mathrm{d}t - \left[-\lambda_x \frac{\partial T}{\partial x}\mathrm{d}y\mathrm{d}z\mathrm{d}t - \frac{\partial}{\partial x}\left(\lambda_x \frac{\partial T}{\partial x}\right)\mathrm{d}y\mathrm{d}z\mathrm{d}x\mathrm{d}t\right]\\ &= \frac{\partial}{\partial x}\left(\lambda_x \frac{\partial T}{\partial x}\right)\mathrm{d}x\mathrm{d}y\mathrm{d}z\mathrm{d}t\end{aligned} \tag{4.59}$$

同理，y 方向传导输入的净热量 Q_y 为

$$Q_y = \frac{\partial}{\partial y}\left(\lambda_y \frac{\partial T}{\partial y}\right)\mathrm{d}x\mathrm{d}y\mathrm{d}z\mathrm{d}t \tag{4.60}$$

z 方向传导输入的净热量 Q_z 为

$$Q_z = \frac{\partial}{\partial z}\left(\lambda_z \frac{\partial T}{\partial z}\right)\mathrm{d}x\mathrm{d}y\mathrm{d}z\mathrm{d}t \tag{4.61}$$

则在 $\mathrm{d}t$ 时间内微元体热传导的净热量 Q_1 为

$$\begin{aligned}Q_1 &= Q_x + Q_y + Q_z\\ &= \left[\frac{\partial}{\partial x}\left(\lambda_x \frac{\partial T}{\partial x}\right) + \frac{\partial}{\partial y}\left(\lambda_y \frac{\partial T}{\partial y}\right) + \frac{\partial}{\partial z}\left(\lambda_z \frac{\partial T}{\partial z}\right)\right]\mathrm{d}x\mathrm{d}y\mathrm{d}z\mathrm{d}t\end{aligned} \tag{4.62}$$

对于温度各向同性材料，$\lambda_x = \lambda_y = \lambda_z = \lambda$，上式化简为

$$Q_1 = \lambda\left[\frac{\partial}{\partial x}\left(\frac{\partial T}{\partial x}\right) + \frac{\partial}{\partial y}\left(\frac{\partial T}{\partial y}\right) + \frac{\partial}{\partial z}\left(\frac{\partial T}{\partial z}\right)\right]\mathrm{d}x\mathrm{d}y\mathrm{d}z\mathrm{d}t = \lambda \nabla^2 T \mathrm{d}x\mathrm{d}y\mathrm{d}z\mathrm{d}t \tag{4.63}$$

2. 内热源产生的热量 Q_2

设单位体积微元体在单位时间内的发热量为 q_ϑ，则 dt 时间内微元体内产生的热量 Q_2 为

$$Q_2 = q_\vartheta \, dx \, dy \, dz \, dt \tag{4.64}$$

3. 冰水相变潜热 Q_3

设 dt 时间内，微元体内生成的冰的体积含量为 θ_i，则 dt 时间内微元体内冰水相变潜热 Q_3 为

$$Q_3 = \frac{\rho_i L \partial \theta_i}{\partial t} dx \, dy \, dz \, dt \tag{4.65}$$

4. 渗流带走热量 Q_4

dt 时间内，微元体由于渗流而带走的热量 Q_4 为

$$Q_4 = C_w \rho_w u \, \nabla T \, dx \, dy \, dz \, dt \tag{4.66}$$

式中：C_w 为水的比热容；u 为流速。

5. 微元体的能量增加量 Q_5

在 dt 时间内，微元体的能量增加量 Q_5 为

$$Q_5 = \frac{\rho C \partial T}{\partial t} dx \, dy \, dz \, dt \tag{4.67}$$

式中：C 为冻土体的比热容。

依据能量守恒与转化定律，可得

$$Q_5 = Q_1 + Q_2 + Q_3 + Q_4 \tag{4.68}$$

将 $Q_1 \sim Q_5$ 分别代入，同时消去等号两边的 $dx \, dy \, dz \, dt$，可得

$$\frac{\rho C \partial T}{\partial t} = \lambda \, \nabla^2 T + q_\vartheta + \frac{\rho_i L \partial \theta_i}{\partial t} - C_w \rho_w u \, \nabla T \tag{4.69}$$

饱和冻土由固体土颗粒、液态水及冰组成，进行冻土温度场分析时，将冻土简化为各向同性均质体，整体性质由各组分性质按所占比例分配组成。由前面分析可知，冻土孔隙率 n 随冻结温度而改变，体积含水量 $\theta_w = n$，体积含冰量 $\theta_i = nS_i$，体积土颗粒含量 $\theta_s = 1 - n - nS_i$。

则冻土体密度为

$$\rho = (1 - n - nS_i)\rho_s + n\rho_w + nS_i\rho_i \tag{4.70}$$

式中：ρ_s、ρ_w、ρ_i 分别为固体土颗粒密度、液态水密度和冰密度。

冻土体的比热容为

$$C = \frac{\theta_s \rho_s C_s + \theta_w \rho_w C_w + \theta_i \rho_i C_i}{\theta_s + \theta_w + \theta_i} = (1-n-nS_i)\rho_s C_s + n\rho_w C_w + nS_i\rho_i C_i \quad (4.71)$$

式中：C_s、C_w、C_i 分别为土颗粒比热容、液态水比热容和冰比热容。

冻土体导热系数为

$$\lambda = \lambda_s^{\theta_s} \lambda_w^{\theta_w} \lambda_i^{\theta_i} = \lambda_s^{1-n-nS_i} \lambda_w^n \lambda_i^{nS_i} \quad (4.72)$$

式中：λ_s、λ_w、λ_i 分别为土颗粒导热系数、液态水导热系数和冰导热系数。

$$\frac{\partial \theta_i}{\partial t} = \frac{\partial (nS_i)}{\partial t} = \left(\frac{S_i \partial n}{\partial T} + \frac{n\partial S_i}{\partial T}\right)\frac{\partial T}{\partial t} \quad (4.73)$$

模型中不考虑冻土体内热源产生的热量 Q_2，则导热微分方程式(4.69)可变为

$$\frac{\rho C \partial T}{\partial t} = \lambda \nabla^2 T + \rho_i L\left(\frac{S_i \partial n}{\partial T} + \frac{n\partial S_i}{\partial T}\right)\frac{\partial T}{\partial t} - C_w \rho_w u \nabla T \quad (4.74)$$

4.4 应力场控制方程

冻土体总的应变是由应力引起的应变、水压力引起的应变、冻胀引起的应变三部分组成。

1. 应力引起的应变 ε_{ij}

将冻土体简化为由土颗粒骨架、冰、液态水组成的复合体，冻土体有效应力为由土颗粒骨架和冰承担的应力值。土和冰的杨氏模量分别为 E_s、E_i，泊松比分别为 μ_s、μ_i。根据复合材料理论，可得到冻土体的等效杨氏模量 E 和泊松比 μ[134]：

$$E = \frac{[c_s E_s(1-2\mu_i) + c_i E_i(1-2\mu_s)][c_s E_s(1+\mu_i) + c_i E_i(1+\mu_s)]}{c_s E_s(1+\mu_i)(1-2\mu_i) + c_i E_i(1+\mu_s)(1-2\mu_s)} \quad (4.75)$$

$$\mu = \frac{c_s E_s \mu_s(1+\mu_i)(1-2\mu_i) + c_i E_i \mu_i(1+\mu_s)(1-2\mu_s)}{c_s E_s(1+\mu_i)(1-2\mu_i) + c_i E_i(1+\mu_s)(1-2\mu_s)} \quad (4.76)$$

式中：c_s、c_i 分别为冻土体中土和冰的体积分数。

将冻土体变形视为弹塑性变形，本构关系采用弹塑性本构方程，其增量形式为[135]

$$\{d\sigma'_{ij}\} = [D_{ep}]\{d\varepsilon_{ij}\} \quad (4.77)$$

式中：$\{d\sigma'_{ij}\}$ 为有效应力张量的增量；$[D_{ep}]$ 为弹塑性矩阵；$\{d\varepsilon_{ij}\}$ 为应变张量的增量。

采用修正的摩尔-库仑强度准则来描述冻土体的破坏[136]：

$$F = \frac{\sin\varphi}{\sqrt{3\sin^2\varphi + 9}} I'_1 + \sqrt{J'_2} - \frac{3c\cos\varphi}{\sqrt{\sin^2\varphi + 9}} \quad (4.78)$$

式中：F 为应力状态函数；I'_1 为有效应力第一不变量，$I'_1 = \sigma'_x + \sigma'_y + \sigma'_z$；$J'_2$ 为有效偏

应力第二不变量;c 为黏聚力;φ 为内摩擦角。

2. 水压力引起的应变 ε_p

水压力引起的应变 ε_p[137] 为

$$\varepsilon_p = \frac{\alpha_p}{K^s} p \delta_{ij} \tag{4.79}$$

式中:α_p 为 Biot 系数,在 0.5~0.8 取值,取决于材料的压缩性,一般通过经验方法加以确定;δ_{ij} 为 Kronecker 符号(当 $i=j$ 时,$\delta_{ij}=1$;当 $i\neq j$ 时,$\delta_{ij}=0$);K^s 为排水体积模量,表达式为

$$K^s = \frac{2G(1+\mu)}{3(1-2\mu)} \tag{4.80}$$

式中:G 为剪切模量,表达式为

$$G = \frac{E}{2(1+\mu)} \tag{4.81}$$

3. 冻胀引起的应变 ε_T

采用热膨胀理论计算冻土体的冻胀,将冻土体视为均质热膨胀线性材料,则由于冻胀引起的应变方程为

$$\varepsilon_T = \alpha_T (T - T_f) \tag{4.82}$$

式中:α_T 为冻土体线膨胀系数。

由《冻土工程地质勘察规范》(GB 50324—2014)可知,冻胀率表达式为

$$\eta = \frac{1.09\rho_s}{2\rho_w}(\omega - \omega_p) \tag{4.83}$$

式中:ω 为土体含水率;ω_p 为土体塑限含水率。

为获得较为准确的冻胀率,根据前面冻土冻胀试验获得冻胀率。

王贺等[138]认为冻土的冻胀仅发生在 $T_f \sim T_u$ 的温度区间内,提出了冻土冻胀系数 α_T 与冻胀率 η 之间的关系式:

$$\eta = \begin{cases} 0, & T < T_f \\ \int_{T_f}^{T_u} \frac{1+\mu}{1-\mu} \alpha_T dT, & T_f \leqslant T \leqslant T_u \\ 0, & T > T_u \end{cases} \tag{4.84}$$

$$\alpha_T = \frac{i_{\theta(i+1)} - i_{\theta i}}{i_\theta} \frac{\eta \frac{1-\mu}{1+\mu}}{T_{i+1} - T_i} \tag{4.85}$$

式中:$i_{\theta i}$ 代表当冻土在 T_i 温度下,冻土的相对含冰率;T_u 为融合温度。

冻土体冻胀线膨胀系数 α_T 与冻胀率 η 的关系如下:

$$\alpha_T = -(\sqrt[3]{\eta+1} - 1) \tag{4.86}$$

所以线性膨胀理论下冻土体冻胀计算公式为

$$\varepsilon_T = (1 - \sqrt[3]{\eta+1})(T - T_f) \tag{4.87}$$

土体总应变可以表示为

$$\varepsilon = \varepsilon_\sigma + \varepsilon_p + \varepsilon_T = \varepsilon_{ij} + \frac{\alpha_p}{K^s} p \delta_{ij} + (1 - \sqrt[3]{\eta+1})(T - T_f) \delta_{ij} \tag{4.88}$$

总应力为

$$\sigma = \sigma'_{ij} - \alpha_p p \delta_{ij} - K^s (1 - \sqrt[3]{\eta+1})(T - T_f) \delta_{ij} \tag{4.89}$$

平衡微分方程为

$$\sigma_{ij,j} + f_i = 0 \tag{4.90}$$

式中:σ 为饱和冻土体总应力;f_i 为体积力。

水-热-力耦合下的应力控制微分方程为

$$\sigma'_{ij,j} - \alpha_p p_i - K^s (1 - \sqrt[3]{\eta+1})(T - T_f) + f_i = 0 \tag{4.91}$$

4.5 边界条件

微分方程描述某类问题的共同规律,因此可以得到多个甚至无数个解,而对于实际问题的求解是有边界条件限定的,通过求解域边界值的约束,可以得到唯一的解。根据研究对象、研究问题、所处环境等的不同,通常将边界条件分为三类。

1. 第一类边界条件

第一类边界条件也称为 Dirichlet 边界条件,是指在边界上给定场函数的分布形式,即

$$\phi|_s = \bar{\phi}$$

式中:ϕ 为场函数;s 为边界条件;$\bar{\phi}$ 为受到边界约束后的场函数。在热分析中为给定任意时刻物体边界处的温度值。在渗流分析中为给定边界上压力或速度势的条件,也称为定水头边界。

2. 第二类边界条件

第二类边界条件也称 Neumann 边界条件,是指在边界上给定场函数沿边界外法向的偏导数,即

$$\frac{\partial \phi}{\partial n}\bigg|_s = \bar{q} \quad \text{或} \quad \left(\frac{\partial \phi}{\partial x} n_x + \frac{\partial \phi}{\partial y} n_y + \frac{\partial \phi}{\partial z} n_z\right)\bigg|_s = \bar{q}$$

式中：$\partial \phi$ 为边界的偏导数；$\bar{q}$ 为给定通量。

在热分析中为给定任意时刻物体边界上的热流密度。在渗流分析中，为在边界上给定通量或压力导数的条件，也称为定流量边界，不透水边界即通量为零的边界，属于第二类边界条件。

3. 第三类边界条件

第三类边界条件也称为 Robbin 条件或混合边界条件，是指在边界上给定场函数本身以及场函数沿边界外法向的偏导数的线性组合，即

$$\left(h\phi + k_n \frac{\partial \phi}{\partial n}\right)\Big|_s = f$$

其中：

$$h^2 + k_n^2 \neq 0$$

在热分析中为给定任意时刻物体边界处的温度值及其热流密度的线性组合。在渗流分析中，指在边界上给定压力（或速度势）及其导数的线性组合条件。

4.6 无渗流水-热-力耦合模型验证

4.6.1 有限元模型

多物理场的本质就是偏微分方程组，对于所提出水-热-力多场耦合数学模型，以偏微分方程（组）的形式，将前面推导所得各个物理场方程导入有限元程序，可以实现多物理场耦合求解。

采用 3.2 节土柱冻胀融沉模型试验数据对水-热-力耦合模型进行验证，根据土柱模型的均匀性及对称性，为减小计算量，缩短计算时间，取一个竖向中心截面，作为此土柱模型简化计算有限元平面模型，有限元模型为边长为 0.1 m 的正方形。

采用四边形映射网格划分模型，模型整体都需要考虑其变化情况，因此采用超细化网格，网格划分后如图 4.5 所示，有限元模型完整网格包含 2500 个域单元和 200 个边界单元。

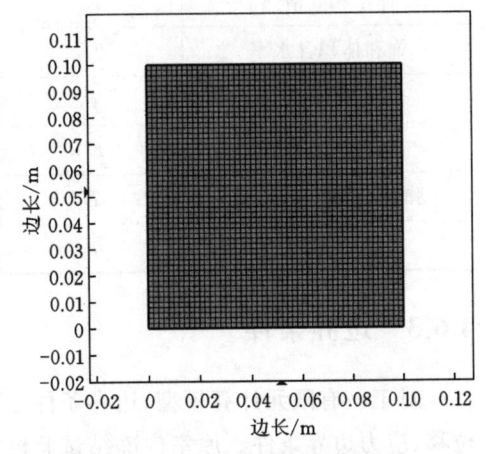

图 4.5 土柱模型有限元网格图

计算求解采用瞬态求解模式，选择时间单位及输出时步，本次计算时间单位采用 h，输出时步变化范围为 0~24h，时步间隔为 0.1 h。

4.6.2 模型参数

水-热-力三场耦合计算涉及大量物理参数，研究所需基本参数包括土颗粒、水及冰的密度、导热系数、比热容、土体结冰温度、饱和含水率、饱和土体渗透系数等。通过试验，以及结合前人研究成果，获得土柱模型所需参数，土柱模型水-热-力耦合数值计算中所使用部分主要物理参数，如表 4.1 所示。

表 4.1　土柱模型水-热-力耦合数值计算物理参数

参数	符号	单位	数值
土颗粒密度	ρ_s	kg/m³	2700.00
水的密度	ρ_w	kg/m³	1000.00
冰的密度	ρ_i	kg/m³	918
土颗粒导热系数	λ_s	W/(m·K)	1.43
水的导热系数	λ_w	W/(m·K)	0.64
冰的导热系数	λ_i	W/(m·K)	2.31
土颗粒比热容	C_s	kJ/(kg·K)	0.92
水比热容	C_w	kJ/(kg·K)	4.20
冰的比热容	C_i	kJ/(kg·K)	2.10
冰水相变潜热	L_f	kJ/kg	334.56
饱和体积含水率	θ_{sat}	—	0.30
结冰温度	T_f	℃	−0.30
饱和渗透系数	K_s	m/s	$10.10×10^{-4}$
弹性模量（−10 ℃）	E	MPa	107.25
泊松比	μ	—	0.30

4.6.3 边界条件

对于该有限元计算模型，边界条件主要为：温度边界条件、水分边界条件，以及位移、应力边界条件。原室内冻结试验模型为一个圆柱体土柱，将其安放在圆柱形模具中，周围包裹保温棉，下面安放冷源，上面为自由端。

1. 温度边界条件

模型初始温度为1 ℃,左右边界为绝热边界,上边界为恒温(1 ℃),下边界为冷源(温度变化同冷源)。考虑实际冷源温度的下降趋势,以及确保有限元计算的收敛性,温度荷载采用前0.5 h施加1 ℃的温度,之后2 h内温度从1 ℃快速下降到−10 ℃,并保持恒定,温度荷载变化如图4.6所示。

2. 水分边界条件

模型初始含水率同土体饱和含水率;由于采用隔水条件,模型四周均为水分零通量边界。

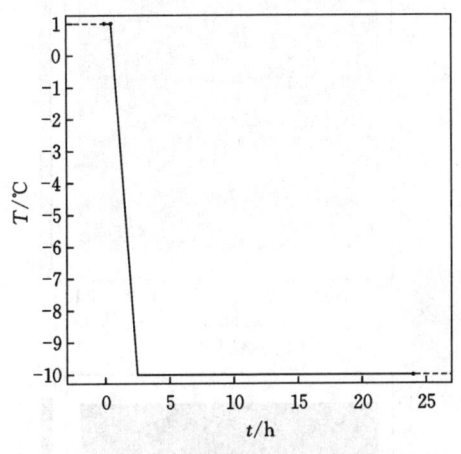

图 4.6 土柱模型温度荷载变化图

3. 位移、应力边界条件

对于位移边界,模型左右边界采用辊支撑边界,上边界为自由边界,下边界为固定边界。对于应力边界,由于未给模型施加额外的外力,不考虑外力产生的变形,仅考虑冻胀产生的变形。

4.6.4 计算结果及分析

1. 温度场

通过计算可以获得0～24 h内任意时刻的冻结温度场云图,计算结果及模型试验结果都表明,快速冻结之后,水-热-力逐渐趋于平衡状态,因此,主要选取快速冻结期间土体的温度场云图,如图4.7所示。从图中可以看出,前6 h时模型处于快速降温阶段,温度场变化非常明显,而之后温度场变化不明显,进入稳定阶段。图4.8为随着模型高度的增加,所在位置的温度变化情况。由于热传递的连贯性,高度与温度近似呈线性关系,但由于水结冰的相变潜热的影响,冰点位置出现拐点。

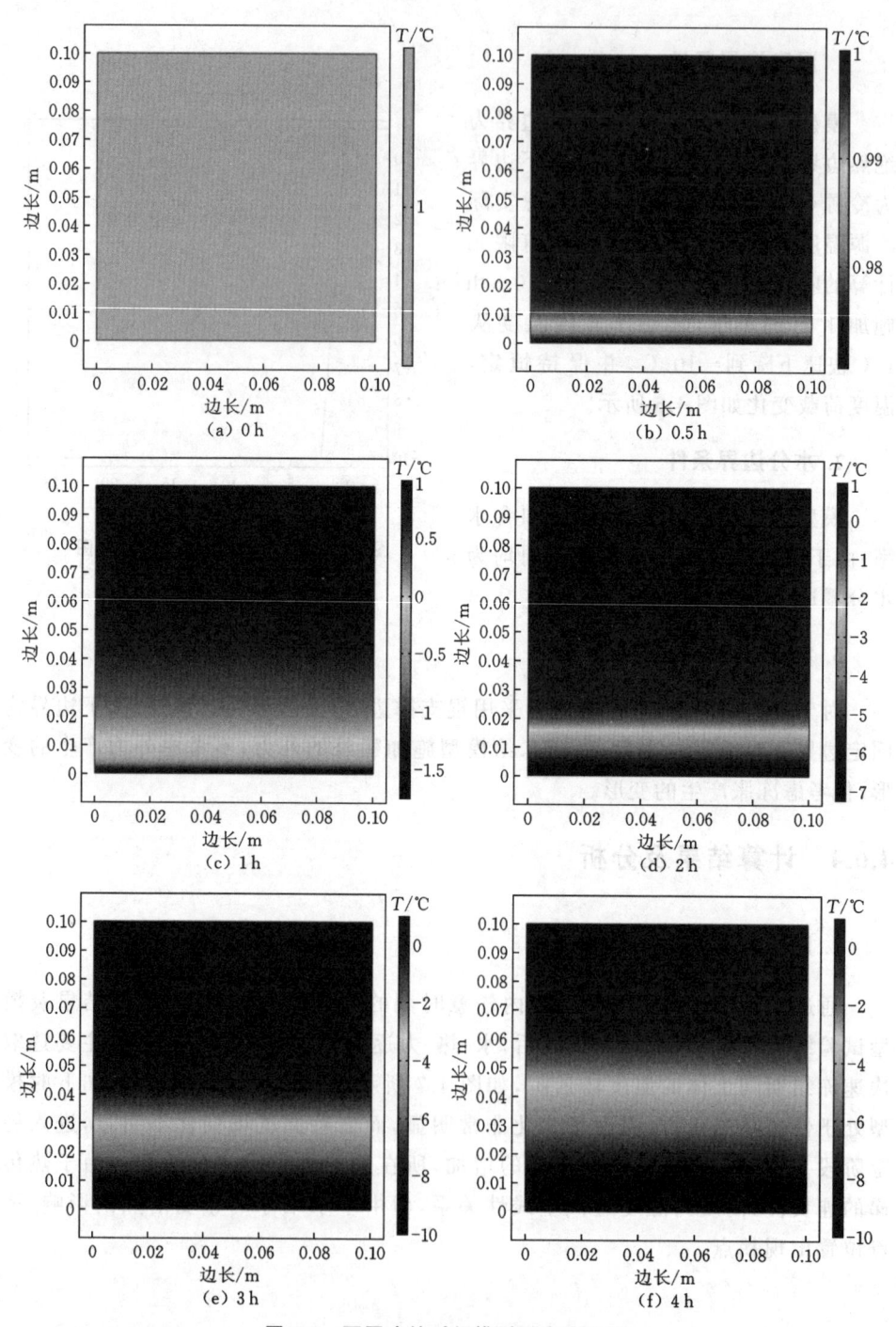

图 4.7 不同冻结时间模型温度场云图

(g) 5 h

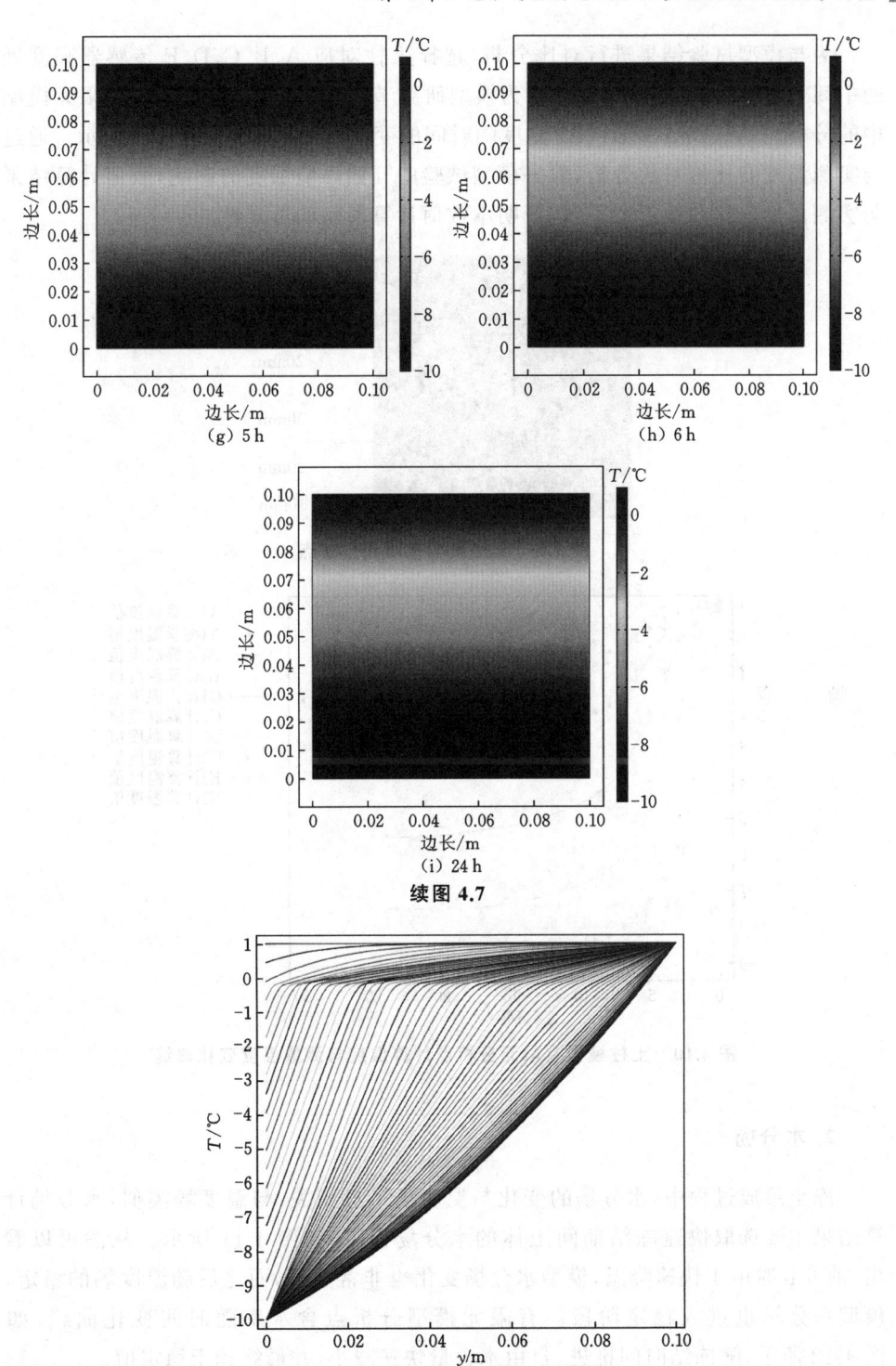

(h) 6 h

(i) 24 h

续图 4.7

图 4.8 模型温度随高度变化图

为与模型试验结果进行对比分析,选择土柱对应 A、B、C、D、E 传感器高度处的中间节点 A1、B1、C1、D1、E1 作为模型研究节点,如图 4.9 所示。将有限元模型中的分析点 A1、B1、C1、D1、E1 温度随时间的变化曲线汇总,如图 4.10 所示。通过与实测温度变化值对比分析,除去模型试验中开始环境温度的影响,数值计算结果与实测温度变化曲线近似一致,证明本数值计算模型的可靠性。

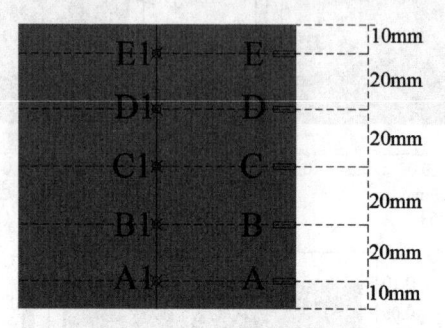

图 4.9 土柱模型有限元分析点

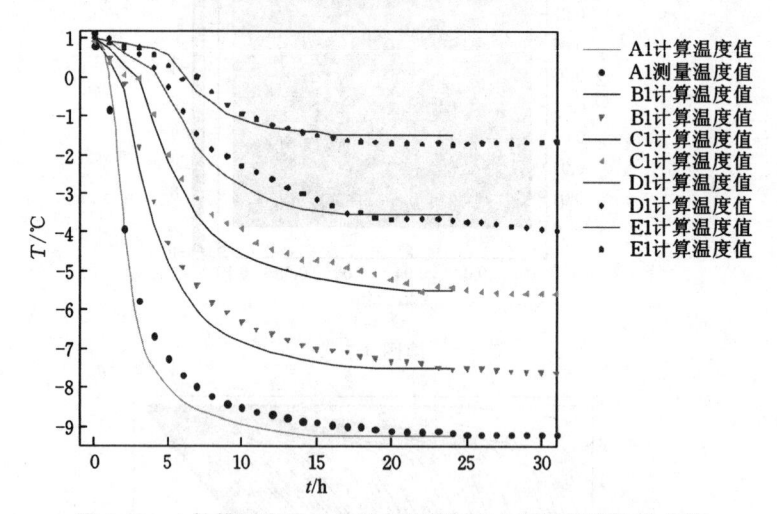

图 4.10 土柱模型有限元分析点计算温度与测量温度变化曲线

2. 水分场

冻土形成过程中,水分场的变化与温度场息息相关,与温度场类似,水分场计算结果主要选取快速冻结期间土体的水分场云图,如图 4.11 所示。从图可以看出,前 6 h 时由于快速降温,模型水分场变化也非常显著,而之后随温度场的稳定,模型水分场也进入稳定阶段。有限元模型分析点含水率随时间变化曲线,如图 4.12 所示,随冻结时间推进,自由水含量快速减小,并最终趋于稳定值。

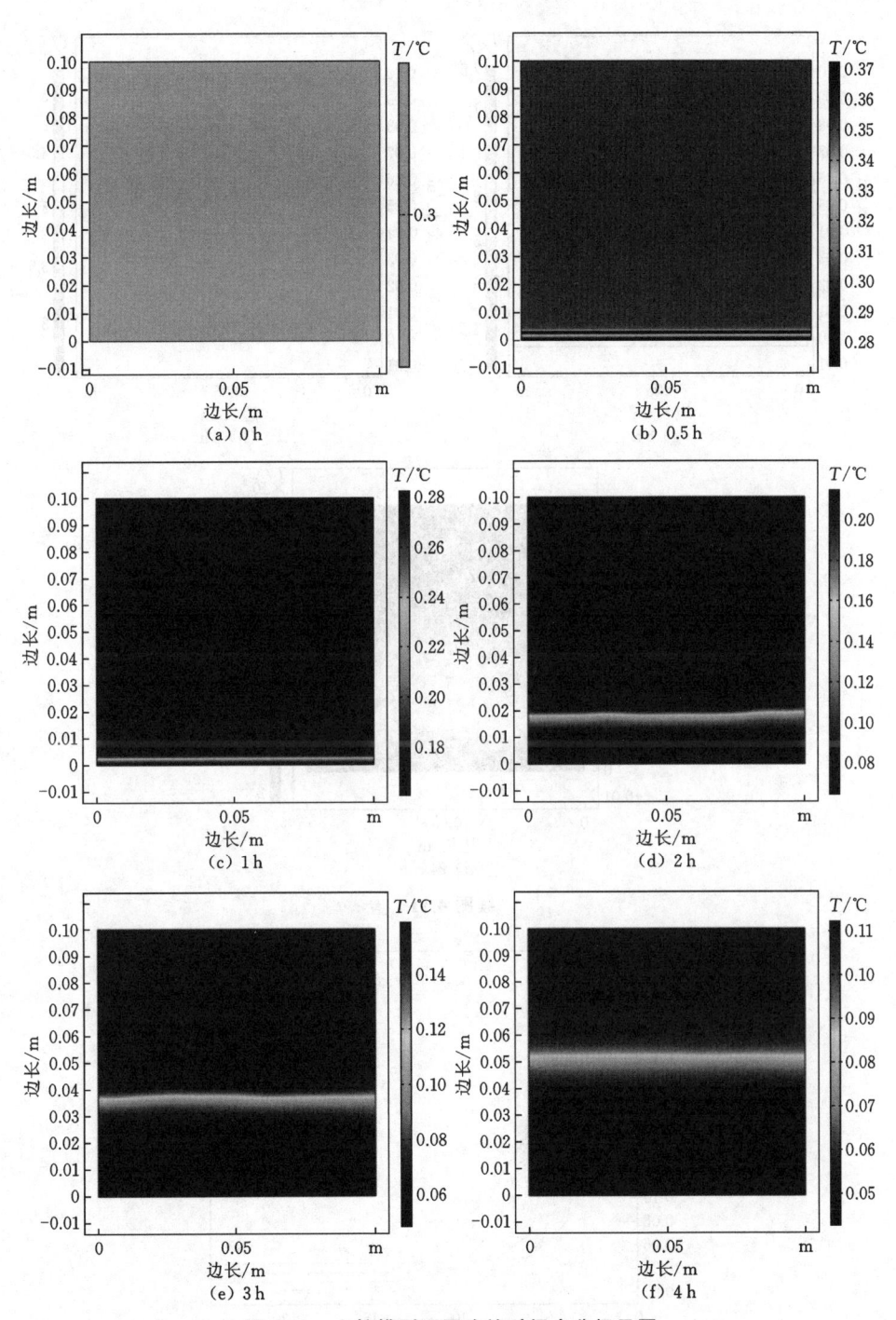

图 4.11 土柱模型不同冻结时间水分场云图

(g) 5 h

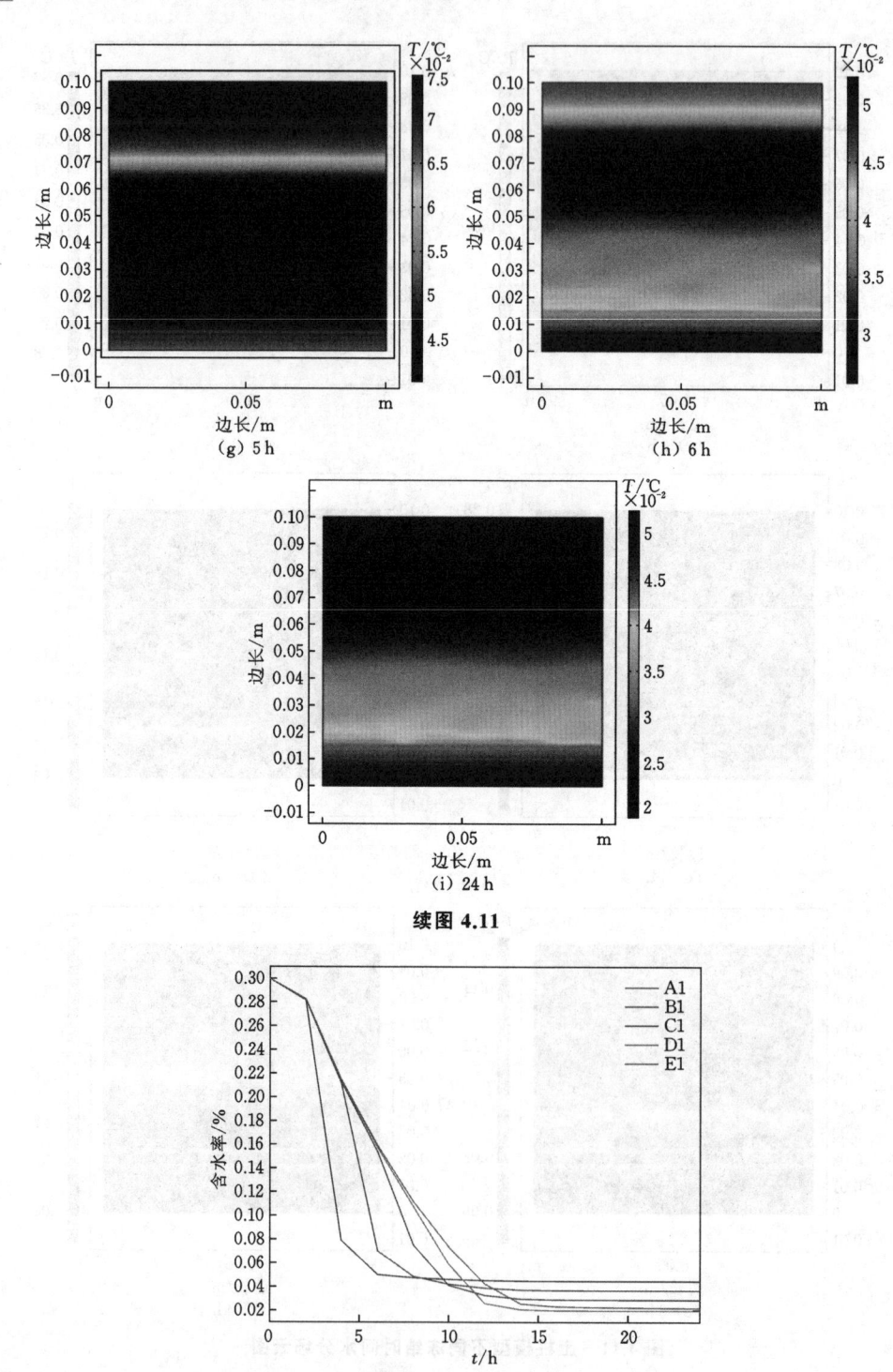

(h) 6 h

(i) 24 h

续图 4.11

图 4.12 土柱模型分析点含水率随时间变化曲线

将土柱沿高度最终总含水率（液态水＋冰）计算值与测量值进行对比，如图 4.13 所示，计算值与测量值比较接近，自下而上，土柱中的总含水率减小，这主要是因为冷源在底部，而最顶部为正温荷载，在温度梯度作用下，水分由未冻区向冻结锋面迁移，这就使顶部土体含水率变小。

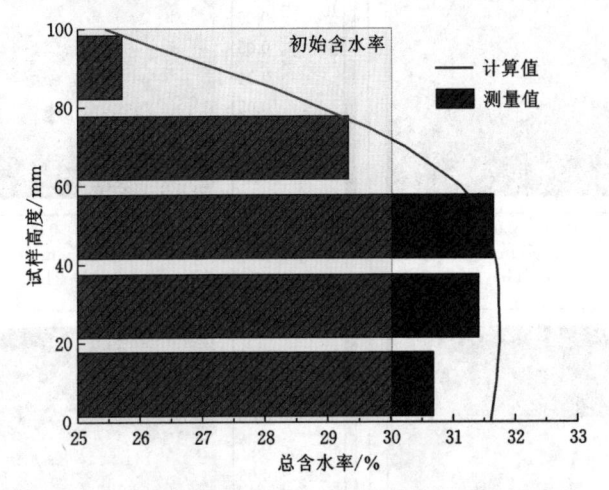

图 4.13 土柱模型最终总含水率计算值与测量值对比

3. 位移场

冻结过程中会有冻胀产生，而冻胀的产生与温度及水分皆密切相关。由图 4.14 可以看出，开始冻结后，模型会产生冻缩现象，这与模型试验结果类似，随后由于土体中水分的不均匀，土体会产生不均匀的冻胀变形。后面由于水分迁移，以及土体内部相互制约，冻胀变形逐渐均一化，且最后趋于稳定。

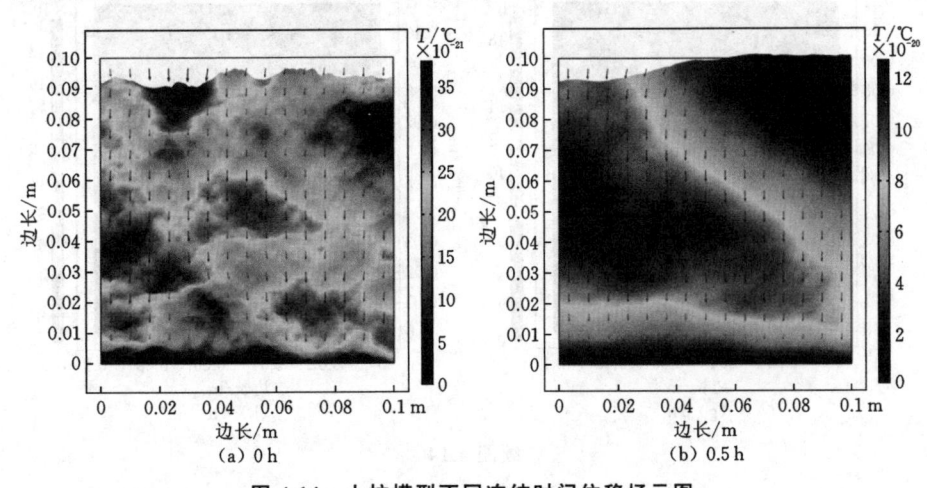

(a) 0 h

(b) 0.5 h

图 4.14 土柱模型不同冻结时间位移场云图

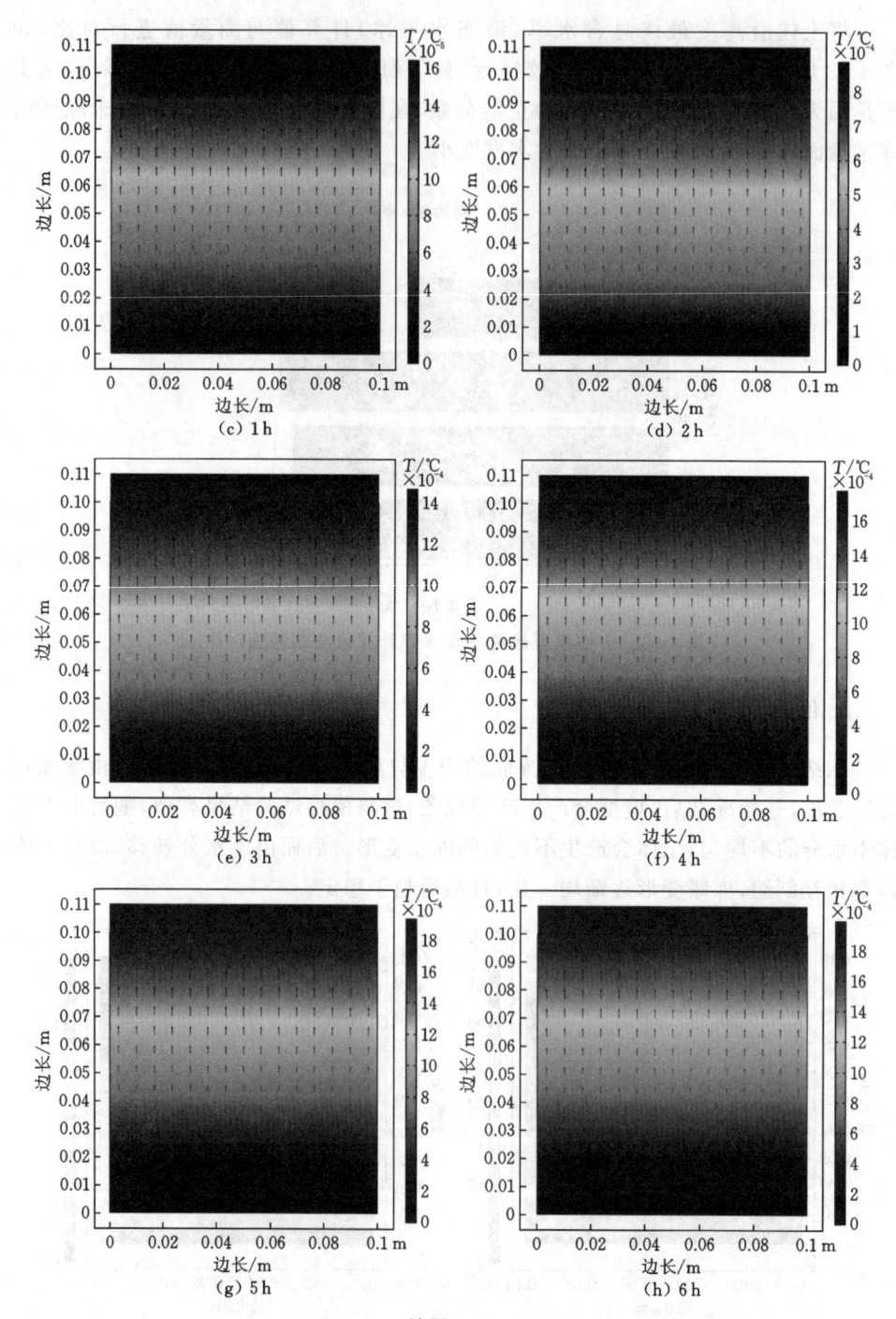

续图 4.14

第 4 章 饱和冻土体水-热-力多物理场耦合数学模型

(i) 24 h

续图 4.14

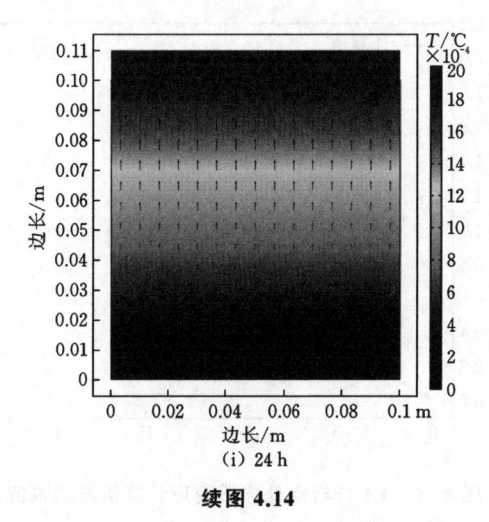

将有限元模型中的分析点 A1、B1、C1、D1、E1 的冻胀位移随时间的变化曲线汇总,如图 4.15 所示。E1 处总冻胀变形计算值与测量值对比,如图 4.16 所示,与模型试验规律类似,冻胀变形随冻结时间推移,开始剧烈增加,最后趋于稳定。稳定阶段的计算最大冻胀量为 2.1 mm 与模型试验中的 2.05 mm 非常接近。

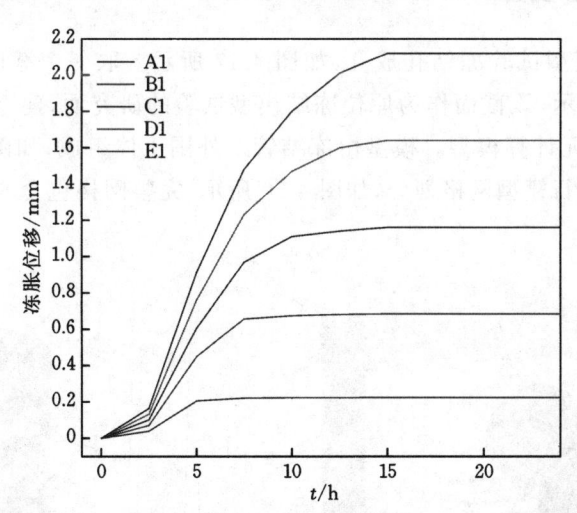

图 4.15 土柱模型有限元分析点冻胀位移随时间变化曲线

81

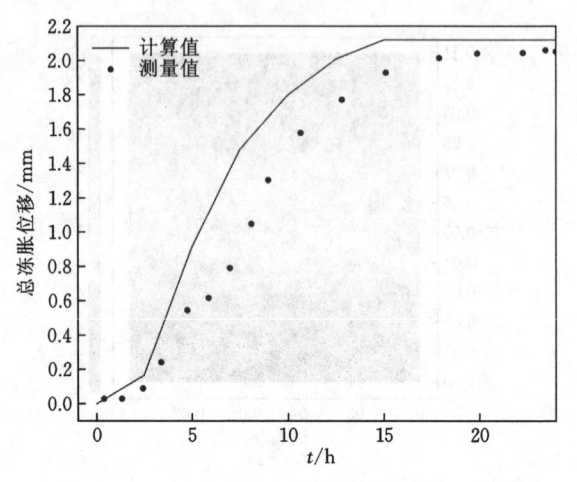

图 4.16　E1 分析点处冻胀变形计算值与测量值

4.7　渗流条件下水-热-力耦合模型验证

4.7.1　有限元模型

原位冻结模型试验冻结孔成孔,如图 4.17 所示。取一个截面剖切冻结孔中部,如图 4.18 所示,该截面作为原位冻结模型试验的研究面,建立对应的二维水-热-力耦合有限元计算模型。模型由冻结管及外围土体组成,如图 4.19 所示。使用三角形单元进行模型网格划分,如图 4.20 所示,完整网格包含 6314 个域单元和 196 个边界单元。

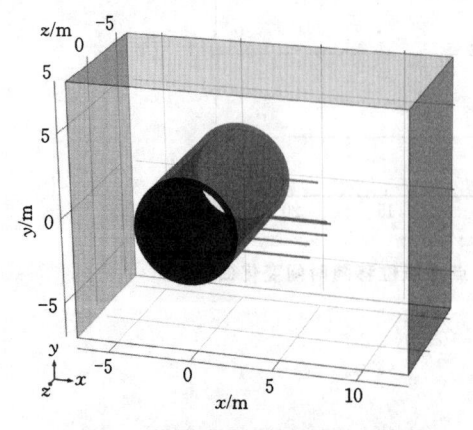

图 4.17　模型试验冻结孔成孔示意图　　图 4.18　冻结管处剖面

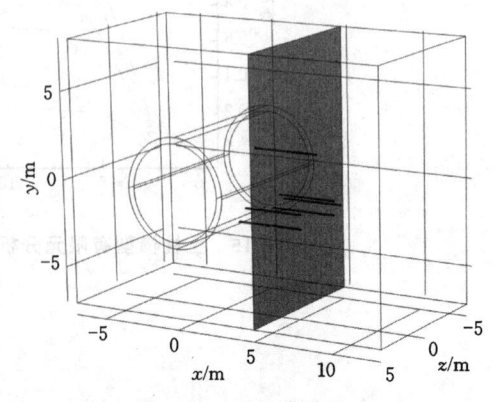

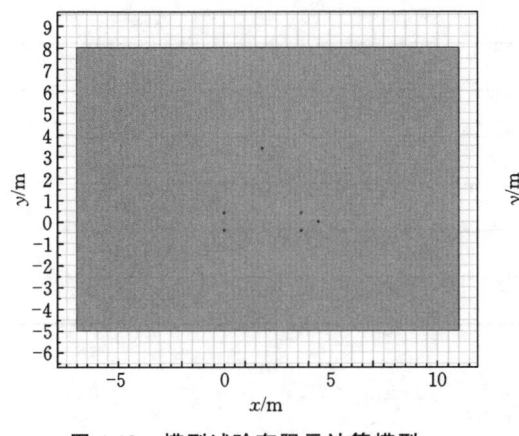

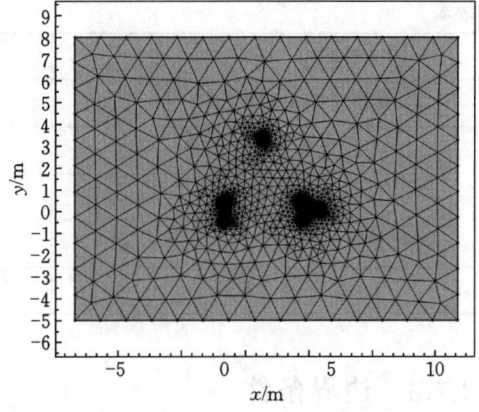

图 4.19　模型试验有限元计算模型　　　　图 4.20　模型试验有限元模型网格

4.7.2　模型参数

通过试验以及结合前人研究成果，获得渗流条件下水-热-力耦合计算模型所需参数，渗流条件下水-热-力耦合计算模型部分主要参数如表 4.2 所示。

表 4.2　模型试验水-热-力耦合数值计算物理参数

参数	符号	单位	数值
砂土密度	ρ_s	kg/m³	2650.000
水的密度	ρ_w	kg/m³	1000.000
冰的密度	ρ_i	kg/m³	918.000
砂土导热系数	λ_s	W/(m·K)	2.100
水的导热系数	λ_w	W/(m·K)	0.640
冰的导热系数	λ_i	W/(m·K)	2.310
砂土比热容	C_s	kJ/(kg·K)	0.835
水比热容	C_w	kJ/(kg·K)	4.200
冰的比热容	C_i	kJ/(kg·K)	2.100
冰水相变潜热	L_f	kJ/kg	334.560
结冰温度	T_f	℃	0
未冻结土的渗透系数	K_u	m/d	0.270
冻结后土的渗透系数	K_f	m/d	1×10^{-20}
孔隙率	n	—	0.300

续表

参数	符号	单位	数值
有效压缩率	β	1/Pa	1×10^{-8}
阻抗系数	Ω	—	50.000
水的动力黏度	η	Pa·s	1.793×10^{-3}
弹性模量(-10 ℃)	E	MPa	120.300
泊松比	μ	—	0.300

4.7.3 边界条件

根据原位冻结模型试验的实际工况,设置该有限元计算模型的边界条件。

1. 温度边界条件

根据测量,模型试验开展处地层温度为 20 ℃,模型整体初始温度设置为20 ℃。根据实际冻结管的温度情况,绘制冻结管温度荷载变化曲线,如图 4.21 所示。模型左侧边界由于渗流带走热量,该面设置为流出面,模型上下边界设置恒定温度荷载。

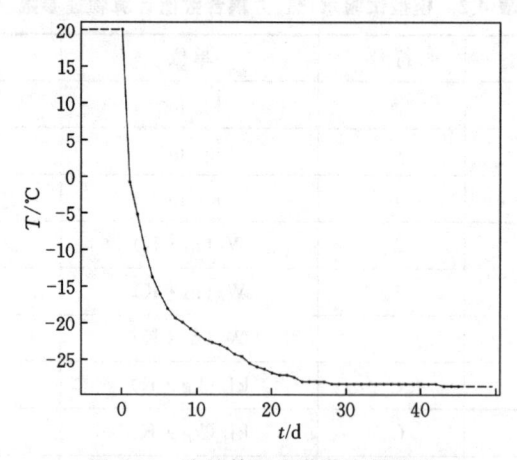

图 4.21 冻结管温度荷载变化曲线

2. 渗流边界条件

模型整体施加稳定渗流场,水流速为 1.06 m/d,方向为向左,如图 4.22 所示。模型左侧边界设置 0 水头高度,右侧边界设置固定水头高度,其余边界设置为渗流零通量边界。

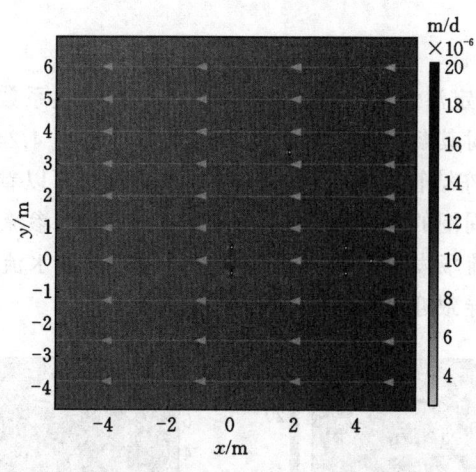

图 4.22 计算模型渗流场分布图

3. 位移边界条件

模型左右边界采用辊支撑边界,上边界为自由边界,下边界为固定边界。

4.7.4 计算结果及分析

在有限元计算模型上做出模型试验温度测点对应位置处的研究点,以及 5 条研究路径,如图 4.23 所示,图中截点 JX(X 代表 1～27 中的数字)与模型试验中的测点 CX 一一对应。

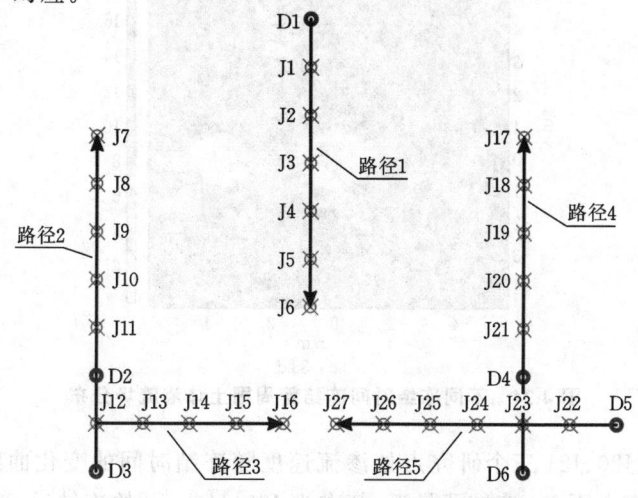

图 4.23 模型研究点及研究路径示意图

1. 渗流场

模型整体初始稳定渗流场流速为 1.06 m/d,冻土渗透系数极小,可认为是不透水体,在计算模型中对其赋予一个极小的渗透系数值。图 4.24 为冻结时间分别为 10 d、20 d 及 33 d 时冻结管周围土体渗流场分布。从图可以看出,冻土的形成会阻碍渗流,改变冻土体周围的渗流场,由于冻土的形成发展,渗流场无法穿过冻土,而会产生绕流,导致渗流场发生改变。迎水面冻土直接遭遇水流的正面冲刷,大量的冷量会被水流带走,导致迎水面冻土发展比较缓慢。

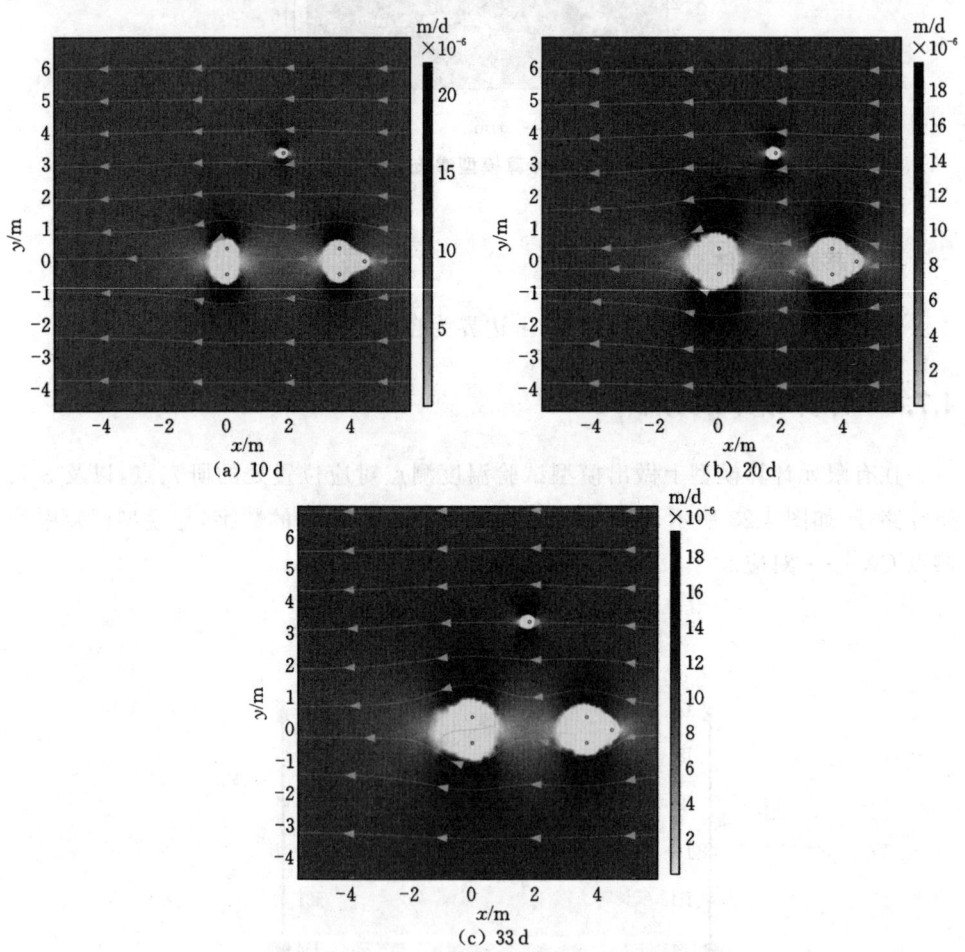

图 4.24 不同冻结时间冻结管周围土体渗流场分布

绘制 J19、J20、J21 三个研究点处渗流速度随冻结时间的变化曲线,如图 4.25 所示。J21 研究点距 D4 冻结孔最近,其次为 J20、J19。开始冻结后,冻结管周围土体快速降温,冻土首先在冻结管紧贴土体形成,并开始快速向外扩展。冻土的形成导致渗流场发生改变,原先可以通过的水流不能再通过,而是绕冻结壁边缘绕流,冻结壁边缘外的流速增大,在一定范围内,越靠近冻结壁边缘流速越快。J19、J20、J21 三个研究点处开始阶段渗流速度都快速增大。随着冻结时间增加,J21 研究点处的土体发生了冻结,该点处的土体不再发生渗流。之后,冻土向外发展速度减慢,J20 研究点处渗流速度变化率减小,但冻土仍然会发展到此处。J19 研究点距 D4 冻结孔较远,冻土无法再发展到此处,该点的渗流速度不会再出现拐点,只是缓慢增加,最终稳定。通过以上分析,渗流场的发展变化情况直接受温度场的影响。

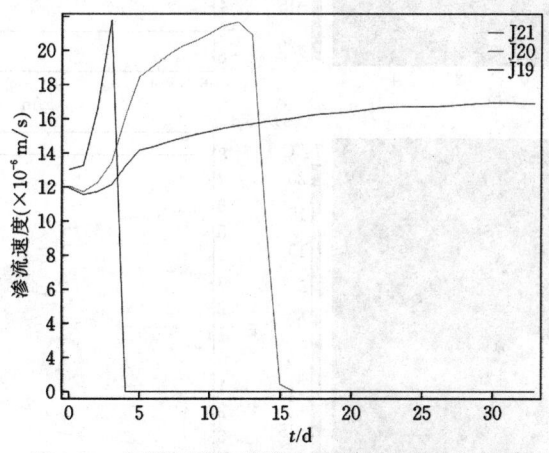

图 4.25 不同研究点处渗流速度随时间变化曲线

2. 温度场

不同代表时刻土体温度场云图和温度等值线图如图 4.26 所示,图中曲线为等温线,粗线为 0 ℃等温线,也即冻土交圈线。该图更清楚地展示了冻土形成过程形态的变化,单根冻结管形成的冻土冻结范围很小,而双孔冻结代表的单排冻结管以及三孔冻结代表的双排冻结管,其冻结效果会有明显的提升。地下水流对冻结效果会产生很大影响,由于冷量会被带走,导致冻结壁厚度不足,甚至无法交圈,严重者会造成冻结施工事故,必须引起足够重视。

取冻结管附近部分研究点 J9~J11、J12~J14、J19~J21,计算出其不同时刻的温度值,并与该点的温度测量值进行对比,如图 4.27~图 4.29 所示。通过计算结果与模型试验中测点温度变化曲线进行对比分析发现,大部分模型研究点计算温度变化曲线与试验测定温度变化曲线非常接近,验证了计算模型的可靠性。出现的部分偏差主要是因为模型试验是在隧道上打设冻结孔,D1 冻结孔在隧道中心线上面而其余冻结孔皆在下方,隧道为圆面,考虑隧道影响,实际测温点呈圆形布置,测温孔中的温度测点水平位置会有改变,而计算中所有测点都在同一竖直面上。

(a) 10 d

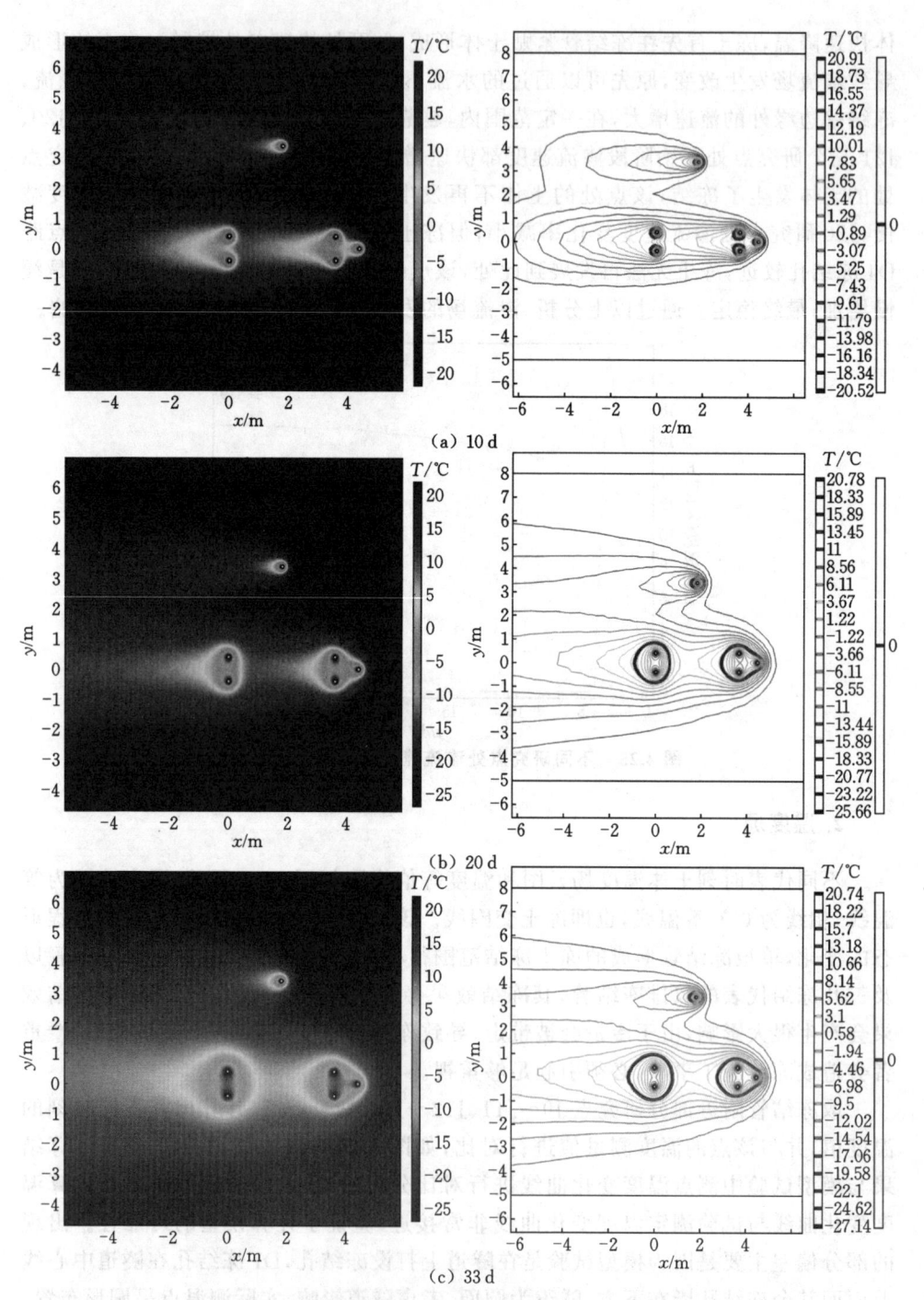

(b) 20 d

(c) 33 d

图 4.26 不同冻结时间地层温度场云图和温度等值线图

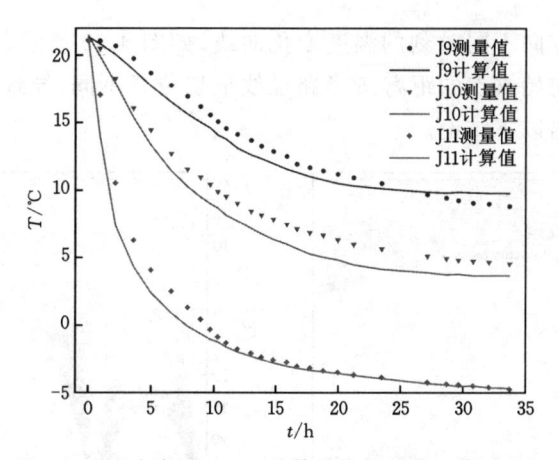

图 4.27 研究点 J9~J11 计算温度与测量温度对比图

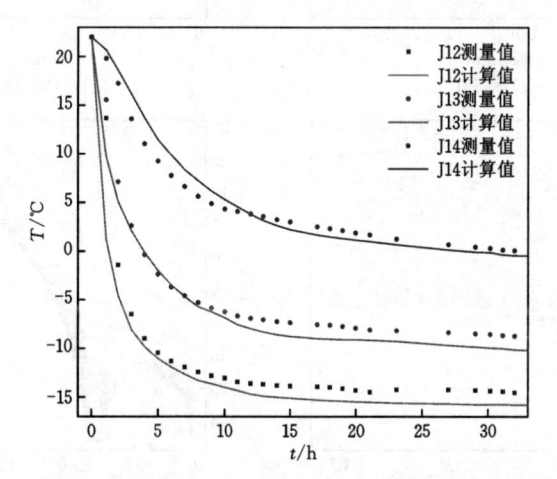

图 4.28 研究点 J12~J14 计算温度与测量温度对比图

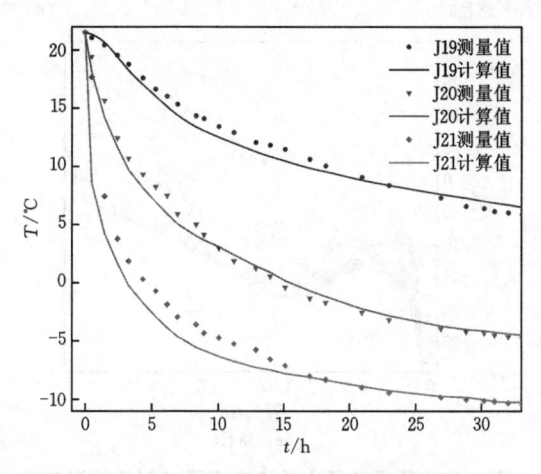

图 4.29 研究点 J19~J21 计算温度与测量温度对比

绘制沿路径方向不同时刻的温度变化曲线,如图 4.30 所示,图中的弧长代表了该点到路径线初始端点的距离,5 条路径线剖切位置不同,导致图(a)～(e)不完全相同。可以得出以下结论。

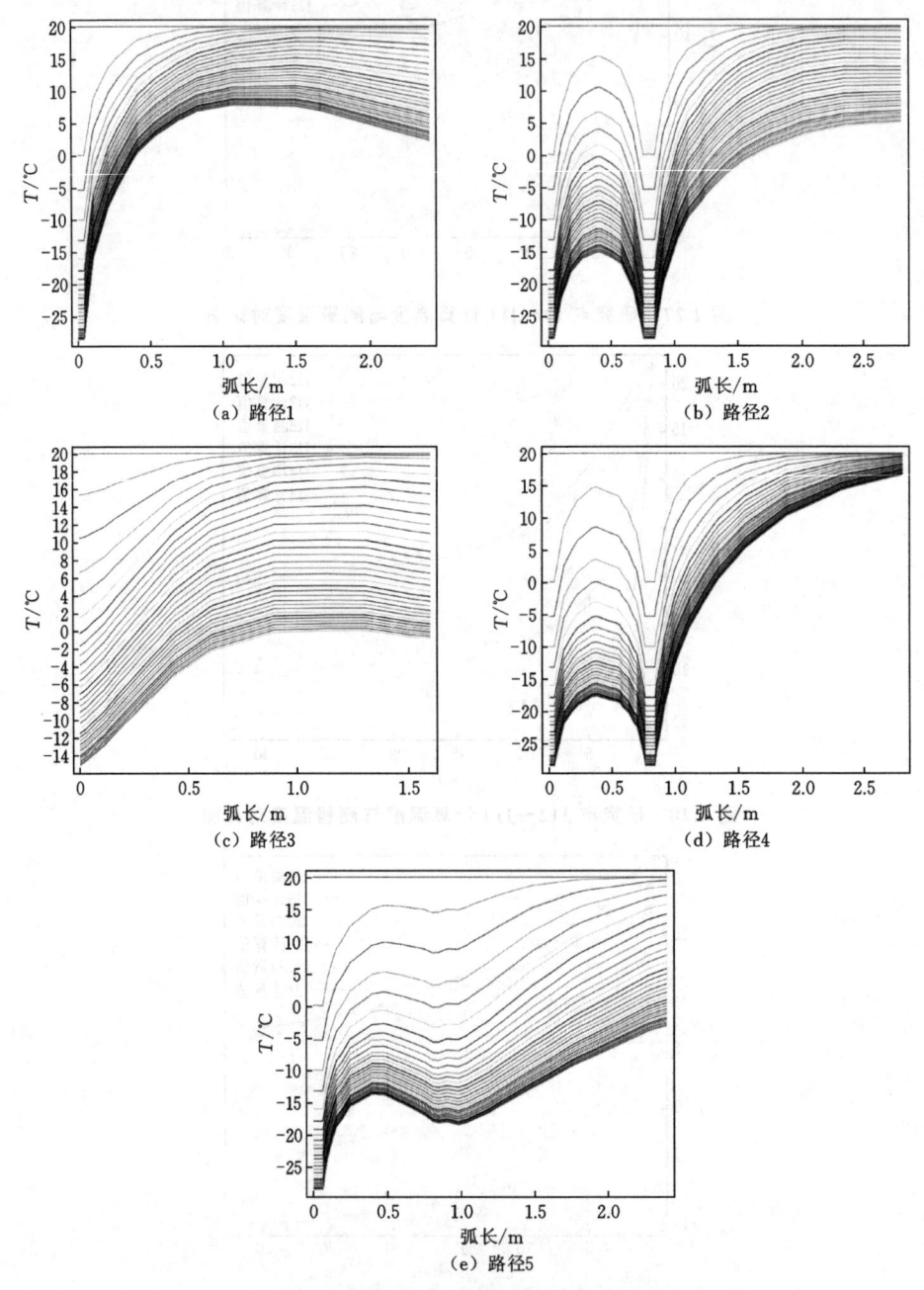

(a) 路径1

(b) 路径2

(c) 路径3

(d) 路径4

(e) 路径5

图 4.30 不同路径上的点在不同时刻下的温度

(1) 路径 1 后面的点距离 D1 越来越远,但距离 D2 与 D4 逐渐靠近,受其影响,温度出现了一定的下降。

(2) 路径 2 依次穿过冷源 D3、D2,因此其温度曲线出现了两个波谷,过了 D2 后温度逐渐升高。

(3) 路径 3 位于冷源 D2、D3 连接的中轴线上,D2、D3 冷量向外传播了一定的范围,因此与路径 1 相比,其降温梯度较小。

(4) 路径线 4 依次穿过冷源 D6、D4,且在开始部分与冷源 D5 相距不远,从图(d)可以看出,其温度变化形式与路径 2 类似,唯一的区别在于路径 4 末端位置点各时刻温度快速升到靠近 20 ℃,而路径 2 温度差异分布。这主要是因为路径 4 上各点处于渗流作用迎水面,靠近冷源 D6、D4 的点,有冷源 D5 的补给所以未表现出明显的温度升高,而远离冷源 D4 之后,其上的点出现了温度明显上升。

(5) 路径 5 通过 D5 后,还穿过了冷源 D6、D4 连线中点,因此其温度变化曲线也出现了第二个小波谷,由于与水流方向一致,渗流还将部分冷量携带到后面。

3. 冰-水相态

冰-水相态随冻结时间的变化与结冰温度等值线图基本一致,区别在于冰水交界面,即冻结锋面,结冰温度等值线图无法反映出冰水相变区间。图 4.31 为不同冻结时间下土体中的冰-水相态图,图中图例代表了冰所占体积分数。从图中可以得到,土体中的水分主要存在形态为液态水和固体冰,冰与水的交接面即是冰水相变区,所占比例很小,随冻结时间延长,冻结锋面逐渐向外扩展。

绘制 J19、J20、J21 三个研究点处冰-水相态随冻结时间的变化曲线,如图 4.32 所示。初始状态,土体中全部为水,没有冰,冰所占比例为 0。开始冻结后,冻结管周围土体中水首先结冰,土体转变为冻土。冻结开始 3 d 左右,J21 研究点处土体中的水开始结冰,到 5 d 液态水已完全转变为冰。随着冻结时间增加,14 d 左右,J20 研究点处土体中的液态水也开始转变为冰,但由于此处温度梯度较小,冰水相变转化较慢,到 22 d 左右,此处土体中的液态水完全转变为冰。J19 研究点距冷源较远,此处的温度无法达到水的冰点,因此 J19 研究点处土体中自始至终都为液态水。

4. 冻胀力

计算出不同代表时刻土体冻胀应力场分布,如图 4.33 所示,可以看出,开始冻结后,冻结管附近冻土会产生冻胀力。冻胀力开始较小且比较分散,随着冻结时间推进,冻胀力增大,且随冻土形成逐渐连接成片。由于冻结管周围温度最低,且冻结管对冻土具有约束作用,冻土与冻结管交接位置冻胀力最大。

(a) 初始   (b) 10 d
(c) 20 d   (d) 33 d

图 4.31　不同冻结时间土体冰-水相态图

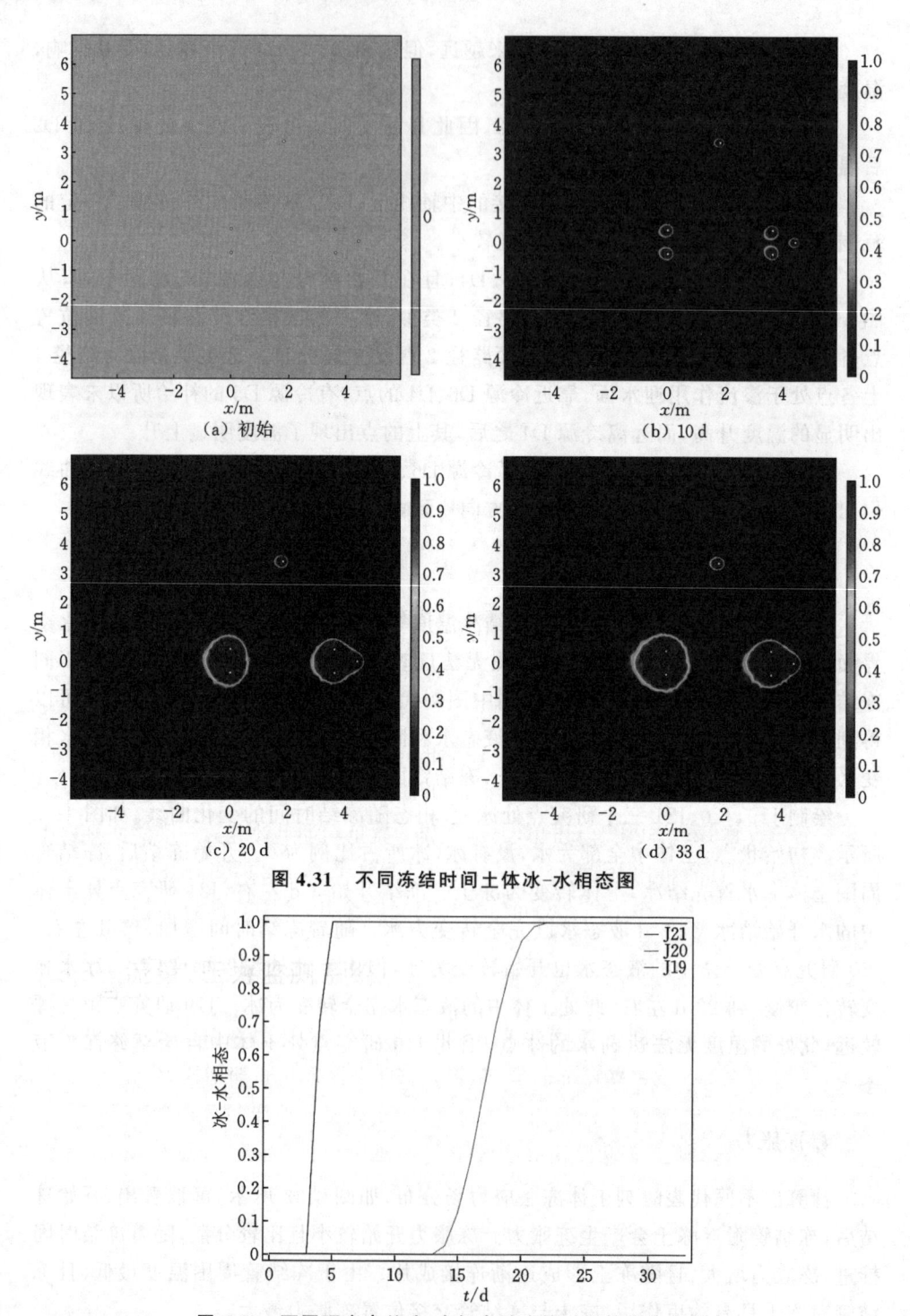

图 4.32　不同研究点处冰-水相态随冻结时间的变化曲线

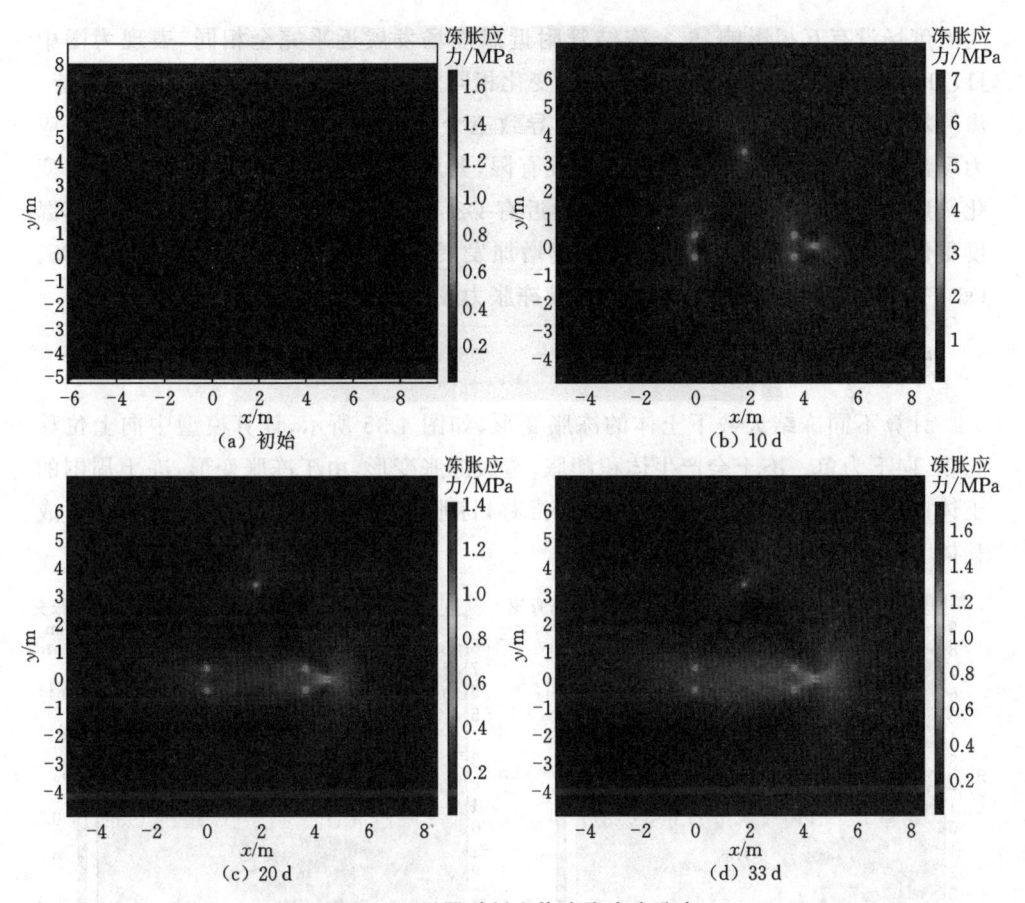

(a) 初始　　(b) 10 d　　(c) 20 d　　(d) 33 d

图 4.33　不同时刻土体冻胀应力分布

冻胀力在靠近冷源位置比较明显,选择 J1、J11、J21 这三个研究点,计算其在不同时刻的冻胀力的值并将其绘制成曲线,如图 4.34 所示。这三个研究点分别距它们最近冻结管的距离相等,区别在于 J1 研究点附近只有 D1 冻结管,J11 研究点附近有 D2 与 D3 两个冻结管且水流会将上游其他冷源的冷量带过来,J21 研究点附近有 D4、D5、D6 三个冻结管且处于渗流场上游。冻结开始初期,温度场范围很小,相邻冻结管之

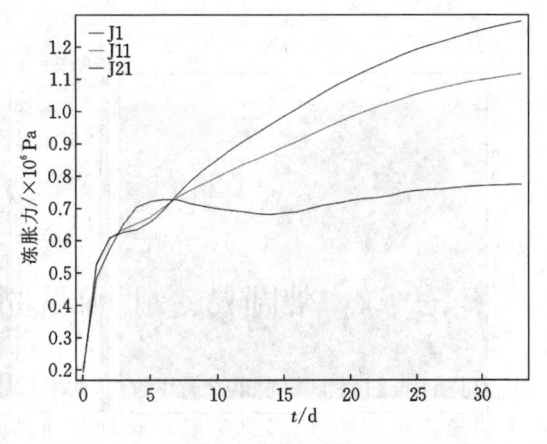

图 4.34　不同测点冻胀力随时间变化曲线

93

间温度场没有互相影响，6个冻结管附近温度场发展近乎完全相同，表现为图中 J1、J11、J21 这三个研究点应力随时间变化相同。而随着冻结继续，多孔冻结效应、渗流场向下游输送冷量的影响等因素导致三个研究点周围温度发生变化，继而应力场出现不同。J1 研究点温度场发展有限，其应力较小，且随着冻结时间应力变化幅度很小，趋于稳定。J11 研究点附近有 D2 与 D3 两个冻结管，相较于 J1，其温度更低，冻胀力增大，且还有一定继续增加发展趋势。J21 研究点附近有 D4、D5、D6 三个冻结管，但处于渗流场上游，其冻胀力较 J11 更大。

5. 冻胀变形

计算不同冻结天数下土体的冻胀变形，如图 4.35 所示，计算模型中向上位移为正，向下为负。冻土会产生体积膨胀，造成冻胀变形，由于冻胀变形，冻土周围的土体产生向外的位移，随着冻结时间推移，冻胀变形逐渐增大，且逐渐联结形成整体。

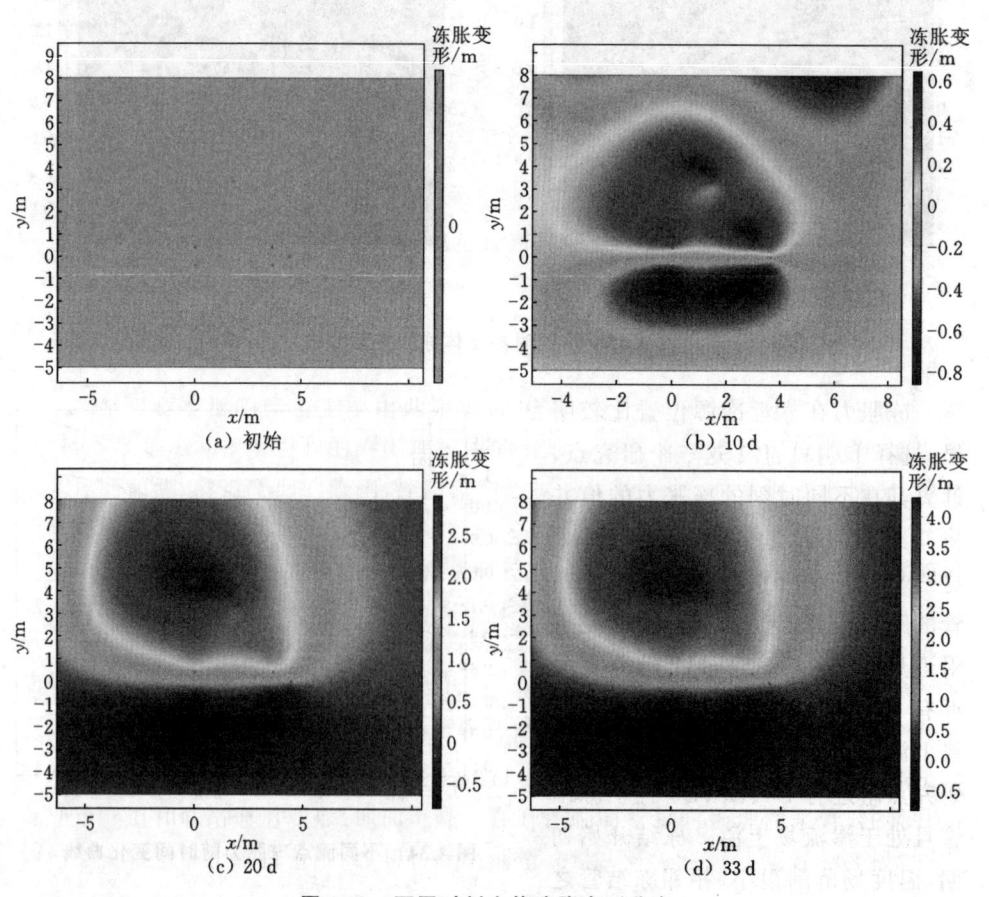

图 4.35 不同时刻土体冻胀变形分布

绘制 J19、J20、J21 三个研究点的位移随时间变化曲线,如图 4.36 所示,从图可以看出,三个研究点的位移随时间变化曲线规律一致,开始冻结后出现"冻缩",而后冻胀变形逐渐增大。由于位移会逐渐向上积累,因此 J19 研究点的位移最大而 J21 研究点的位移最小。J20 与 J21 研究点的温差较大,导致其冻胀变形差异也较大,因此这两个研究点的位移随时间变化曲线后面出现较明显的区别。而 J19 研究点受冷源温度的影响很小,冻胀变形非常小,因此,J19 与 J20 研究点的位移随时间变化曲线非常接近。

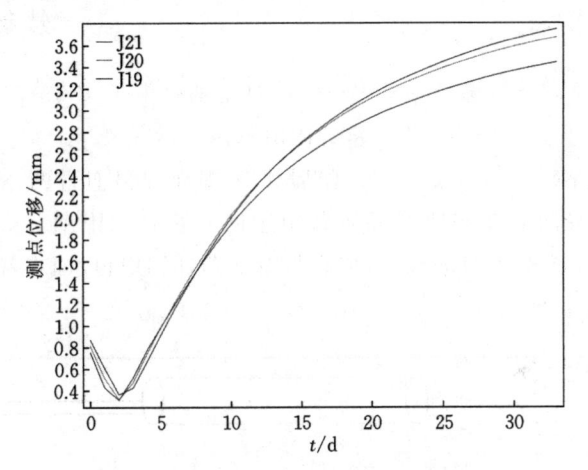

图 4.36 研究点冻胀位移随时间变化曲线

4.8 本章小结

本章基于饱和土体人工冻结下水-热-力耦合机制,构建了能够表达冻土体中存在的液态水渗流、温度场分布、水分场迁移、冰-水相态含量、冻胀和应力、应变状态的富水地层饱和人工冻土体水-热-力耦合数学模型。以偏微分方程组的形式,将该数学模型控制方程进行有限元程序二次开发,结合室内无渗流土柱冻胀试验及渗流条件下现场原位冻结试验数据,对所建立的水-热-力耦合数学模型进行了准确性验证,得到的主要成果如下。

(1) 针对经典达西定律的不足,提出一种考虑起始水力坡降的指数型渗流模型,该渗流模型适应性强,考虑温度对土体渗透性的影响,并可进行无渗流情况下冻土体中的水分迁移计算。

(2) 基于饱和冻土体水-热-力耦合理论,对流体连续性微分方程、流体运动微分方程、导热微分方程、应力场控制方程等进行了针对饱和冻土体的推导构建。

95

（3）构建了能够表达冻土体中存在的液态水渗流、温度场分布、水分场迁移、冰-水相态含量、冻胀和应力、应变状态的富水地层饱和人工冻土体水-热-力耦合数学模型，并以偏微分方程组的形式，将该数学模型控制方程进行有限元程序二次开发。

（4）建立无渗流土柱冻胀试验及渗流条件下现场原位冻结模型试验两种有限元计算模型，结合室内试验及现场原位冻结试验数据，对所建立的水-热-力耦合数学模型进行了准确性检验，结果表明该计算模型具有较高的准确性。

第5章 智能参数反演及多场耦合数值分析预测模型

通过室内试验所获得的热物理参数与实际工程参数往往存在偏差，因此经常采用反演分析的方法优化试验参数，可以获得与工程实际更贴近的参数值。本章首先提出一维土体温度场反分析理论模型，继而将算法命令与有限元软件结合，设计研发动态智能参数反演模型。建立超长联络通道三维水-热-力耦合数值计算模型，并结合所研发的动态智能参数反演程序进行导热系数、渗透系数、弹性模量等关键参数的反演。利用所获得的最优参数进行水-热-力耦合计算分析，并对冻结工程温度场进行预测。

5.1 温度场参数反演概述

土体冻结过程中，冷量是通过互相接触的土颗粒、水、冰及空气等传播的，如果材料的热传导特性能够被准确知道，那冻土冻结过程中温度场分布的计算也会比较准确。根据冷源，结合材料热传导特性，利用传热公式等，可以计算获得土体的温度场分布。与此相反，温度场反演分析则是通过实际测量的温度场，反向获得该系统传热过程中的相关热物理参数。当前冻结温度场及冻胀应力的计算方法主要有有限元法、有限差分法、经验公式计算等，而这些计算都需要材料的热物理参数。热物理参数的获得主要通过室内试验或经验算法，而由于岩土工程的复杂性及唯一性，所获得的热物理参数与实际工程参数往往存在偏差，大量工程实践经验也表明，室内试验测得的模型参数用于工程计算时会产生一定的误差。

对于一个物理测量系统，每一个系统输入都会有一个系统输出，如果可以准确掌握系统中相关参数，那么每一个输入都可以通过求解系统方程而得到系统的输出。但系统中的某些关键参数往往不能够直接获得其准确值，这时，可以尝试通过得到的输出结果，反向获得较准确的系统参数。所谓反演，即以待确定参数作为自变量，并代入控制方程求解得到计算结果，通过不断修正参数值，使计算结果向实测结果逐步靠近，当两者间距足够小时，即认为此时的参数值为反演得到的最优参数。

反演分析的目标函数一般都为非线性函数,通过直接计算进行求解往往比较困难,因此常与有限元软件联合进行。通过调整参数值,代入有限元计算软件,求得需要的位移值、温度值等结果,并与实际测量值进行对比。反演分析的最终目标是找到合适的参数,使通过计算得到的结果值同实际测量值的误差和达到最小。

5.2 温度场反演分析理论模型

温度场是冻结工程中最关键的决定因素,土壤的热物理参数依赖于温度,在热物理参数导热系数 $k(T)$、比热容 $C(T)$、反应方程 $g(T)$ 及边界条件和初始条件都已知的情况下,求解一维土柱介质中的温度分布 $T(x,t)$,其反应函数为

$$C(T)\frac{\partial t(y,t)}{\partial t}-\frac{\partial}{\partial x}\left[k(T)\frac{\partial T}{\partial y}\right]-g(T)=0 \quad (5.1)$$

$$\frac{\partial T}{\partial y}=0, \quad y=0, t>0 \quad (5.2)$$

$$k(T)\frac{\partial T}{\partial y}=\phi_L(t) \quad (y=L, t>0) \quad (5.3)$$

$$T(y,0)=F(y) \quad (0<y<L, t=0) \quad (5.4)$$

式中:$k(T)$ 为导热系数函数;$C(T)$ 为热容函数;$g(T)$ 为热能产生率函数;$\phi_L(t)$ 为温度场函数。

求解上述温度场的反演分析。设时间 t 时,模型在 $y=a$ 处的温度可以测得为 $H_a(t)$,假设 $g(T)$ 为已知函数,而 $k(T)$ 和 $C(T)$ 为待求解量。求解的目标函数 $F[k(T),C(T)]$ 为

$$F[k(T),C(T)]=\min\sum_{n=1}^{m}\int_0^{t_f}\{H_a(t)-T[y_i,t;k(T),C(T)]\}^2 dt \quad (5.5)$$

通过混合梯度法,对导热系数和体积热容的迭代计算公式为

$$k^{i+1}(T)=k^i(T)-\beta_k^i d_k^i(T) \quad (5.6)$$

$$C^{i+1}(T)=C^i(T)-\beta_c^i d_c^i(T) \quad (5.7)$$

其中梯度方向由下式确定

$$d_k^i(T)=\nabla F[k^i(T)]+\gamma_k^i d_k^{i-1}(T) \quad (5.8)$$

$$d_c^i(T)=\nabla F[C^i(T)]+\gamma_c^i d_c^{i-1}(T) \quad (5.9)$$

式中:t_f 为结冰温度;$\beta_k^i、\gamma_k^i$ 为迭代计算系数;k 为导热系数;c 为比热容;i 为第 i 个目标。

由 Polak-Ribiere 提出的混合系数的表达式为

第5章 智能参数反演及多场耦合数值分析预测模型

$$\gamma_k^i = \frac{\int_0^L \int_0^{t_f} \{\nabla F[k^i(T)] - \nabla F[k^{i-1}(T)]\} \nabla F[k^i(T)] dt dy}{\int_0^L \int_0^{t_f} \{\nabla F[k^{i-1}(T)]\}^2 dt dy} \quad (5.10)$$

$$\gamma_c^i = \frac{\int_0^L \int_0^{t_f} \{\nabla F[C^i(T)] - \nabla F[C^{i-1}(T)]\} \nabla F[C^i(T)] dt dy}{\int_0^L \int_0^{t_f} \{\nabla F[C^{i-1}(T)]\}^2 dt dy} \quad (5.11)$$

式中：C^i 为第 i 个目标的比热容。当 $i=0$ 时，$\gamma_c^0 = \gamma_k^0 = 0$。

热传导的梯度方向 $\nabla F[k(T)]$，以及热容的梯度方向 $\nabla F[C(T)]$ 分别由式(5.12)、式(5.13)给出：

$$\nabla F[k(T)] = \frac{\partial T}{\partial y} \frac{\partial \lambda}{\partial y} \quad (5.12)$$

$$\nabla F[C(T)] = \frac{\partial T}{\partial t} \lambda(y,t) \quad (5.13)$$

搜索步的大小 β_k^i 和 β_c^i 通过使式(5.5)的值达到最小来确定，式(5.5)可以写成如下形式：

$$F[k^{i+1}, C^{i+1}] = \sum_{n=1}^{m} \int_0^{t_f} \{H_a - T_n(k^i - \beta_k^i d_k^i, C^i - \beta_c^i d_c^i)\}^2 dt \quad (5.14)$$

式中：λ 为导热系数；T_n 为温度场函数。

估计的温度 $T_n(k^i - \beta_k^i d_k^i, C^i - \beta_c^i d_c^i)$ 由泰勒级数展开形式确定其线性规律：

$$T_n(k^i - \beta_k^i d_k^i, C^i - \beta_c^i d_c^i) \approx T_n(k^i, C^i) - \beta_k^i \frac{\partial T_n}{\partial k^i} d_k^i - \beta_c^i \frac{\partial T_n}{\partial C^i} d_c^i \quad (5.15)$$

令

$$d_k^i = \Delta k^i \quad (5.16)$$

且

$$d_c^i = \Delta C^i \quad (5.17)$$

于是式(5.15)可以表达为

$$T_n(k^i - \beta_k^i d_k^i, C^i - \beta_c^i d_c^i) \approx T_n(k^i, C^i) - \beta_k^i \Delta T_{k,n}^i - \beta_c^i \Delta T_{c,n}^i \quad (5.18)$$

在有了以上关于梯度方向表达式的基础上，式(5.14)及其相应的参数方程可以用于估计 $k(T)$ 和 $C(T)$ 的数值。但是这个反演分析方法对于一维简单模型适用性较好，当边界条件复杂，或对于三维模型等，其计算复杂，适用性很差。目前有限元数值分析计算是求解冻结温度场快捷有效的方法，下面将建立有限元计算模型，利用数值计算方法进行正向计算，而导热系数等热物理参数作为待反演参数，依据现场实测数据，反演计算出与现场原位土体实际参数值相接近的值。

5.3 动态智能参数反演模型

5.3.1 动态智能参数反演概述

目前温度场参数反演一般采用传统的有限元参数反演方法,即先选择一定规模的参数,然后代入有限元计算软件进行计算,获得每个参数所对应的结果,最后通过一定的算法获得较优目标参数。有限元计算过程在前期已经完成,而最终参数的取得只是通过既有的结果进行了算法优化获得,这个过程随机性大,反演过程耗时且精度不高。

针对以上不足,设计研发动态智能参数反演模型,将有限元计算程序与计算机算法程序命令相结合,可以通过算法程序命令循环调用有限元计算软件进行计算。该调用计算是动态实时的,将上面的计算结果与实际监测数据进行对比分析,并进行参数的优化调整,继而再进行有限元计算,如此逐步循环进行计算直到目标函数值达到需要的精度。通过命令循环调用有限元计算程序进行参数动态反演计算,得到当前状态下与实际情况最相符的材料参数,并利用该参数进行冻结工程后面的预测预报。

针对一个参数与多个参数分别构建两种动态参数反演程序,两种程序都可以实现数据的自动读取、数据的处理、有限元程序的内部调用、有限元模型参数的自动修改、计算结果的可视化表达、目标函数方差的计算、最优反演参数的生成与自动调用等功能。

5.3.2 基于二分法逼近的单参数动态智能反演程序

二分法是一种求解单调函数根的区间迭代数值算法,通过不断缩小区间,使区间的中点逐渐逼近真实值,优化解题过程。二分法在理论上可以无限循环下去,使求解值无限趋近于真实值,但在工程实际应用中,只要求解出满足精度需要的近似解即可。随着计算机技术的发展,以二分法为代表的逼近数值计算方法有了很大的实际应用价值。

以求解单因素最优导热系数为例,温度场的计算中导热系数是非常关键的影响因素,在研究温度范围内,导热系数对温度场的影响是单调的。导热系数的优劣最终反映在该导热系数下计算出的温度值与实际温度值的接近程度。为了反映这个接近程度,采用回归分析的最小二乘法,将误差 Δ 平方和的最小值作为目标函数 Sd。

$$\Delta = T_{测} - T_{计} \tag{5.19}$$

$$\mathrm{Sd} = \min \sum_{i=1}^{m} \sum_{j=1}^{n} (T_{ij测} - T_{ij计})^2 \tag{5.20}$$

式中：i、j 分别为测点序号和时刻；m、n 分别为测点数量和总观测时刻数；$T_{ij测}$ 为各测点测得的温度值；$T_{ij计}$ 为各测点温度的计算值。

应用二分法逼近的原理来求解最优参数,通过不断缩小区间范围,计算区间中点值对应的结果值；通过计算温度值、实测温度值,可以计算得到计算值与实际值的方差和 Sd 矩阵,不断循环逼近目标函数 Sd 的最小值；通过不断的迭代计算,目标函数 Sd 逐渐减小,最终趋于 0。但在工程实际应用中,只要求解出满足精度需要的近似解即可退出循环迭代计算,获得最优参数。基于二分法逼近的单参数动态智能反演程序部分主要程序内容见附录 A。

基于二分法逼近的单参数动态智能反演程序中所使用的部分变量及其含义如表 5.1 所示。

表 5.1 基于二分法逼近的单参数动态智能反演程序中部分变量及其含义

变量	含义	变量	含义
R_TC	导热系数	MaxNum	粒子最大迭代次数
R_var	导热系数最大变化区间值	narvs	目标函数的自变量个数
R_list	导热系数列表	particlesize	粒子群规模
R_and_Sd	导热系数与方差和	c1	个体经验学习因子
R_tmp	导热系数临时赋值	c2	社会经验学习因子
step	步长	w	惯性因子
Sd_list	方差和列表	vmax	粒子的最大飞翔速度
T_1cal	单个计算温度值	x	粒子所在的位置
T_cal	计算温度值汇总	v	粒子的飞翔速度
T_real	温度实测值	Max	极大值
E0	允许误差		

5.3.3 基于粒子群优化算法的多参数动态智能反演程序

当所研究的问题涉及多个主要参数,且这些参数的不同组合都会对结果产生不同的影响,前面构建的基于二分法逼近的单参数动态智能反演程序不再适用,必须考虑各个参数的局部影响及参数组合的整体影响。基于此目的,编制基于粒子群优化算法的多参数动态智能反演程序命令,并自动循环调用有限元程序进行计算，以期获得组合条件下多参数最优参数组合值。

粒子群优化算法的原理类似于鸟群觅食，通过每只鸟与食物的距离及形成的整体最近距离，通过不断的信息传递，最终到达食物位置。粒子群优化算法属于最优化算法，该算法可以优化多个粒子，并从所有粒子中选择最优位置粒子，粒子群就是多组可能的解。粒子群优化算法通过不断迭代进行寻优，每一次迭代都是通过 pbest 与 gbest 这两个极值来更新粒子位置。通过以下公式，粒子更新自己的速度和位置：

$$v_i = \omega \times v_i + c_1 \times \text{rand}() \times (\text{pbest}_i - x_i) + c_2 \times \text{rand}() \times (\text{gbest}_i - x_i) \quad (5.21)$$

$$x_i = x_i + v_i \quad (5.22)$$

式中：$i=1,2,\cdots,N$，N 为粒子群中粒子总数；v_i 为粒子的运动速度；ω 为惯性因子；c_1、c_2 为学习因子；rand() 为介于 0~1 的随机数；x_i 为粒子 i 的位置。

基于粒子群优化算法的多参数动态智能反演程序流程图如图 5.1 所示。

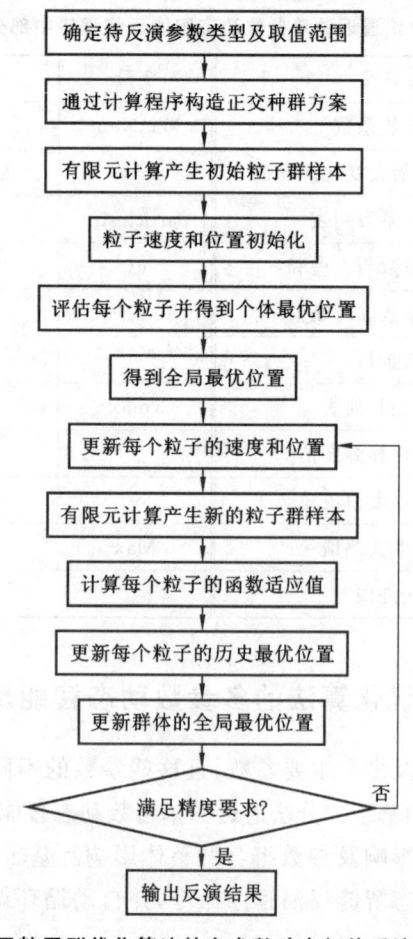

图 5.1　基于粒子群优化算法的多参数动态智能反演程序流程图

原来粒子群优化算法的初始粒子位置和速度是随机产生的,但在所研究的人工冻土参数反演领域,需要反演的参数取值范围基本可以通过试验及以往经验等途径获得。因此,借鉴正交矩阵的方式,将每个反演参数划分为多个水平,形成多因素、多水平的正交矩阵,作为粒子群的初始位置,避免了原来粒子群算法的随机初始粒子位置,极大地减少了计算规模,降低了无效计算的出现次数。对于 $L_{t_u}(t^m)$ 型正交表[139],设计正交矩阵自动计算生成命令。

将生成的矩阵 L_{ij} 作为初始粒子位置,矩阵中的每一个参数代表了某一个粒子的初始位置,再给每一个粒子赋值一个初始速度。之后求出每一组初始粒子的目标函数 Sd 的值,并形成初始粒子群的目标函数值 Sd_list,求出每一个组粒子的个体最优位置,在此基础上求出全局最优位置。

每当粒子群更新到一个位置时,通过循环命令将每组参数分别自动代入有限元程序中进行计算,得到该参数组合下的温度值数组,并求出与实际值数组的方差和 Sd。取不同时刻测温孔位置处的计算值与实际值进行对比分析,通过不断的迭代计算,不断改变参数取值,使计算温度值与实际温度值相近,目标函数 Sd 逐渐减小,最终趋于一定值,当达到设置的循环次数或目标函数 Sd 已达到需要的精度时,获得最优参数。

通过设计的动态智能参数反演模型,利用算法程序命令循环调用有限元软件进行动态计算。将计算结果与实际监测数据进行对比分析,根据差异结果进行参数的优化调整,继而再进行有限元计算,如此逐步循环进行计算直到目标函数值达到需要的精度。此时得到的参数便可作为当前实际状态下的工程参数,并可以利用该参数进行冻结工程后面的预测预报。基于粒子群优化算法的多参数动态智能反演程序部分主要程序见附录 B,反演分析程序界面如图 5.2 所示。

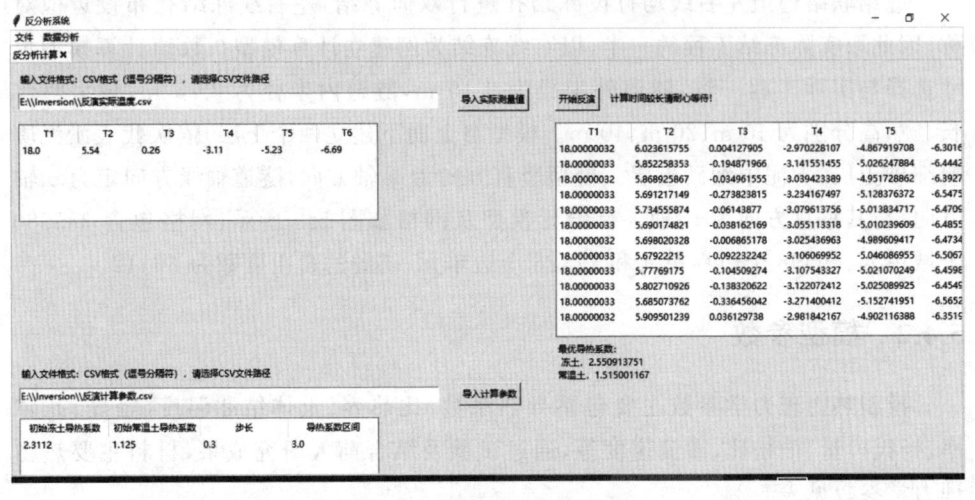

图 5.2 反演分析程序界面

通过参数反演，可以得到不同迭代计算次数下的参数值、温度计算值及目标函数 Sd 的值等，还可以绘制出随迭代计算次数的增加标准差 S 的变化曲线及不同迭代计算次数下计算温度变化曲线等，由此可以清楚地观察到迭代计算确定新参数后对冻结温度场的影响情况。

5.4 超长联络通道三维水-热-力耦合模型及关键参数反演

5.4.1 超长联络通道三维数值计算模型

以超长地铁联络通道冻结工程为背景，该超长联络通道冻结管布设复杂，联络通道不同深度、不同位置处冻土发展规律不尽相同，因此二维水-热-力耦合计算模型不能完全反映出此冻结工程的全部状态，而需建立三维超长联络通道冻土水-热-力耦合模型。在所构建的二维水-热-力耦合模型的理论基础上构建三维模型，通过分区、分步优化模型有限单位网格，设置合理的荷载步与边界条件，根据试验数据合理简化导热系数、比热容等部分热物理参数，缩短三维冻土水-热-力耦合计算模型的计算时间，使三维有限元计算模型为超长联络通道冻结工程温度场预测预报提供科学支撑。同时，根据实际测量数据对导热系数、渗透系数、杨氏模量等关键参数进行智能参数反演，获得满足实际工程需要的热物理力学参数，所得结果可以用于指导本工程及其他类似工程的设计施工。

冻结联络通道左右线均打设冻结孔进行双向冻结，左右线冻结孔布设近似对称，因此取实际冻结工程的一半，以右线冻结为例建立计算模型。数值计算模型尺寸选择与实际工程一致，隧道外半径为 3.10 m，隧道内半径为 2.75 m，模型整体长、宽、高分别为 40 m、20 m、40 m。模型自上而下建立两个土层，依次代表淤泥质粉细砂土层、含泥中细砂土层。模型竖直方向为 y 轴方向，隧道轴线方向定为 z 轴方向，与其垂直方向为 x 轴。有限元模型及网格如图 5.3 所示，网格包含 385380 个域单元、49598 个边界单元和 17426 个边单元，求解的自由度数为 66412。

5.4.2 模型参数

模型热物理力学参数主要包括导热系数、比热容、土体结冰温度、密度、孔隙率、杨氏模量、泊松比、渗流速度等，通过试验及结合前人研究成果，材料主要热物理力学参数见表 5.2。

(a) 有限元模型　　　　　　　　　　(b) 有限元网格

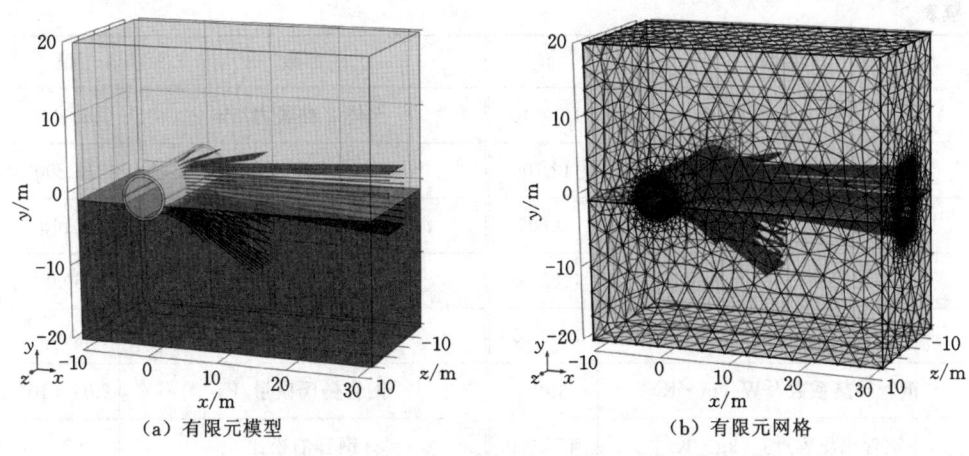

图 5.3　超长联络通道有限元模型及网格图

表 5.2　超长联络通道水-热-力耦合数值计算物理参数

参数	值	参数	值
土体1融土导热系数/[W/(m·K)]	1.200	土体2融土导热系数/[W/(m·K)]	1.300
土体1冻土导热系数1(-20 ℃)/[W/(m·K)]	1.970	土体2冻土导热系数1(-20 ℃)/[W/(m·K)]	2.050
土体1冻土导热系数2(-5 ℃)/[W/(m·K)]	1.810	土体2冻土导热系数2(-5 ℃)/[W/(m·K)]	1.930
土体1冻土比热容/[J/(kg·K)]	1120.000	土体2冻土比热容/[J/(kg·K)]	1050.000
土体1融土比热容/[J/(kg·K)]	2330.000	土体2融土比热容/[J/(kg·K)]	2270.000
土体1融土渗透系数/(m/d)	2.641	土体2融土渗透系数/(m/d)	2.836
土体1冻土渗透系数/(m/d)	1.0×10^{-10}	土体2冻土渗透系数/(m/d)	1.0×10^{-10}
土体1结冰温度/K	273.150	土体2结冰温度/K	273.150
土体1密度/(kg/m³)	2130.000	土体2密度/(kg/m³)	2090.000
土体1孔隙率	0.250	土体2孔隙率	0.270
土体1杨氏模量/Pa	1.5×10^{7}	土体2杨氏模量/Pa	1.5×10^{7}
土体1泊松比	0.320	土体2泊松比	0.320
土体1杨氏模量/Pa	1.07×10^{8}	土体2杨氏模量/Pa	1.1×10^{8}

续表

参数	值	参数	值
土体 1 黏聚力/Pa	1.9×10^5	土体 2 黏聚力/Pa	1.93×10^6
土体 1 内摩擦角/(°)	12.700	土体 2 内摩擦角/(°)	12.800
水导热系数/(W·k/m)])	0.600	冰导热系数/[W/(m·K)]	2.140
水比热容/[J/(kg·K)]	4182.000	冰比热容/[J/(kg·K)]	2060.000
水密度/(kg/m³)	1000.000	冰密度/(kg/m³)	920.000
钢管导热系数/[W/(m·K)]	4.000	钢管杨氏模量/Pa	2.06×10^8
钢管比热容/[J/(kg·K)]	475.000	钢管泊松比	0.200
钢管密度/(kg/m³)	7850.000	重力加速度/(m/s²)	9.800

5.4.3 边界条件

根据超长联络通道冻结工程的实际工况,设置该有限元计算模型的边界条件。

1. 温度边界条件

地层的初始地温为 26.5 ℃,温度场计算时,冻结管上施加与现场实际相同的温度荷载,采用差值函数,其降温曲线如图 5.4 所示。

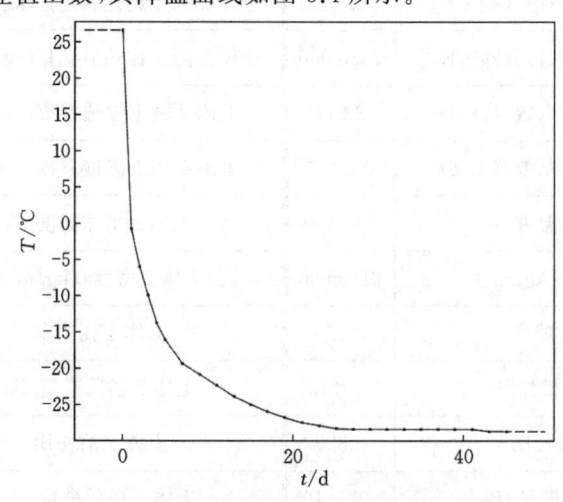

图 5.4 超长联络通道冻结管温度荷载曲线

模型 x 轴正向 yz 面为对称面，z 轴正向 xy 面由于渗流带走热量，该面设置为流出面，其余竖向面均设置为热量零通量边界，上下水平面设置恒定温度荷载。

2. 渗流边界条件

模型 z 轴正负向 xy 面为渗流场流入流出界面，z 轴负向 xy 面施加固定水头高度 H，z 轴正向 xy 面施加零水头。模型 x 轴正向 yz 面为对称面，其余面设置为渗流零通量边界。

3. 位移边界条件

模型 x 轴正向 yz 面为对称面，其余竖向面设置为辊支撑边界，上边界为自由边界，下边界为固定边界。

5.4.4 导热系数、渗透系数、杨氏模量参数反演

富水地层渗流作用下，冻土的温度场发展主要受土体本身的导热性能及渗流场的影响，而这两个方面最直接的参数表现为导热系数和渗透系数；另外冻土体受力会产生变形，对冻土应力-应变关系中影响最直接的便是杨氏模量参数。因此，应用前面开发的智能参数反演程序，开展导热系数、渗透系数和杨氏模量参数反演，以求得与工程实际最相符的导热系数、渗透系数和杨氏模量值，为后面水-热耦合预测模型提供准确的参数依据。

根据前文的研究，土体等效导热系数、渗透系数和杨氏模量均为温度的函数。经过合理简化，认为土体导热系数在冻结状态下为一次函数，在融化状态下为常数；土体渗透系数在冻结状态下与融化状态下分别为常数，且在冻结状态下其值近似等于 0；土体杨氏模量在冻结状态下与融化状态下分别为常数。因此，对于等效导热系数，每一种土体，只需要知道三组参数，便可以确定 $\lambda(T)$ 函数；对于等效渗透系数只需取融土状态任一温度下的渗透系数值，便可以确定 $k(T)$ 函数；对于杨氏模量只需取冻土状态任一温度下的杨氏模量值，便可以确定 $E(T)$ 函数。导热系数与渗透系数均对冻结温度场产生直接影响，它们在一起进行反演，开展温度场反分析，而联络通道的开挖是在周围冻土形成后开展的，因此，在导热系数、渗透系数反演完成，并进行了温度场计算后开展位移场反分析，再进行杨氏模量参数反演。

以模型第一层土体为例，首先开展温度场反分析，取土体 1 在 -20 ℃时冻土导热系数 λ_f11、-5 ℃时冻土导热系数 λ_f12 以及融土导热系数 λ_u1 三个因素作为导热系数的反演参数；土体的渗透系数参数只需取融土状态下的渗透系

k_u1作为渗透系数的反演参数。这样温度场反分析共有 4 个待反演参数(因素),每个因素根据试验值和取值范围可以取多个水平,本次反演每个因素取三个水平,确定好初始待反演参数及每个因素水平数,将其代入已研发的基于粒子群优化算法的多参数动态智能反演程序中,便可实现自动反演求解。

根据前面的试验结果,在反演程序中输入初始矩阵[1.97 1.81 1.2 2.641],它们分别代表−20 ℃ 与−5 ℃ 时冻土导热系数 λ_f11、λ_f12,融土导热系数 λ_u1 及渗透系数 k_u1,目标参数初始粒子群可以组成 4 因素 3 水平 L9(3^4)正交方案。根据编制好的程序可自动生成反演参数正交矩阵 L_{ij},以此作为粒子群初始位置,如表 5.3 所示。

表 5.3 粒子群初始位置矩阵 L_{ij}

λ_f11	λ_f12	λ_u1	k_u1
1.576	1.448	0.96	2.113
1.576	1.81	1.2	3.169
1.576	2.172	1.44	2.641
1.97	1.448	1.2	2.641
1.97	1.81	1.44	2.113
1.97	2.172	0.96	3.169
2.364	1.448	1.44	3.169
2.364	1.81	0.96	2.641
2.364	2.172	1.2	2.113

以土层 1 中的 J1 测温孔所测量得到的土体从 0 d 到 55 d 每天的温度值为实测值,将 J1 测温孔实测温度值保存为名为 R_L_list.xls 的表格文件,将实测温度值输入反演程序。通过数值计算模型计算获得不同的参数组合下相同位置处土体对应时间的温度计算值,将不同时刻计算温度值与实际测量温度值进行对比,利用程序命令得获得二者之间的方差和 Sd,并将其作为目标函数。通过建立的多参数动态智能反演程序,根据目标函数值动态调整参数取值,自动调用有限元程序进行循环迭代计算,使目标函数值不断减小,直到达到精度要求。

表 5.4 为随迭代计算次数的增加,参数反演值及相应的标准差 S,绘制标准差 S 随迭代计算次数的变化曲线如图 5.5 所示,可以看到计算开始后随着迭代次数的增加,标准差急剧下降,当迭代次数达到 10 次以上,标准差基本稳定在一个工程

应用可接收的较小值。经过1次迭代计算后标准差 S 为9.981,经过2次迭代计算后变为7.988,……,最终 S 稳定在0.069,说明此参数组合下温度计算值与实际值的平均差值仅为0.069 ℃,满足0.1 ℃的精度控制要求。

表5.4 迭代计算中参数反演值

迭代计算次数	计算参数值				S
	λ_f11	λ_f12	λ_u1	k_u1	
1	1.576	1.81	1.2	3.169	9.981
2	1.684	2.037	0.976	3.108	7.988
3	1.793	1.961	1.357	3.031	4.964
4	1.846	1.735	1.426	2.534	2.381
5	1.907	1.832	1.505	2.219	1.402
6	1.945	1.850	1.479	2.196	0.917
10	1.952	1.87	1.43	2.17	0.069

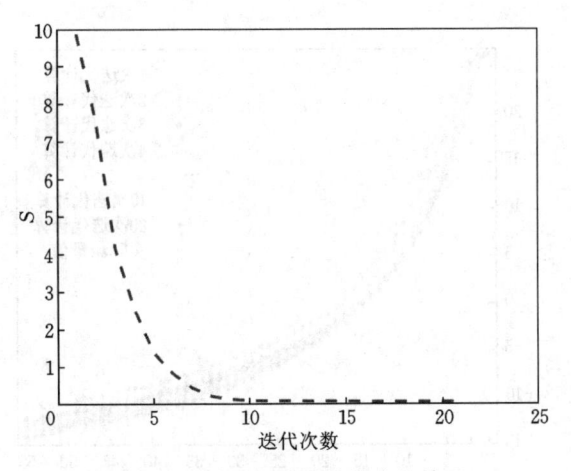

图5.5 标准差随迭代次数变化情况

图5.6为不同迭代次数下温度计算值变化过程,图5.7为不同时刻与不同迭代次数下温度计算值与实际测量值对比曲线,图5.8为最终迭代计算温度值与实际测量值变化曲线。从图5.6～图5.8可以看出随着迭代计算次数的增加计算温度曲线逐渐向实际测量温度曲线靠拢,最终计算温度曲线与实际测量温度曲线几乎重合。前几次的迭代计算后,计算温度曲线变化非常明显,随着迭代计算次数的增

加变化越来越小，说明计算参数已越来越靠近最优参数，参数变化速度变小。

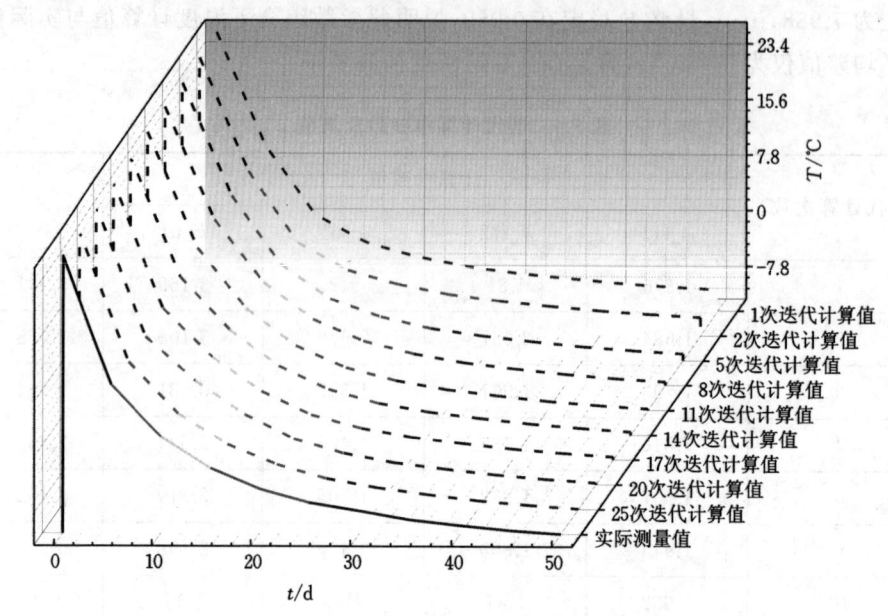

图 5.6　不同迭代次数下温度计算值变化过程

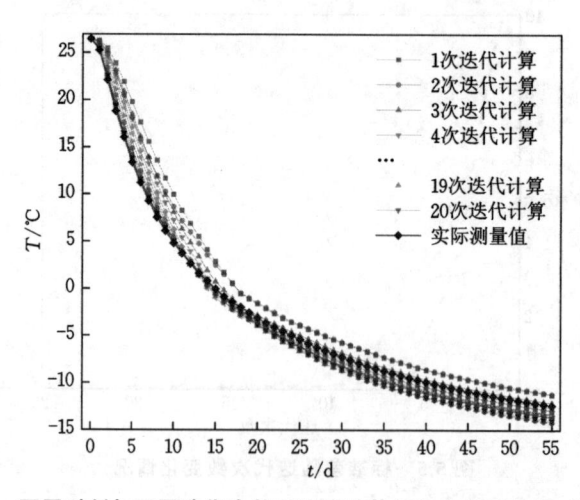

图 5.7　不同时刻与不同迭代次数下温度计算值与实际测量值对比曲线

通过土体导热系数与渗透系数参数反演，获得工程最优导热系数与渗透系数，将其代入计算模型，通过计算可以获得开挖前土体温度场的分布情况，然后再进行开挖计算，具体过程详见 5.5.2 小节。在联络通道开挖面布置 2 个位移传感器，监测开挖步距内全断面开挖完成后竖墙的最大变形。监测得开挖完成后竖墙的最大变形为 3.3 mm。两种土体冻土杨氏模量参数定义为 E_f1 与 E_f2，通过不同 E_f1 与 E_f2 的参数组合，利用基于粒子群优化算法的多参数动态智能反演程序，自动调用有限元程序进行有限元开挖循环迭代计算。目标函数即为开挖面竖墙最大水平位移监测值与有限元计算值的方差和，根据目标函数值动态调整参数取值，使目标函数值不断减小，直到达到精度要求。

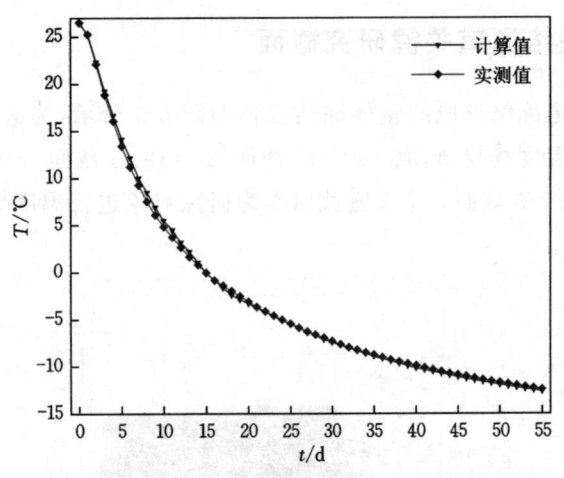

图 5.8 最终迭代计算温度值与实际测量值对比曲线

通过基于粒子群优化算法的多参数动态智能反演程序的迭代计算寻优，反演得到超长地铁联络通道冻结工程的最优导热系数、渗透系数及杨氏模量参数的值，见表 5.5。将得到的参数代入有限元模型，通过计算得到渗流条件下冻土的发展情况，以及开挖对冻土及周围土体的影响，为冻结工程的安全提供科学可靠的预测分析。

表 5.5 参数反演获得最优参数取值

土层	温度场					位移场	
土层 1	λ_f11	λ_f12	λ_u1	k_u1	S 稳定值	E_f1	S 稳定值
	1.95	1.87	1.43	2.17	0.069	110.3	0.087
土层 2	λ_f21	λ_f22	λ_u2	k_u2	S 稳定值	E_f2	S 稳定值
	2.02	1.94	1.57	2.53	0.072	111.7	0.093

5.5 超长联络通道水-热-力耦合计算及温度场预测

本节将前文反演计算得到工程的最优关键参数代入超长联络通道冻结模型，计算冻土的发展情况、冻结温度场的演化规律、渗流对冻结温度场的影响及联络通道开挖变形等，为冻结帷幕形成提供预测预报。

5.5.1 超长联络通道关键研究截面

超长联络通道冻结形成的整体冻结帷幕如图 5.9 所示，为进一步深入研究超长联络通道复杂温度场规律，取 $x=5$ m 截面、$x=19$ m 截面、$x=30$ m 截面、$y=-5.2$ m 截面及 $z=0$ 截面 5 个关键截面作为研究对象进行温度场分析，各截面位置如图 5.10 所示。

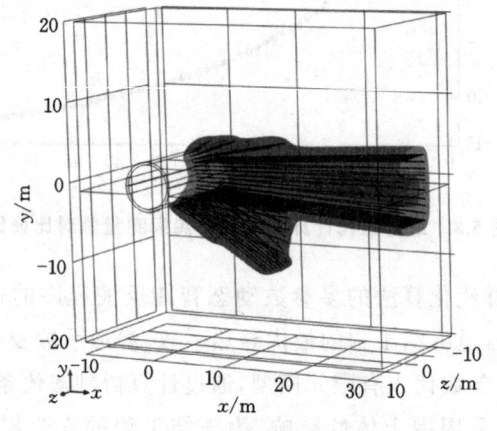

图 5.9 冻结帷幕示意图

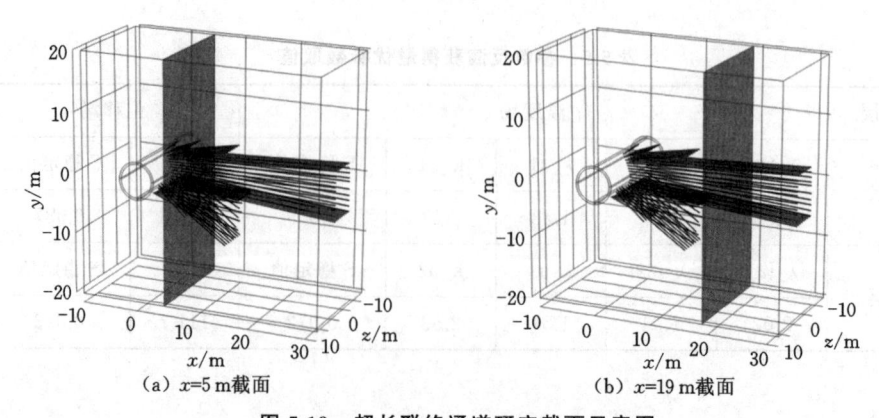

(a) $x=5$ m 截面 (b) $x=19$ m 截面

图 5.10 超长联络通道研究截面示意图

(c) $x=30$ m 截面

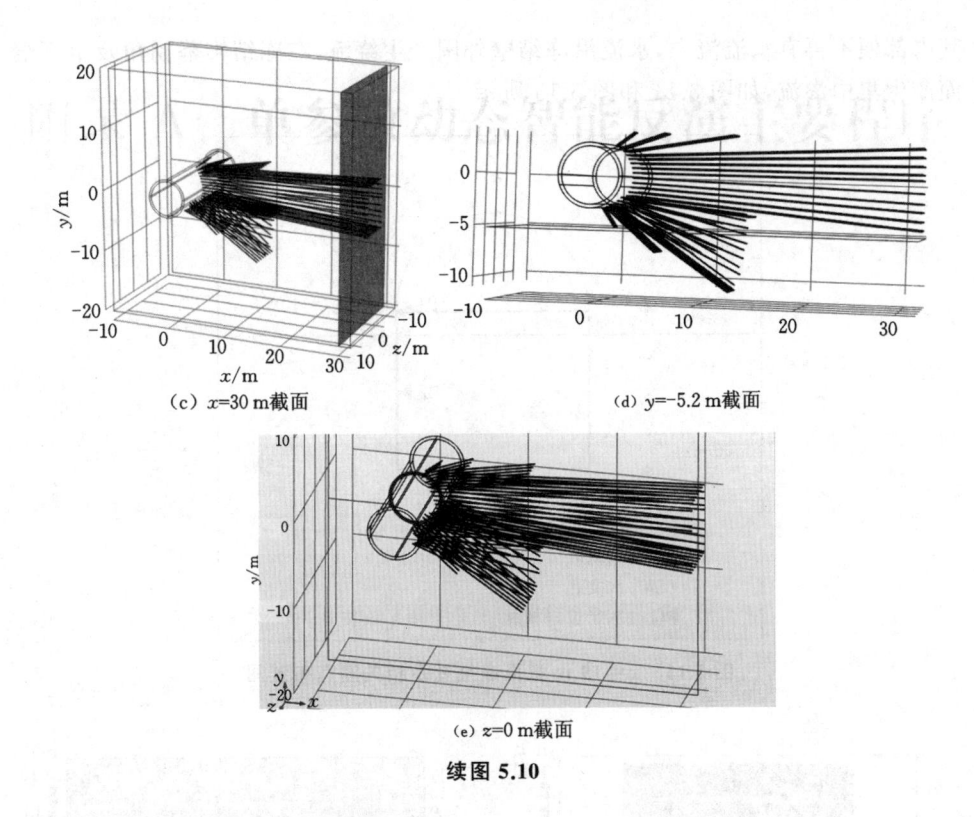

(d) $y=-5.2$ m 截面

(e) $z=0$ m 截面

续图 5.10

5.5.2 水-热-力耦合分析

$x=19$ m 截面位于整个联络通道约 1/4 处,为典型的中间段截面,大部分位置土体的温度场发展规律与此类似,因此研究此截面可以掌握大部分中间段土体的温度场发展情况。取 $x=19$ m 典型截面为分析关键截面,以此探讨渗流条件下冻土水-热-力耦合发展规律。该研究截面处冻结孔及测温孔、水文孔、水平位移监测点的布置如图 5.11 所示,其中测温孔(J1、J6)和水文孔(SW1、SW2)监测点的位置皆位于设计冻结壁边缘处,即竖排冻结管向外 1 m。

1. 渗流场

根据水文孔监测数据,在联络通道周围地层设置均匀渗流场,渗流流速取 1 m/d,如图 5.12 所示。由于冻土的形成发展,渗流场无法穿过冻土,而会产生绕流,导致渗流场发生改变。迎水面土体直接遭遇水流的正面冲刷,大量的冷量会被水流带走,导致迎水面土体冻结比较缓慢,在冻结帷幕交圈前,水流仍可以从未交圈的土体之间流入,而从背水面未交圈的土体之间流出,导致背水面土体中间部分会有较大的集中渗流,如图 5.13 所示。待土体完全交圈形成封闭的冻土帷幕后,其内部便不再有水流流入,水流沿冻结壁外围产生绕流,在冻结帷幕拐角及上下端面产生集中渗流,如图 5.14 和图 5.15 所示。

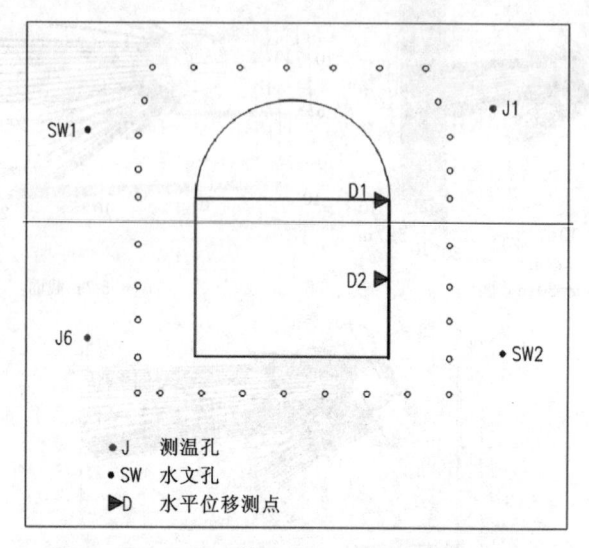

图 5.11　$x=19$ m 截面冻结孔及相关测点布置图

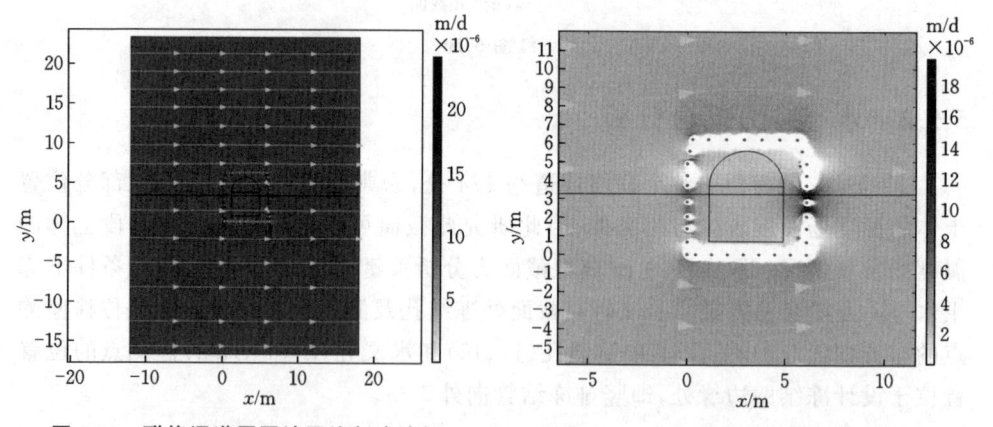

图 5.12　联络通道周围地层均匀渗流场

图 5.13　未交圈前冻土周围渗流情况

图 5.16 为水文孔 SW1 与 SW2 处渗流速度计算值与测量值对比图,通过计算值与测量值的对比分析发现两者吻合度很高。SW1 处于迎水面设计冻结壁边缘,受水流影响,该处土体未能形成冻土,但随冻结时间推移,该点处渗流速度呈减小趋势。SW2 处于背水面设计冻结壁边缘,该处土体在冻结 20 d 后形成冻土,不再有水流流过。

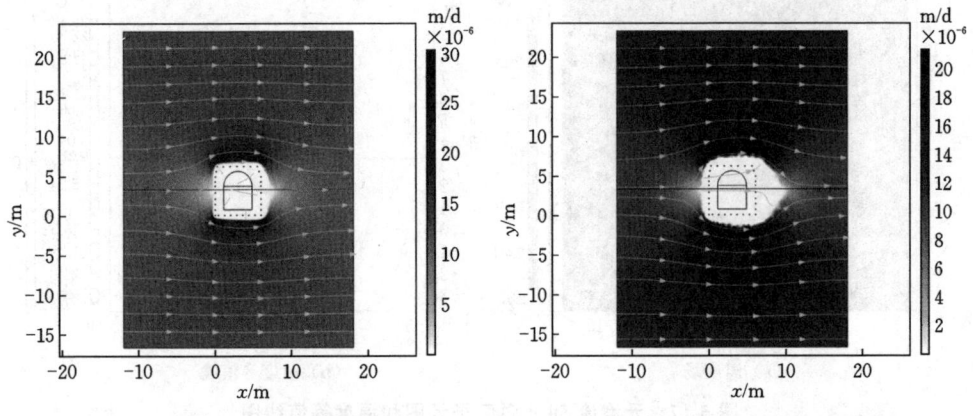

图 5.14　冻结 30 d 后渗流场情况　　　　　图 5.15　冻结 55 d 后渗流场情况

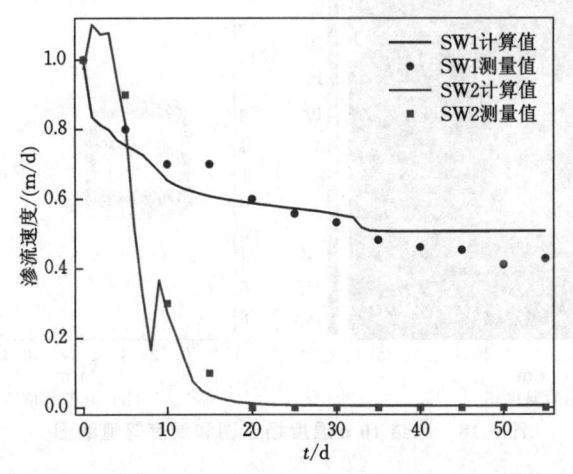

图 5.16　水文孔 SW1 与 SW2 处渗流速度计算值与测量值

2. 温度场

无渗流条件下,冻结 50 d 后联络通道周围土体的温度场云图和温度等值线图如图 5.17 所示。冻结温度场呈均匀分布形态,从等温线图可以看出,零度等温线之间的范围便是冻土体,冻土体向冻结帷幕内部发展范围比向外部发展范围大,已向待开挖土体内部入侵了部分,整个冻结帷幕形成均匀、良好。

当模型中施加渗流场后,渗流场会将冻土中的部分冷量带走,导致温度场发生较大改变,图 5.18～图 5.20 为冻结时间分别为 10 d、30 d、55 d 后联络通道周围土体的温度场云图和温度等值线图。

(a) 温度场　　　　　　　　　　　　(b) 温度等值线

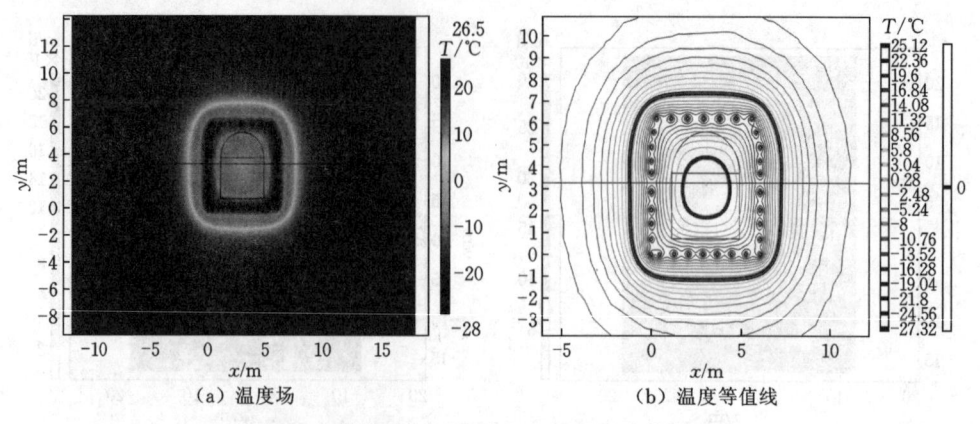

图 5.17　无渗流 50 d 温度场云图和温度等值线图

(a) 温度场　　　　　　　　　　　　(b) 温度等值线

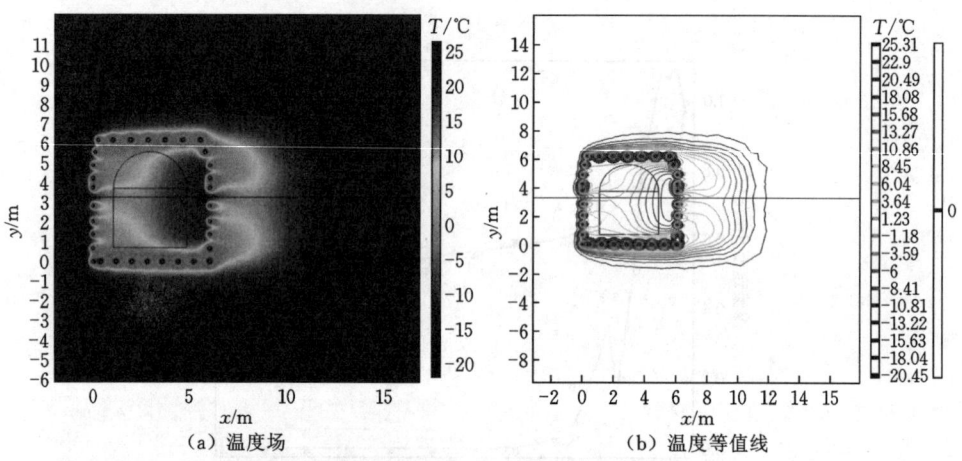

图 5.18　冻结 10 d 温度场云图和温度等值线图

(a) 温度场　　　　　　　　　　　　(b) 温度等值线

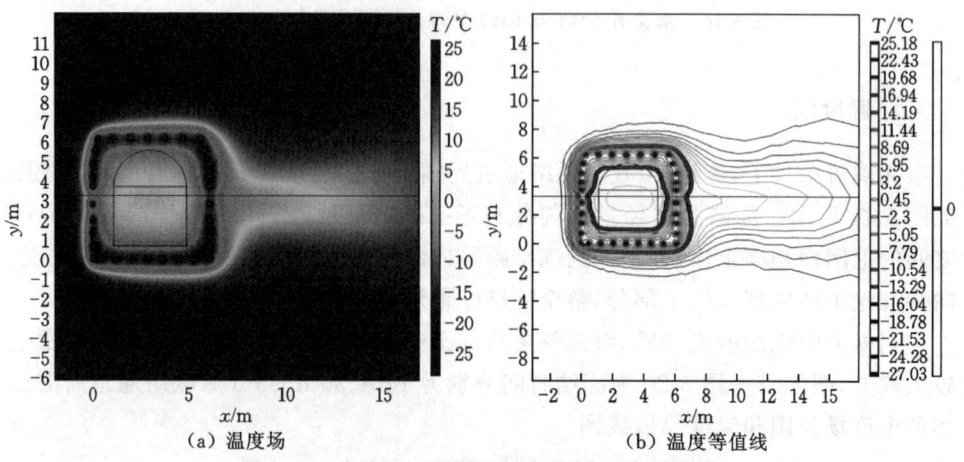

图 5.19　冻结 30 d 温度场云图和温度等值线图

(a) 温度场　　　　　　　　　　　　　(b) 温度等值线

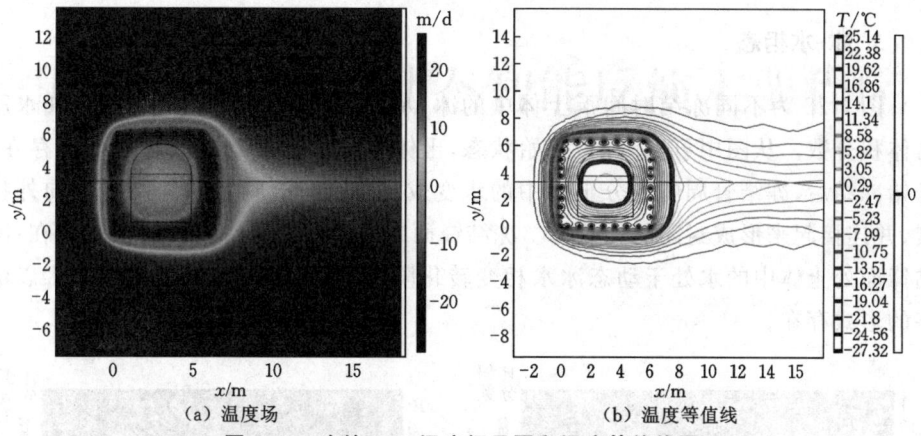

图 5.20　冻结 55 d 温度场云图和温度等值线图

由图 5.18～图 5.20 可以看出,渗流场的存在导致部分冷量顺着水流方向被带走,迎水面竖向的一排冻结孔与水流方向垂直,其温度场受渗流影响最为显著,温度场的发展最为缓慢,交圈时间最长,且冻结 50 d 后其冻结壁的平均厚度也最小。水平方向布置的两排冻结孔,冻结孔与水流方向平行,外侧受渗流场影响,冻结壁厚度受到削弱,尤其是首尾处的冻结孔,其受渗流影响很大。背水面的一排冻结孔,交圈前后温度场有较大的差异,结合图 5.13,未交圈前水流会从迎水面土体之间的空隙流入,从背水面未交圈的土体之间流出,背水面中间部分冻土会有较大的集中渗流,影响冻土的发展;而交圈后背水面的冻土则受渗流影响较小。综上,渗流条件下与无渗流条件下的土体温度场有很大不同,设计时尤其需要结合渗流进行布孔考虑。

图 5.21 为测温孔 J1、J6 处温度的计算值与测量值对比图,从图中可以反映出各测点计算温度值和实际监测温度值变化趋势一致,且量值非常相近,进一步说明本次反演所获得土体导热系数及温度场计算模型合理、可靠。

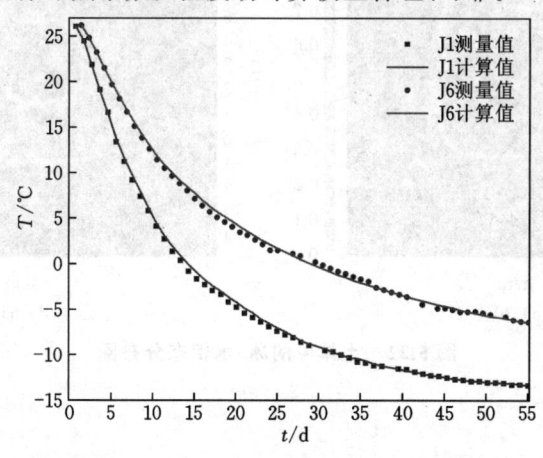

图 5.21　测温孔 J1、J6 温度计算值与测量值

3. 冰-水相态

图 5.22 为不同冻结时间下土体中的冰-水相态图,图中图例代表了冰加水所占体积分数。从图中可以看出,初始状态,土体中的水分主要以液态水形态存在,开始冻结后,冻结管周围部分土体中的水变成冰,随着冻结持续,冻结锋面向外扩展,并连接起来形成封闭的连续体。冻结锋面以内土体中的水以冰的形式存在;冻结锋面处土体中的水处于动态冰水相变转化阶段;冻结锋面以外土体中的水以液态的形式存在。

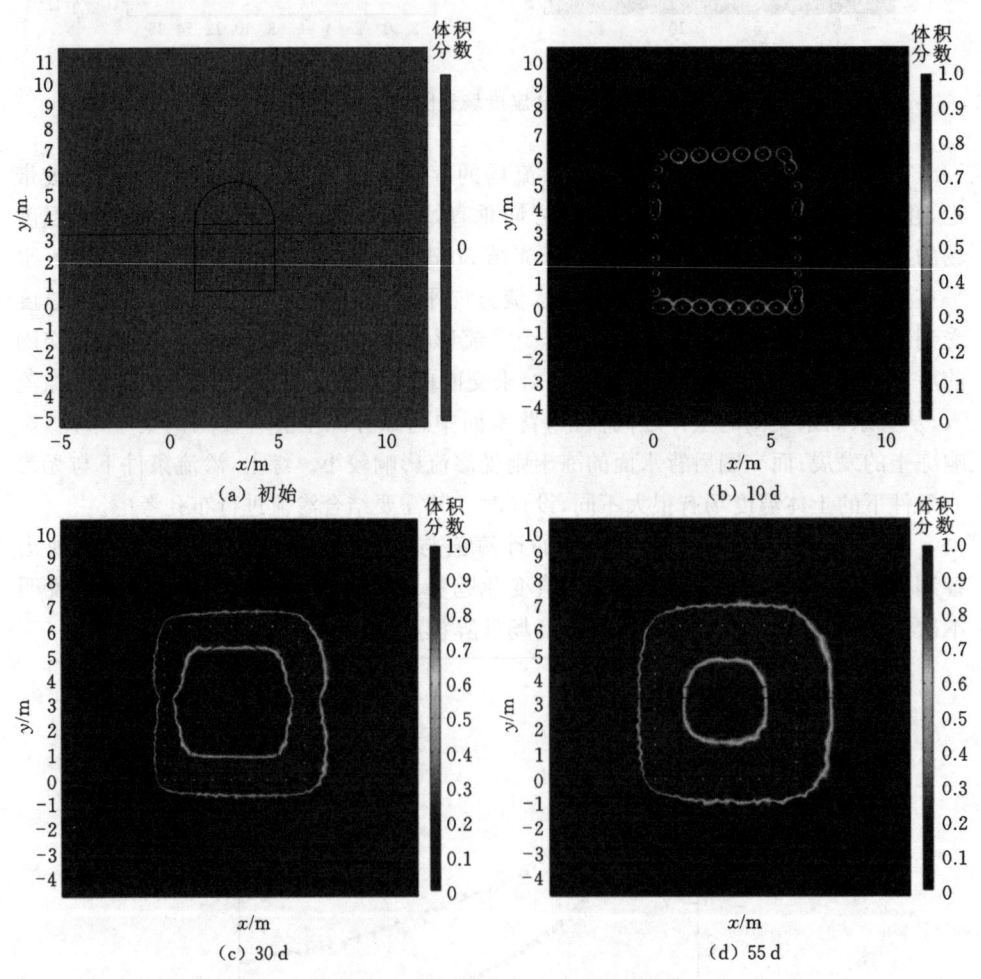

(a) 初始

(b) 10 d

(c) 30 d

(d) 55 d

图 5.22 土体中的冰-水相态分布图

4. 开挖变形

联络通道周边冻结帷幕形成并达到设计厚度后,进行联络通道开挖计算分析,冻土体采用弹塑性本构模型。地应力平衡后,计算得到开挖引起的土层中 Von-Mises 应力分布云图,如图 5.23 所示,开挖后联络通道附近区域的塑性区分布如图 5.24 所示。

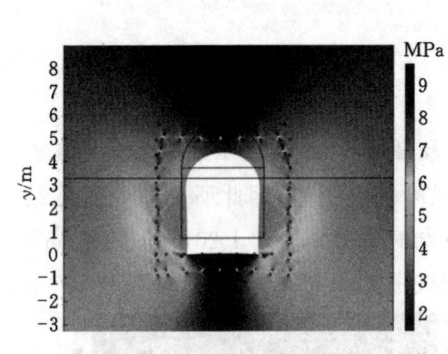

图 5.23 开挖后土层中 Von-Mises 应力分布云图

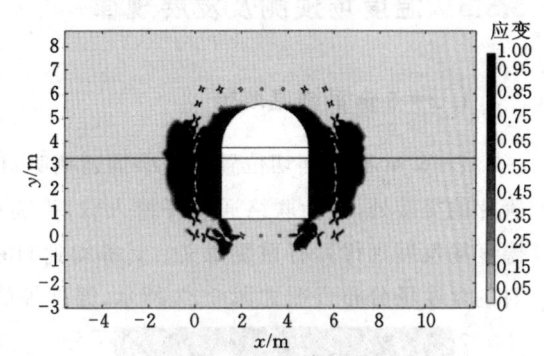

图 5.24 开挖后联络通道附近区域的塑性区分布图

从图 5.23、图 5.24 可以看出,联络通道开挖后,周围地应力发生改变,通道底板与直墙交接面处产生比较明显的应力集中,其余应力较大区域主要集中在联络通道开挖面两侧。同时,应力较大的通道开挖面两侧及下部部分区域发生了塑性变形,影响联络通道开挖的安全施工,采取增加初期支护钢支撑的安全措施。

开挖面水平位移计算值及测量值如图 5.25 所示,地表垂直位移计算值及测量值如图 5.26 所示,从图中可以看出,通道开挖面计算最大水平位移为 3.7 mm,从通道底向上开挖面水平位移先急剧增大,后缓慢下降。联络通道开挖引起的地表垂直位移计算值最大将近 1 cm,且呈抛物线形分布,而测量值主要集中在 3~5 mm,两

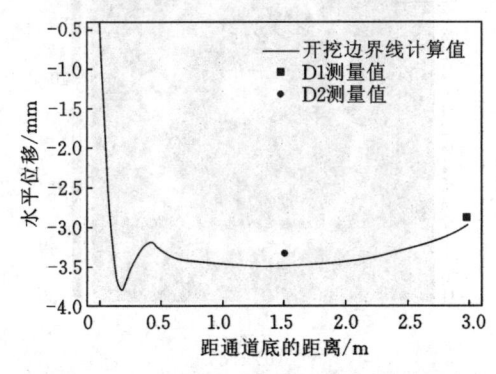

图 5.25 开挖面水平位移计算值及测量值

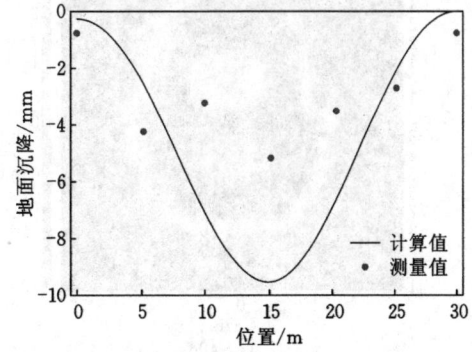

图 5.26 地表垂直位移计算值及测量值

119

者之间存在差距，主要是因为数值计算中联络通道开挖采用全断面开挖算法，而实际工程施工中，采用控制开挖步距，分台阶开挖，且开挖一个步距后及时支护钢支撑，同时联络通道所处位置周边环境复杂，需进行地表变形控制，因此需要根据监测数据进行注浆补偿等控制措施。

5.5.3 温度场预测及发展规律

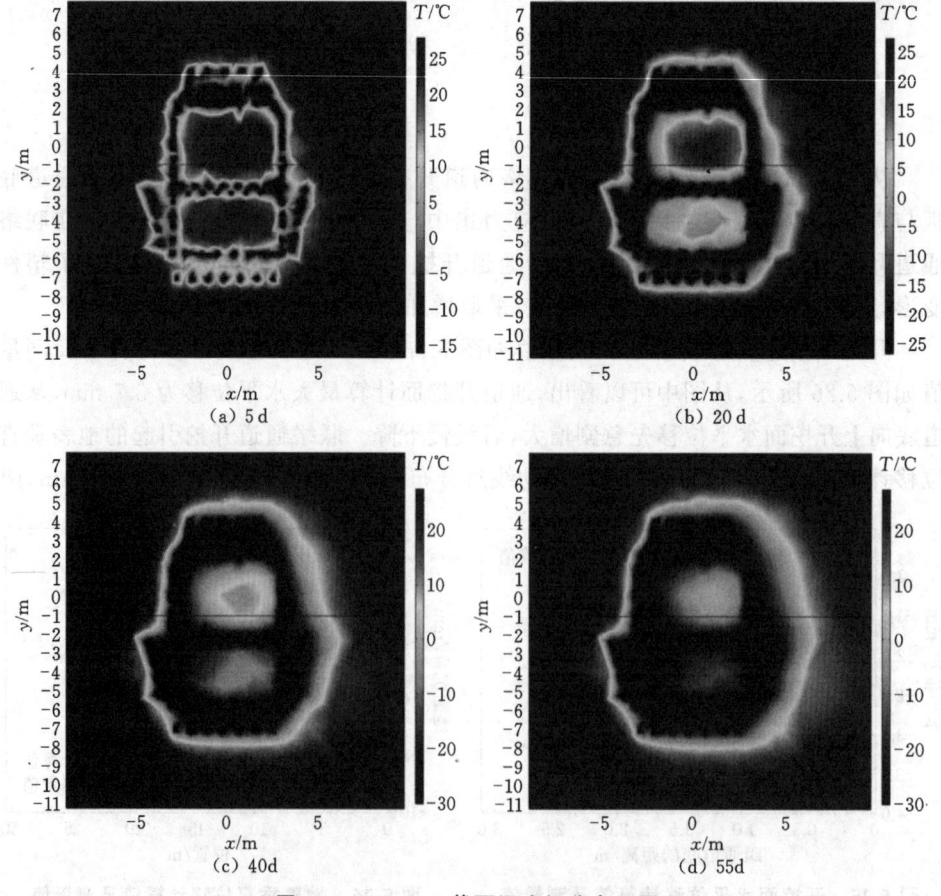

1. $x=5$ m 截面温度场

$x=5$ m 截面剖切位置为联络通道喇叭口及泵站处，该位置靠近冻结壁与隧道管片的交接处，且为联络通道开挖入口，为高风险关键位置，因此研究该位置冻结温度场发展规律具有重要意义。计算得到的冻结时间分别为 5 d、20 d、40 d 和 55 d 时的温度场分布云图如图 5.27 所示，温度等值线图如图 5.28 所示。

图 5.27 $x=5$ m 截面温度场分布云图

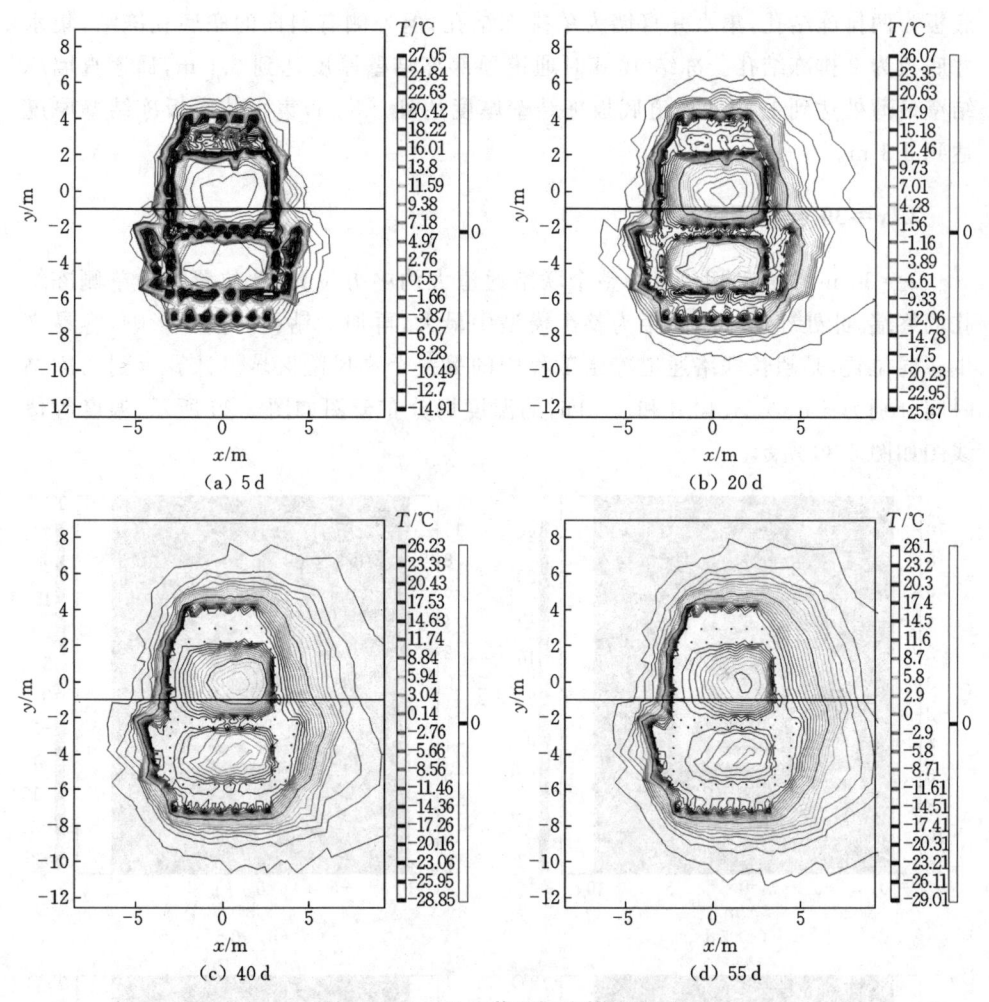

图 5.28　$x=5$ m 截面温度等值线图

开始冻结后,冻结管温度迅速下降,而由于周围土体温度高,它们之间温差大,冻结管周围土体温度便急剧下降。温度较低的土体与更外侧的土体之间又有温度梯度,低温会继续向外扩散,这就使冷量从冻结管不断向较远处温度较高土体传递。但随着冷量向外传递距离的增大,传递速率出现了明显的衰减,且存在一个极限边界,当冷量传递到这个边界时,冷热达到平衡,冷量无法继续向外扩散。

喇叭口位置冻结管密集,且间距小,冻结 5 d 时,通道位置处的多个范围冻土开始交圈,最顶部与最底部冻结孔由于靠近边缘且距离旁边一排冻结孔距离稍远,所以暂未交圈。冻结 20 d 时,全部冻结孔形成的冻土体均连在了一起,形成了完整封闭的冻结帷幕。该位置通道顶部有三排冻结孔,通道直墙为单排冻结孔,通道底板为两排冻结孔,集水井直墙为单排冻结孔,但外侧有斜向的兜底孔冻结,集水井底板为 2 排冻结孔。冻结 40 d 时通道顶部冻结壁厚度达到 3.4 m,通道直墙冻结壁最薄处达到 1.7 m,通道底板冻结壁厚度达到 2.5 m,集水井底板冻结壁厚度达到 3.3 m。

2. $x=30$ m 截面温度场

$x=30$ m 截面剖切位置为整个联络通道大约中央位置,此位置约为单侧冻结孔的终端,此处冻结管的间距为整个模型中最大,再加上钻孔的偏斜影响,容易产生薄弱位置,是超长联络通道冻结工程中的另一个高风险区域。计算得到的冻结时间分别为 5 d、20 d、40 d 和 55 d 时的温度场分布云图如图 5.29 所示,温度等值线图如图 5.30 所示。

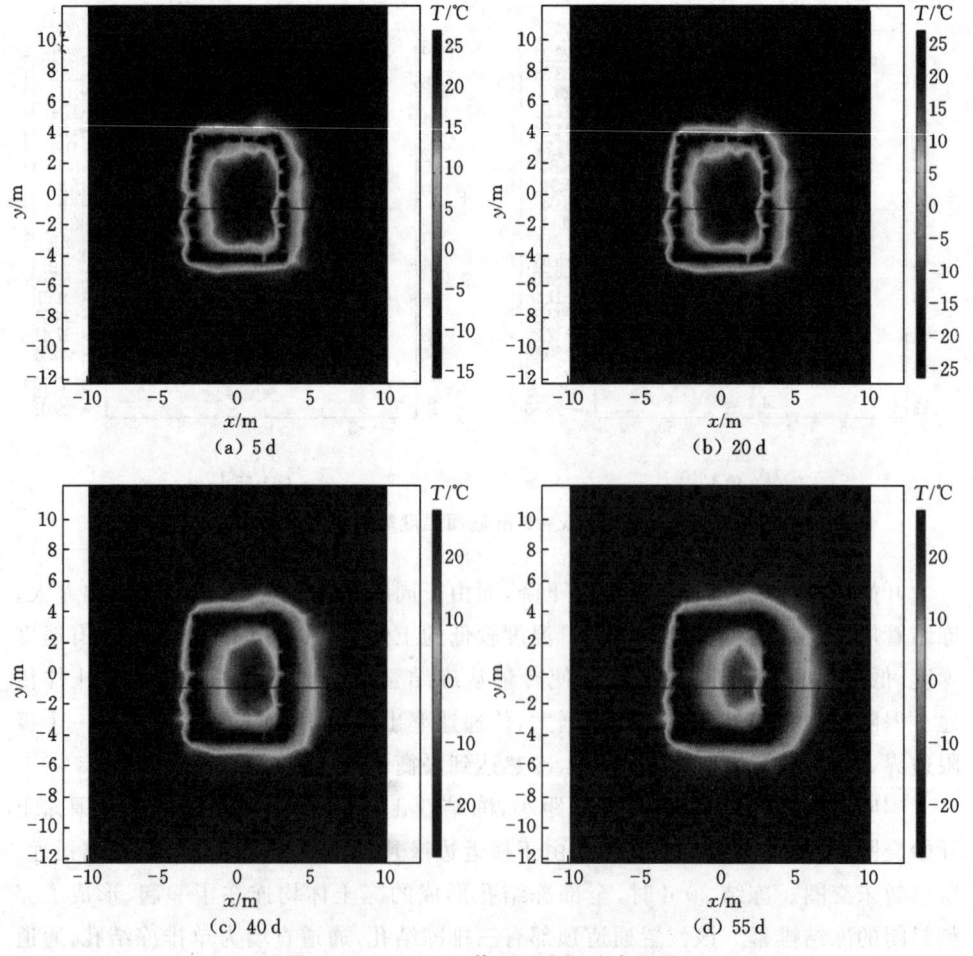

图 5.29 $x=30$ m 截面温度场分布云图

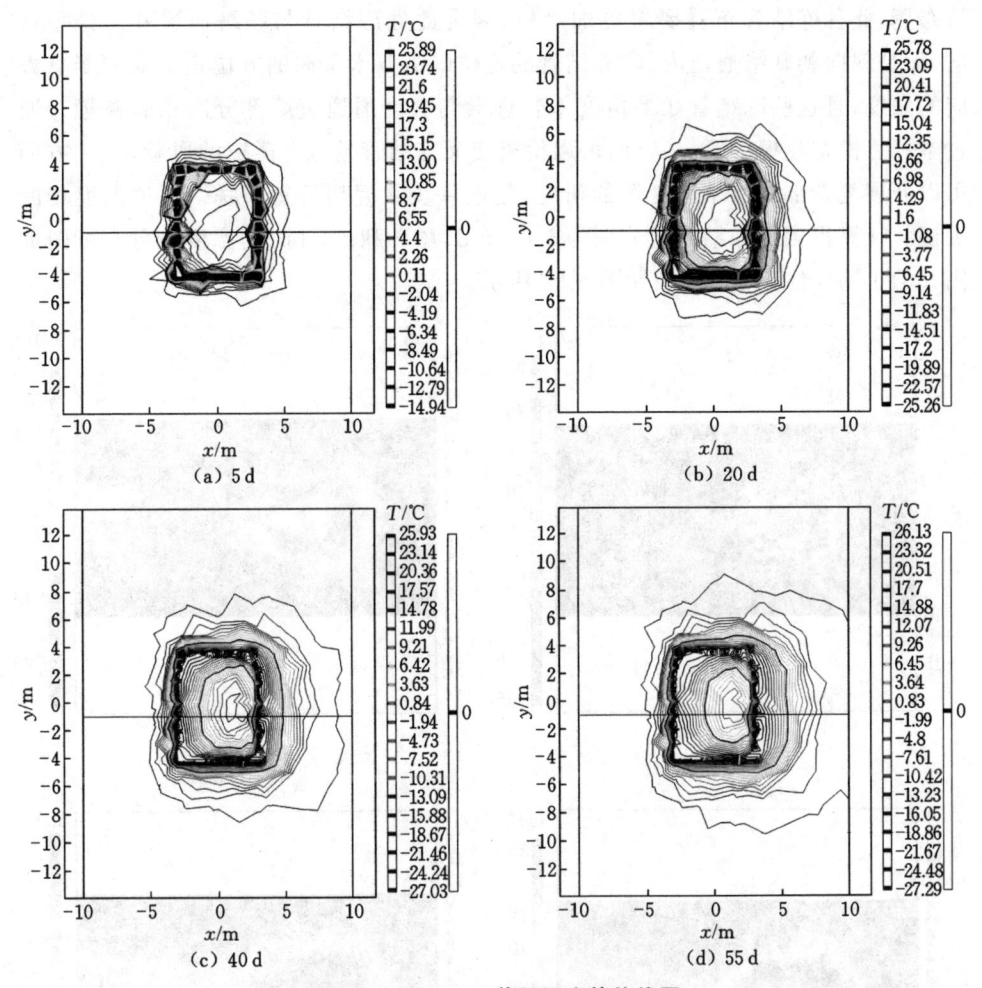

图 5.30　$x=30$ m 截面温度等值线图

冻结 5 d 时,底部部分冻结管周围冻土开始相连,但大部分冻土并未相交。冻结 20 d 时,全部冻结孔形成的冻土体连在了一起,但是发展并不均匀,最薄处冻结壁厚度为 0.8 m。冻结 40 d 时,冻结壁继续向内外两个方向发展,但向外发展幅度较小,向内发展较多,全部冻结孔形成的冻土体均连在了一起,形成了完整封闭的冻结帷幕,最薄处冻结壁厚度为 1.8 m。之后冻结壁继续发展,但通过对比发现向外的冻结壁发展很小,说明已达到平衡边缘,冻结壁主要是向内缓慢发展。

3. $y=-5.2$ m 截面温度场

$y=-5.2$ m 截面剖切位置为集水井底面,集水井处冻结管创新地使用了 V 字形布置,此种冻结管布置要求更加严格,因为此处冻结管与联络通道并不是平行的,而是斜向朝联络通道内部,冻结管的定位既需要水平向的方位角又需要竖直方向的角度,且这些冻结管如果角度不合理会与联络通道直墙部分冻结管碰撞。通过本计算模型建模计算,一方面可以检查交叉冻结管是否有碰撞的风险,另一方面可以开展复杂部位冻结温度场的研究,是进一步掌握超长复杂联络通道温度场的关键。计算得到的冻结时间分别为 5 d、20 d、40 d 和 55 d 时的温度场分布云图如图 5.31 所示,温度等值线图如图 5.32 所示。

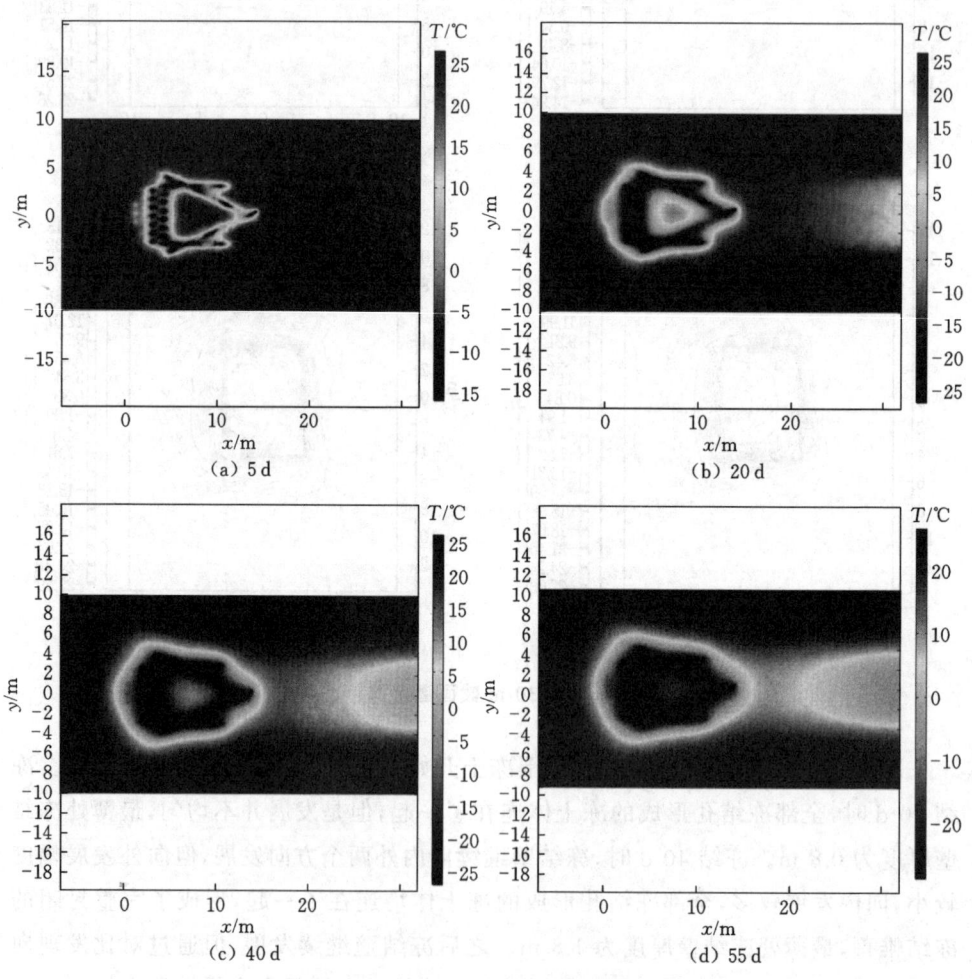

(a) 5 d

(b) 20 d

(c) 40 d

(d) 55 d

图 5.31　$y=-5.2$ m 截面温度场分布云图

竖向两排为集水井底部冻结管,横向两排为集水井处直墙冻结孔,斜向为兜底冻结孔,冻结壁将集水井围成的区域大致呈三角形。冻结 20 d 时,全部冻结孔形成的冻土体连在了一起,形成了封闭的冻结帷幕,但是发展得并不均匀。冻结40 d时,冻结壁继续发展,内部所围成的三角形区域所有土体均变为冻土。之后冻结壁继续缓慢发展,55 d时,冻土区域进一步均质化,且趋于稳定状态。

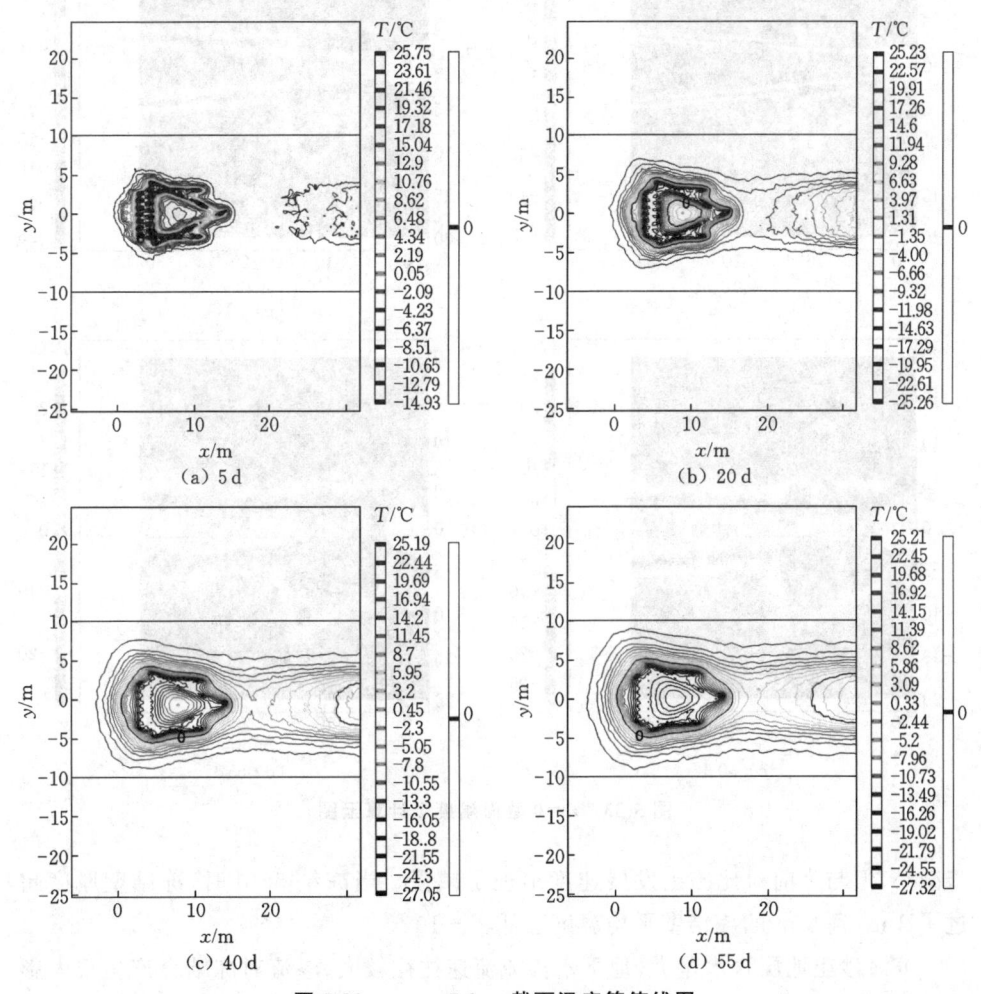

图 5.32　$y=-5.2$ m 截面温度等值线图

4. $z=0$ 截面温度场

图 5.33 与图 5.34 分别为 $z=0$ 截面的温度场计算云图和等温线图。从图 5.33 和图 5.34 可以看出,冻结 5 d 时,冻土只在冻结管周边很小范围内土体形成,但到 20 d 时,冻土的形成范围已经扩大了很多,且已完成了交圈,说明交圈前冻土的发展速率非常快。到 40 d 时,冻土进一步发展,冻结壁厚度继续增大,平均温度进一

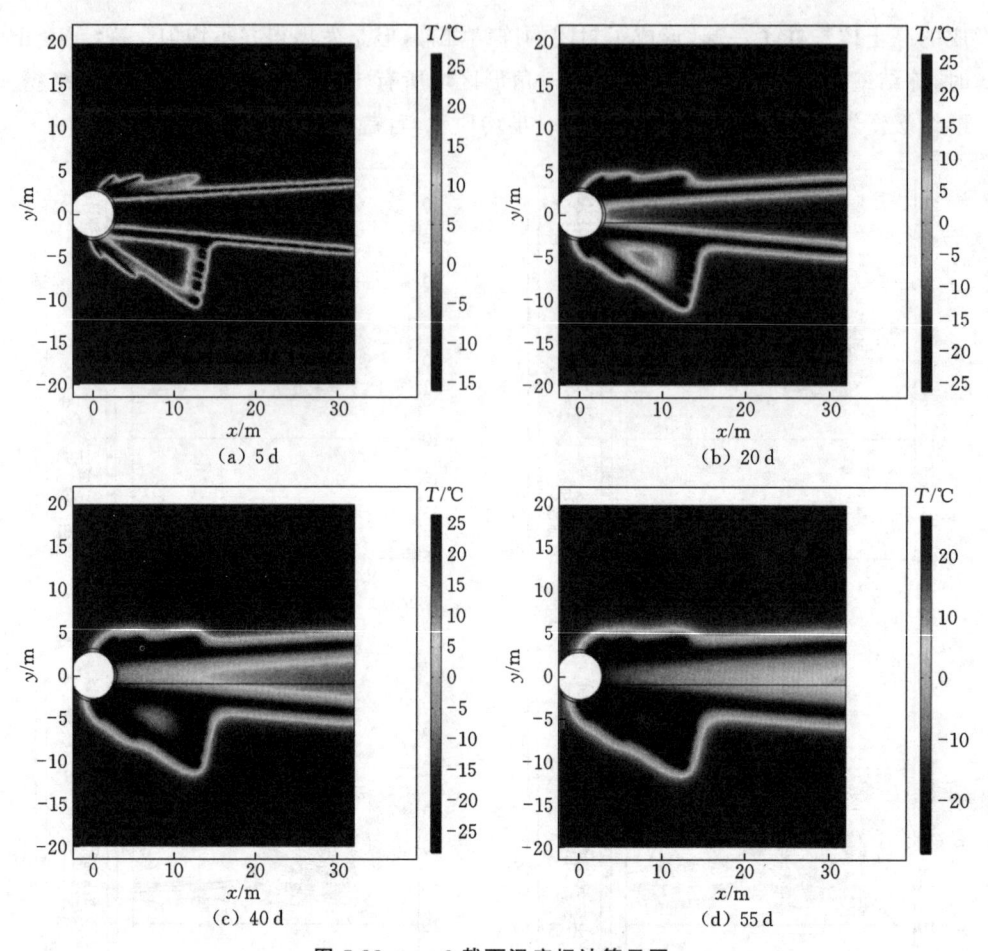

图 5.33　$z=0$ 截面温度场计算云图

步减小,但与之前对比冻土发展速度出现了减慢。当冻结 55 d 时,冻结壁厚度超过了 2 m,且 2 m 的冻结壁平均温度已低于 -10 ℃。

滨海砂土地层含水量大,地下水渗流流速往往较大,渗流对冻结会产生很大影响,水的流动带走了冻结区的部分冷量,特别是迎水面的冷量损失比较严重,冷量会顺着水流方向向下游流走,因此在冻结设计计算中必须考虑渗流对冻结温度场的影响。

冻结孔的布置形式直接决定了冻结帷幕的形状,且影响冻结壁的厚度与形成速率。超长联络通道中通道位置冻结孔特别长,为保证冻结帷幕交圈,相邻冻结孔终孔间距需保证在 1.3 m 内,且由于集水井处冻结孔的特殊布置,整个冻结工程冻结孔的数量就会增多。喇叭口处冻结孔最为密集,且相邻冻结孔间距小,此处冻结壁厚度为整个冻结帷幕中最厚,平均厚度可以达到 4 m,模型中部位置的冻结壁平均厚度约 2.7 m,而模型末端位置冻结孔由于间距大,冻结壁发展不如前端,冻结壁平均厚度约 2.3 m。通过以上的计算分析,该冻结方案形成的冻结帷幕达到设计预期要求,满足整体安全稳定性要求。

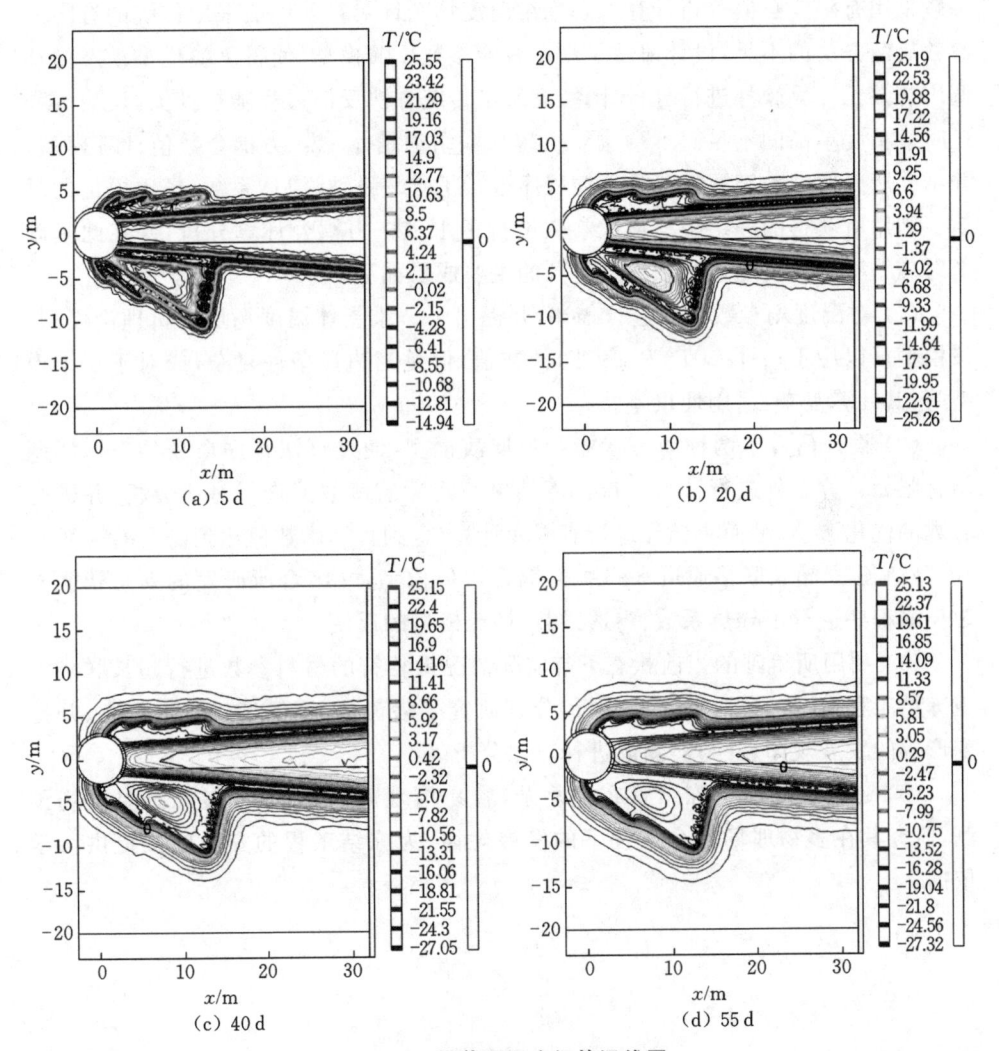

图 5.34　纵截面温度场等温线图

5.6 本章小结

本章首先介绍了一维土体温度场反分析理论模型,鉴于该理论模型适用性差,一般采用有限元数值分析计算求解冻结温度场。针对目前一般采用传统的有限元参数反演方法的不足,设计研发了动态智能参数反演模型,使得反演模型动态循环调用有限元计算软件进行分析计算,克服了传统方法反演过程随机性大、反演过程耗时且精度不高的不足。本章建立了超长联络通道水-热-力耦合数值计算模型,并结合所研发的动态智能参数反演程序进行了导热系数、渗透系数、杨氏模量的反演。利用所获得的冻结工程最优参数进行了水-热-力耦合计算分析,并在此基础上对冻结工程温度场进行预测。得到的主要成果如下。

(1) 对温度场参数反演进行描述,并提出了一维土体温度场反分析理论模型,该模型可以用于估计 $k(T)$ 和 $C(T)$ 的数值,但是当边界条件复杂,或对于三维模型等,其计算复杂,适用性很差。

(2) 设计研发了两种动态智能参数反演模型,通过算法程序命令动态循环调用有限元计算软件进行计算。将计算结果与实际监测数据进行对比分析,并进行参数的优化调整,继而再循环进行有限元计算,直到目标函数值达到需要的精度。

(3) 建立超长联络通道水-热-力耦合数值模型,并结合所研发的动态智能参数反演程序进行了导热系数、渗透系数、杨氏模量的反演。

(4) 利用所得到的当前状态下与实际情况最相符的材料参数进行超长联络通道冻结工程水-热-力耦合计算分析,分别研究了渗流场、温度场、冰-水相态、开挖变形等的发展规律,并与实测值进行对比分析。

(5) 超长联络通道冻结管布置复杂,容易出现薄弱环节,开展冻结温度场预测,研究其在多物理场耦合条件下的发展规律,为冻结工程的安全施工提供科学依据。

第6章 高寒地区原位冻结模型试验与盐水冻结实施方案

为了验证人工冻结法在高寒地区的可行性,开展高寒地区原位冻结模型试验。原位冻结模型试验采用液氮冻结,土层中采用的液态氮冻结装置结构简单,所需设备不多,且冻结速度快,土体温度低,不会对周边环境造成污染。因其具有这些优点,液氮冻结常在地下工程修复、地下工程止水、紧急抢险工程事故等方面发挥重要作用。本章对盐水冻结实施方案进行归纳整理,为人工冻结法的实施提供一定的指导。

6.1 原位冻结模型试验概况

6.1.1 试验概况

传统的室内试验多采用小型试样,但其难以准确地反映其自然条件,尤其是对于难以获取原状土样的岩土体。为了弥补室内试验的缺陷,必须通过野外试验,确定原位条件下岩土体的力学特性和相关参数。现场试验是在保留了天然结构、天然含水率和天然应力的前提下,对岩土体进行原位试验。现场试验无须取样,可避免对土壤产生干扰,而且所影响土体体积远大于室内试验的土样,可更好地反映土体的宏观结构效应。本次模型试验主要为验证高寒地区复杂地层采用冻结法进行竖井开挖的可行性及适用性,为本工程竖井的开挖提供理论依据及应急安全技术措施,也为高寒地区类似工况提供理论借鉴及指导。

模型试验方法于20世纪50年代就开始应用在矿山建筑行业中,它是根据现场条件按照一定的几何比例设计模型,并在相应边界条件下观测试验模型变形性能,做到缩小所需观测的原型,缩短观测过程,更为直接有效地研究工程中物理、力学等现象及问题。模型试验的设计基础是相似理论,模型在设计中应做到同时与原型几何相似和物理相似。为能够准确反映试验结果,必须做到以下几个方面。

(1)模型与原型可独立的几何量(如长度、高度、距离等),对应于几何量的非单独量(如面积、体积等)应满足相似要求。

(2) 模型与原型的物理、力学性质及边界条件应满足相似的要求。

(3) 模型试验中采用的仪器设备需能够将所需物理量精确量测出来,模型试验量测的基本数据,能够正确地反映原型实际变化情况。

6.1.2 试验目的及内容

地层冻结是一个复杂的物理力学过程,属于水、热、力三场耦合问题,随着热交换过程的进行,地层温度下降,当土体温度达到冰点时,土中孔隙水的迁移和冰透镜体的形成,引起土体体积增加,形成冻胀。相反,在工程完成后,由于气温升高,冻土会发生融沉,并伴随着冰侵体的溶解而固结,土体达到饱和或过饱和,土体承载能力下降,进而导致土体的融沉性,即"冻土区环境效应"。由于该问题的复杂性,目前国际上尚无一套完整的理论解析方法来描述其特性,且多年冻土区结构的复杂性使计算其难度很大,已有的研究成果很难满足工程需求。

随着高寒地区地下工程建设的全面发展,在工程建设过程中不可避免地会遇到如地面环境限制、局部地层含水丰富、地质条件复杂等困难,采用人工地层冻结施工的竖井工程、地铁隧道工程、旁通道工程将越来越多,因此采用大型物理模型试验对隧道冻结施工效应进行研究是必然的发展方向。

对高寒地区水库高水头竖井冻结法建造工程而言,拟采取的施工方案中,冻结处地层水文地质条件较为复杂,加上周围环境的限制,使得在采用人工冻结法加固时,尚有部分关键技术问题,特别是地层冻胀、融沉问题,需要进一步深入研究,故须开展高寒地区水库高水头竖井冻结法模型试验研究,分析竖井冻结施工过程中冻结壁强度和稳定性、地层冻结温度场、位移场及冻胀融沉规律现象,可在此基础上优化冻结设计方案,对确保该竖井冻结工程的安全具有十分重要的现实意义,并可指导今后类似复杂情况下竖井的冻结设计和施工。

本章以高寒地区水库高水头竖井冻结法建造工程为原型,开展竖井冻结物理模型试验,其研究内容具体如下:

(1) 冻结温度场分布规律;

(2) 冻结水分场分布规律;

(3) 冻结过程中地层冻胀变化规律;

(4) 竖井施工过程中地层位移场分布规律;

(5) 竖井施工过程中冻结壁的强度和稳定性;

(6) 解冻过程中地层融沉变化规律。

6.1.3 相似准则推导

模型试验要求模型与原型必须要满足一定的相似条件,即要满足模型和原型在主要现象上的所有量在空间和时间上的对应点及对应瞬间各自成比例。

相似第一定理:相似的现象,其单值条件相似,其相似准则的数值相同。该定理说明了:

(1) 类似的现象必定发生在类似的体系内,并且在体系内的各个相应点上,表现该现象特征的同类数量之间的比例是常数;

(2) 类似的现象遵循着同样的自然法则,因此,表现该现象特征的各种数量,都受一定的法则制约,并且彼此间有某种联系。

这个定理也说明了哪些物理量决定了一系列类似的现象,因此必须在试验中测量它们。

相似第二定理:假设一个物理系统中存在 n 个物理量,其中有 k 个物理量的量纲是相互独立的,则这 n 个物理量可以用相似准则 $\pi_1, \pi_2, \cdots, \pi_{n-k}$ 之间的函数关系来表示

$$f(\pi_1, \pi_2, \cdots, \pi_{n-k}) = 0 \tag{6.1}$$

式中:相似准则称为 π 项。

相似第二定理表明:由描述现象的方程可以转换成准则方程,同时说明了求出准则数的数量和如何整理试验结果,以利于试验结果的应用与推广。

相似第三定理:对于同一类物理现象,若其单值条件(几何条件、初始条件等)相似,而且由单值条件所组成的相似准则在数值上相等,则现象相似。

在此基础上,以三个相似定理为依据,首先对现象的参数进行准确、完整的判断,其次,依据相似第一定理,对这一现象的所有参数进行建模,并按照相似第二定理的条件,构建相应的数学表达式,并对模型试验进行扩展。

1. 温度场的相似准则

1) 基本假设

(1) 由于土的导热系数受压力的影响不大,故可水平截取一定厚度的井筒进行模拟,把轴对称空间问题简化为轴对称平面问题;

(2) 认为研究范围内的土体是均匀的、连续的;

(3) 岩土初始温度为一等值常数(第一类边界条件),冻结管在所截长度上保持等温;

(4) 在土体冻结界面,相变潜热连续释放,比热容、导热系数等热参数在冻结

前后发生突变,但仍为一定值。

2) 人工冻结温度场数学模型

人工冻结地层温度场是一个不稳定导热数学模型,其数学方程如式(6.2)所示,人工冻结温度场发展示意图,如图6.1所示。

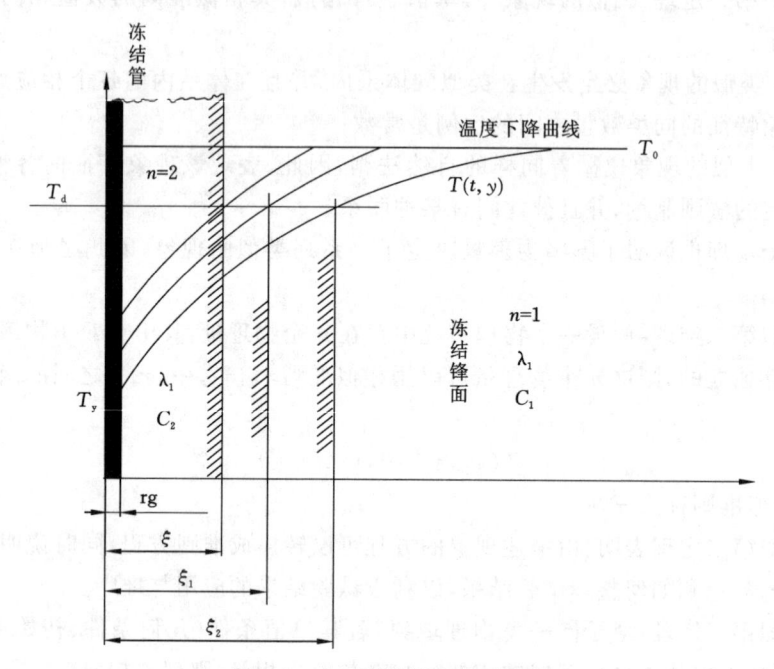

图 6.1 人工冻结温度场示意图

土层冻结区与未冻结区的导热方程为

$$\frac{\partial \theta_n}{\partial \tau} = a_n \left(\frac{\partial^2 \theta_n}{\partial r^2} + \frac{1}{r}\frac{\partial \theta_n}{\partial r} \right), \quad 0 < r_0 < r < \infty, \quad \tau > 0, \quad n = 1, 2 \quad (6.2)$$

式中:r 为径向坐标;τ 为时间;θ_n 为 r 点温度,$n=1$ 时为非冻结区,$n=2$ 时为冻结区;a_n 为导温系数,$a_n = \lambda_n / c_n$。

初始条件和边界条件有

$$\begin{cases} \theta(r,0) = \theta_0 \\ \theta(\infty, \tau) = \theta_0 \\ \theta(\rho, \tau) = \theta_D \\ \theta(r_0, \tau) = \theta_y \end{cases} \quad (6.3)$$

式中:θ_0 为岩土初始温度;r_0 为冻结管径向坐标;ρ 为冻结壁面坐标;θ_D 为结冰温度;θ_y 为盐水温度。

在冻结壁面($r=\rho$)处热平衡方程为

$$\lambda_2 \frac{\partial \theta_2}{\partial r}\bigg|_{r=\rho} - \lambda_1 \frac{\partial \theta_1}{\partial r}\bigg|_{r=\rho} = B\frac{d\rho}{d\tau} \tag{6.4}$$

式中：B 为单位容积岩土冻结时释放的潜热量；θ 为温度；λ 为导热系数；下标 1,2 代表不同位置。

根据式(6.2)~式(6.4)，用方程分析法可解得相似准则方程为

$$F(F_0, K_0, R, \theta) = 0 \tag{6.5}$$

式中：$F_0 = \dfrac{a\tau}{r^2}$ 为傅里叶准则，a 为系数；r 为到圆心距离；$K_0 = \dfrac{B}{ct}$ 为柯索维奇准则，c 为系数；t 为时间；R 为几何准则；θ 为温度准则。

因本模型试验在野外现场开展进行，模型材料为原材料，则 $C_a = 1$，$C_c = 1$，含水量不变，结冰时放出的潜热量相同，得

$$C_\tau = C_r^2 \tag{6.6}$$

$$C_t = 1, \quad 即 \quad t = t' \tag{6.7}$$

式(6.6)表示模型试验的时间相似比为几何相似比的平方；式(6.7)表示模型中各点温度与原型各对应点温度相等。

所以，要使模型与原型冻结温度场相似，在模型设计中主要满足冻结壁的几何尺寸、平均温度、地层性质相似。

2. 水分场相似准则

土体在冻结过程中会产生水分迁移，其本质是冻土中的水分场问题。它的数学表达式为

$$\frac{\partial h}{\partial \tau} = b\left(\frac{\partial^2 h}{\partial r^2} + \frac{1}{r}\frac{\partial h}{\partial r}\right) \tag{6.8}$$

边值条件为

$$\begin{cases} h(r,0) = h_0 \\ h(\infty,\tau) = h_0 \\ h(\rho,\tau) = 0 \end{cases} \tag{6.9}$$

式中：h 为湿度；b 为导湿系数；h_0 为初始条件。

经相似转换可得

导湿傅里叶准则：
$$F_h = \frac{b\tau}{r^2} \tag{6.10}$$

几何准则：
$$R = \frac{H}{r} \tag{6.11}$$

式中：H 为原型总尺寸。

湿度准则：
$$H = \frac{h}{h_0} \tag{6.12}$$

从上述公式可以看出，水分运移和冷冻过程具有相同的数学性质，且都遵循傅里叶准则。这样，在相同几何结构的情况下，当温度场相近时，就能实现"自模拟"，并使之近似。

3. 应力场与位移场相似准则

岩土开挖、构筑衬砌过程尚无法建立完备的数理方程，根据工程经验可罗列出影响冻结壁受力的参数，得方程

$$F(\sigma, E, \varepsilon, u, \bar{\mu}, \gamma, H, S_D, P) = 0 \tag{6.13}$$

式中：σ 为应力，E 为杨氏模量，ε 为应变，u 为位移，$\bar{\mu}$ 为泊松比，γ 为土体重度，H 为隧道埋深，S_D 为冻结壁厚度，P 为地压。

通过量纲分析法，可得相似准则(7 个)有

$$\varepsilon, \bar{\mu}, \frac{\sigma}{\gamma H}, \frac{u}{H}, \frac{S_D}{H}, \frac{\sigma}{E}, \frac{P}{E}。$$

4. 相似比

综上所述，隧道水平冻结暗挖法物理模型试验需满足如下相似准则。

(1) 几何准则：R；

(2) 谐时准则：$\dfrac{a\tau}{R^2}, \dfrac{v\tau}{R}$；

(3) 热学准则：$\dfrac{B}{ct}$；

(4) 力学准则：$\dfrac{\sigma}{E}, \dfrac{P}{E}, \dfrac{\sigma}{\gamma R}$；

(5) 常系数准则：$\bar{\mu}, \varepsilon$。

对于本模型试验，模型材料与原型材料一致，如确定几何相似比为 C_l，则：

位移相似比为 $C_u = C_l$；

温度相似比为 $C_t = 1$；

时间相似比为 $C_\tau = C_l^2$；

由谐时准则可得井筒开挖速度和位移速度相似比为 $C_v = 1/C_l$；

由力学准则可得应力相似比、荷载相似比和弹模相似比 $C_\sigma = C_P = C_E = 1$，即模型应力、外载与现场相等。

由力学准则可得重力相似比 $C_\gamma = 1/C_l$。

通过以上相似准则的推导，可以得出竖井冻结模型试验和原型的相似关系如

表 6.1 所示。

表 6.1 冻结模型试验和原型的相似关系

物理量	相似比(1∶n)
内摩擦角、空隙比、泊松比、冻结温度、含水量	1∶1
应力、位移、杨氏模量	1∶n
冻结时间缩比	1∶n^2
冻土扩展速度	1∶n^2

6.2 模型试验设计方案

6.2.1 模型尺寸及主要参数

模型试验总体设计图如图 6.2 所示。一般冻结的影响范围为冻结壁半径的 6～10 倍,根据竖井冻结设计方案、几何缩比和土体冻结的影响范围,初步确定本次模型试验的几何相似比 C_l=5.25。

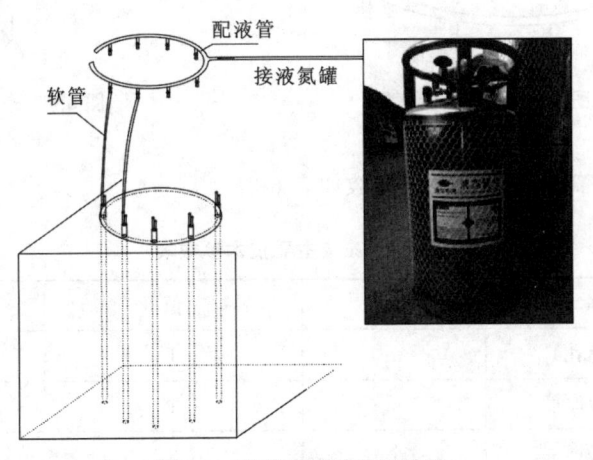

图 6.2 冻结模型试验设计图

设计冻结壁厚度为 1 m,冻结壁平均温度不高于 −10 ℃。设计冻结孔数 10 个,冻结孔深度均为 1 m,共 10 m。具体冻结器见图 6.3～图 6.6。冻结管采用 φ50 mm 的 R304 不锈钢管,冻结管内布置 φ20 mm 无缝不锈钢管,作为液氮的供液管,排气管采用 φ20 mm 无缝不锈钢管。

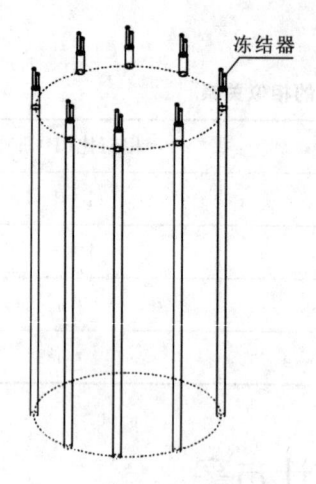

图 6.3 冻结器布置示意图

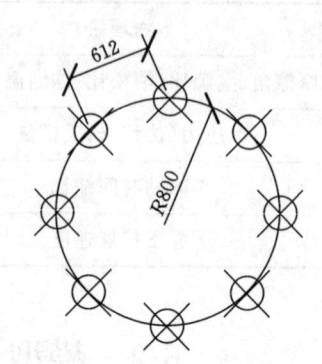

图 6.4 冻结器布置间距(单位：mm)

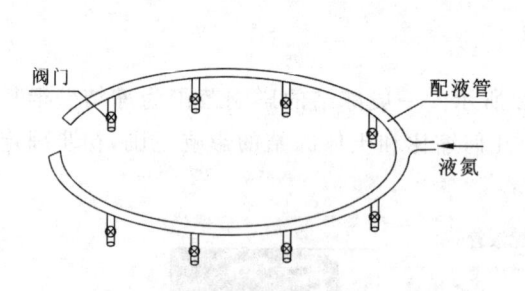

图 6.5 配液管示意图

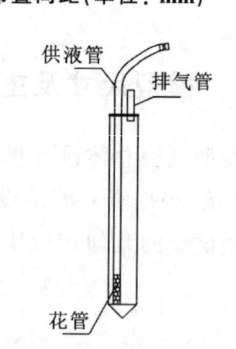

图 6.6 冻结器示意图

模型试验井筒冻结主要技术参数如表 6.2。

表 6.2 冻结主要技术参数表

参数名称	单位	值	备注
冻结长度(单孔)	m	1	
冻土帷幕设计厚度	m	1	
冻结孔数量	个	8	
冻结孔设计孔间距	mm	612	
冻结管规格	mm	$\phi 50 \times 3$	R304 不锈钢管
冻结孔总长度	m	8	
供液管规格	mm	$\phi 20 \times 3$	R304 不锈钢管

续表

参数名称	单位	值	备注
冻结孔允许偏斜	mm	50	
积极冻结期排气温度	℃	−100～−120	
维持冻结期排气温度	℃	−80～−100	
冻结壁平均温度	℃	≤−15	

6.2.2　制冷系统

根据冻结设计，积极冻结期液氮用量1344.5 t，为了保证液氮供应的连续性，在地面设置容积大于30 m³的液氮储罐，作为积极冻结期间液氮的缓冲和储备，以防液氮供应出现中断。购买DPL450-175-2.3自增压式液氮罐，在当地气体公司购买液氮并通过液氮罐运往项目场地，为了保证液氮的持续供应，采用两个液氮罐交替循环使用。

为了便于操作，所有的工作部分均放置在液氮瓶上，可以通过排气阀、增压阀、压力表、液相阀等设备，对整个使用过程进行有效控制。该液氮罐内置增压机和化油器，可使燃气或液体持续供给，达到规定数量时，无须额外加装化油器。

DPL450-175-2.3自增压式液氮罐及其操作部件如图6.7、图6.8所示。

图6.7　DPL450-175-2.3自增压式液氮罐　　图6.8　液氮罐操作部件

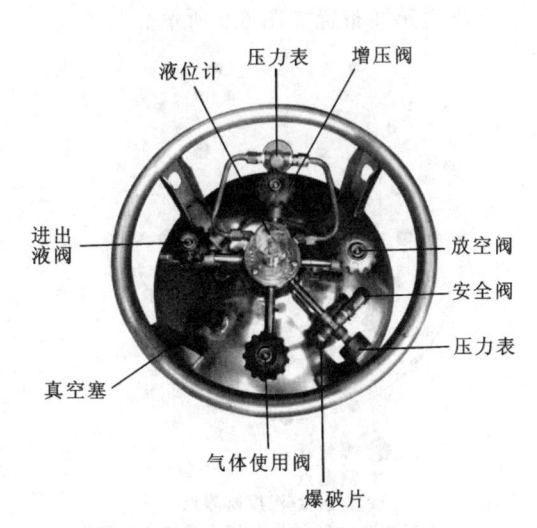

为了便于调整冷冻系统的平衡,确保所要形成的冷冻墙的均一性,采用液氮分配器将液氮箱与冷冻循环的供液管相连。为了便于操作,本机安装在地面上,各控制阀均采用特殊的低温液氮阀门。

液氮分配器选用 $\phi50$ mm×3 mm 的 R304 不锈钢无缝管加工。分配器一侧安装供液管,一个分配器至少安装 3 个供液管,每个供液管安装低温液氮专用阀;分配器的供液管通过不锈钢波纹管与液氮储罐相连;分配器供液管和供液阀门的大小根据液氮储罐出液口的尺寸配备,同时保证有备用。分配器另一侧安装出液管,每个出液管通过阀门、不锈钢波纹管与每组冻结孔的供液管相连。冻结孔的供液管选用 $\phi20$ mm×3 mm 的 R304 不锈钢无缝管,分配器的出液口阀门为 DN20,出液口的波纹管也为 DN20。

分配器上安装压力表和温度计插座,以监测液氮供液压力和温度。

排气管采用选用 $\phi32$ mm×3 mm 的 R304 不锈钢无缝管,每个排气管上安装一个 DN32 低温液氮阀门,以控制氮气排放量。

6.2.3 测试系统

试验过程中需监测土体的温度、变形、冻结压力(冻结帷幕内外)、含水量等情况,模型试验设置测温孔 8 个,分别布置在冻结区域内,深度 1 m;泄压孔布置 2 个,布置在中间,深度均为 1 m。在每个测温孔内不同位置下放温度监测点,以监测冻土发展情况。在每个泄压孔上安装压力表,以监测冻结壁交圈情况,具体模型试验监测元件布置如图 6.9 所示。

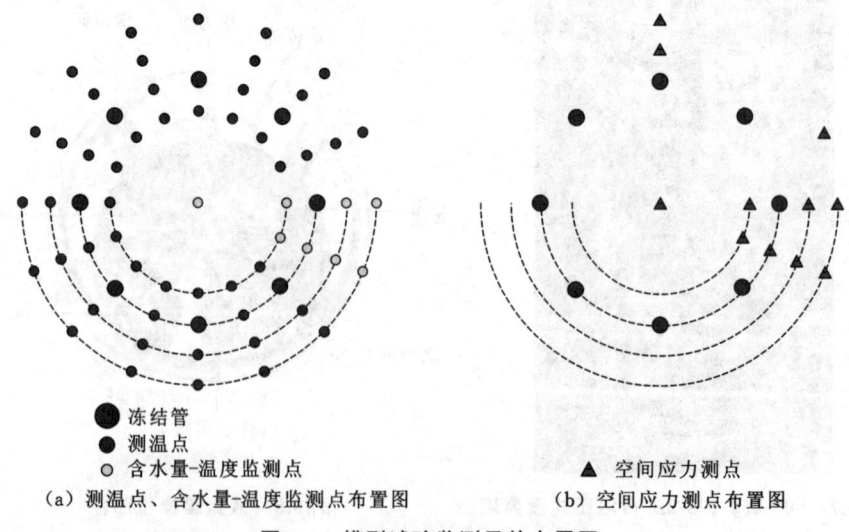

(a) 测温点、含水量-温度监测点布置图　　(b) 空间应力测点布置图

图 6.9　模型试验监测元件布置图

1 温度测试系统

测温测试系统分为两大部分,一部分是模型中冻结壁的测温;另一部分是冷冻系统的测温。冷冻系统的测温由测温数显器和各温度计形成一个独立的温度测试系统。模型内部的温度测量全部采用温度传感器,主要用于检测冻结壁温度场的形成过程。温度传感器参数如下。型号:DS18B20 数字温度传感器(图 6.10);分辨率:0.0625 ℃;测温范围:−55 ℃~+125 ℃;数据传输:"一线总线"制;测量精度:±0.5 ℃。

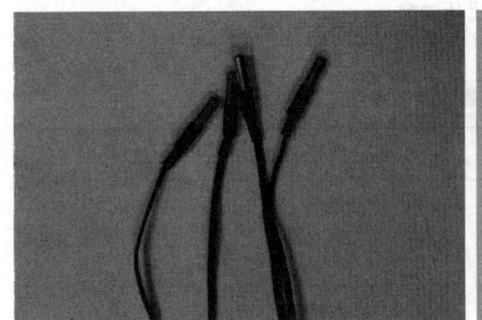

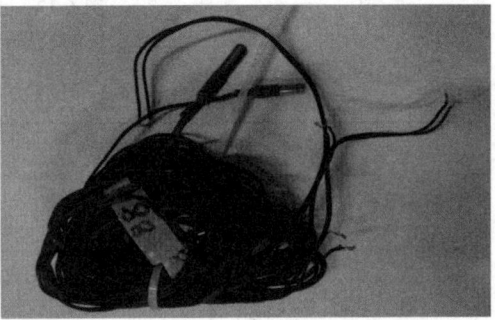

图 6.10　DS18B20 数字温度传感器

2 位移测试系统

位移测试系统主要由位移传感器和应变仪组成。沿井壁走向布置若干个断面,每个断面沿高度方向布置若干个位移传感器,在模型两侧的地沟槽上各竖一根立杆,架设一根横杆于两立杆上,作为位移的不动点,将位移计(图 6.11)磁性表座固定在横杆上。每根测杆上布置一个位移计,位移计顶在测杆上,可随着测杆上升沉降监测土层在冻结、解冻及其暗挖过程中的位移变化规律。则可监测土层的冻胀量、融沉量和隧道开挖过程中的土层沉降位移。

3 压力测试系统

在模型中主要通过埋设土压力盒(图 6.12)来监测土体水平压力和竖直压力,用以监测土体在冻结过程中的冻胀力,土压力盒的技术参数见表 6.3。

图 6.11　位移计

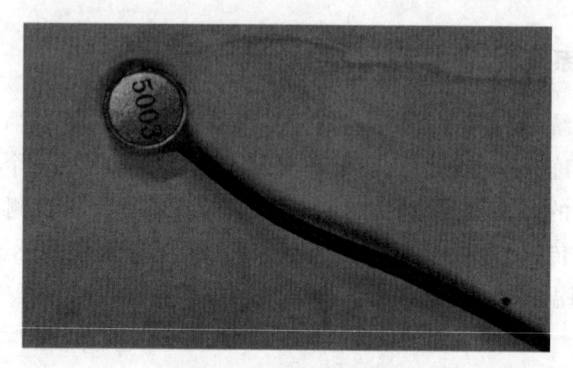

图 6.12 土压力盒

表 6.3 土压力盒的技术参数

主要性能指标	值	主要性能指标	值
非线性 FS	<±0.5%	使用温度/℃	−35～+60
输出灵敏度/(mV/V)	满量程时 1	外形尺寸/mm	$\phi 30 \times 15$
绝缘电阻/MΩ	>500	规格/MPa	0.6
输出阻抗/Ω	121		

4 数据采集仪

采用 AM1632B 48 通道继电器式多路器(图 6.13)进行数据采集,显著增加了数据采集器能测量的传感器数目,可扩展接入 16、32 或者 48 个传感器,支持接入多种类型的传感器,包括热敏电阻、电位计、应变计、时域反射土壤水分探头及土壤水分探头等。

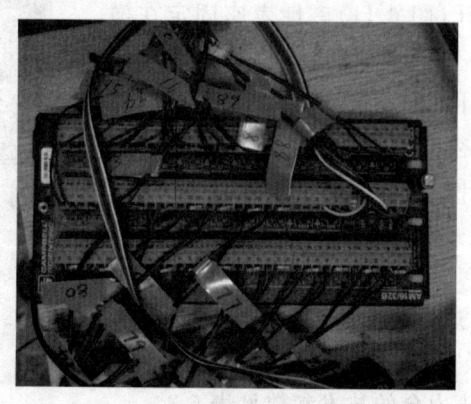

图 6.13 AM1632B 48 通道继电器式多路器

6.3 模型试验过程及结果分析

本次模型试验为完全模拟冻结施工过程的模型试验,试验过程很复杂,在试验过程中要根据工程的实际进展随时调整试验的进程。

6.3.1 试验准备

(1) 设计、加工试验装置。
(2) 试验装置安装以及密闭性检测。
(3) 监测元件购买及调试。
(4) 试验系统整体调试。

6.3.2 现场原位安装

(1) 根据冻结管布置情况在地面挖一个 1 m 深的圆形大坑,挖出的土体堆放在坑旁(图 6.14)。

(2) 以坑底部为工程测量原点(±0.000 m),按照设计进行冻结管的布置与埋设(图 6.15),做好冻结管编号与冻结管坐标记录。

图 6.14 现场挖坑

图 6.15 冻结管的布置与埋设

(3) 将之前挖出的土体填入坑内,分层夯实(图 6.16 与图 6.17)。

图 6.16　坑内填土

图 6.17　填土分层夯实

(4) 继续填土至 +500 mm 标高处，埋设第一层温度传感器、土压力传感器。并同时需对冻结管坐标进行修正，以保证冻结管不偏斜(图 6.18)。

图 6.18　埋设第一层传感器

(5) 继续填土至 +850 mm 标高处，埋设第二层温度传感器、土压力传感器，并对冻结管坐标进行再次修正(图 6.19)。

(6) 继续填土至 +1000 mm 标高处。

图 6.19　埋设第二层传感器

图 6.20　安装土体表面位移计

(7) 将温度传感器全部连接于数据采集仪中(图 6.20),打开软件,检查采集系统初始数据是否正常。

(8) 安装液氮制冷系统,液氮循环系统(图 6.21)和检测系统。

图 6.21　安装液氮循环系统

6.3.3　冻结过程

开始冻结,直至冻结壁达到设计要求(图 6.22)。

(1) 待安装稳定后,立即向模型全力供冷。

(2) 采集系统全面工作,定时读取数据,同时求出冻结壁的厚度和平均温度。

(3) 当冻结壁厚度分别达到设计厚度,平均温度达到设计值时,减小供冷量维持稳定状态。

(4) 采集系统继续工作,随时根据冻结壁的发展情况调整供冷量,以保持冻结壁的稳定。

(5) 在此试验阶段,压力监测系统、位移监测系统同时工作,获取冻结过程中的土体冻胀数据。

图 6.22　开始冻结

6.3.4　开挖、构筑衬砌

按速度相似常数进行竖井开挖和构筑衬砌,定时测量位移、压力和应变数据(图 6.23)。

图 6.23　竖井开挖

6.3.5　土层解冻

对冻结壁进行自然解冻,获取土体融沉数据,土体完全融化,结束试验。

6.3.6 试验结果及分析

1. 温度场试验结果及分析

测温点 J1~J4、J5~J8 的布置如图 6.24 所示。测温点 J1~J4、J5~J8 实测温度变化曲线如图 6.25、图 6.26 所示。同时建立有限元计算模型，进行温度场、水分场、应力场等计算分析。

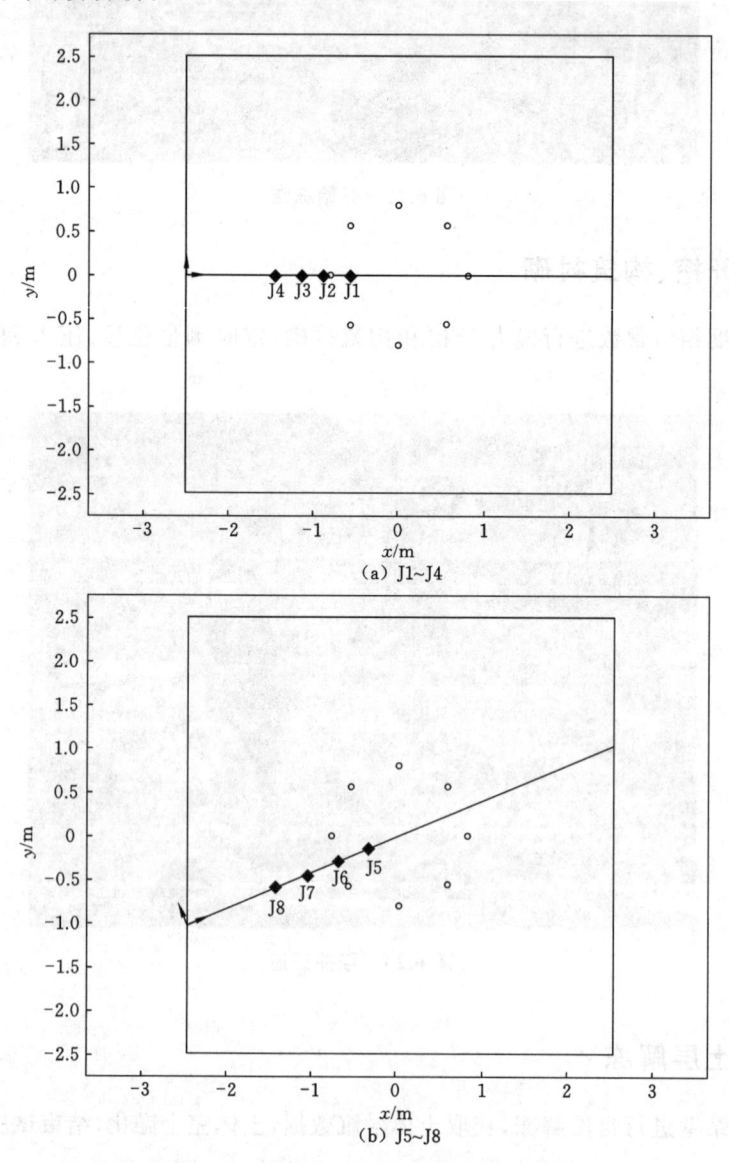

图 6.24 测温点 J1~J4、J5~J8 布置图

图 6.25 测温点 J1～J4 温度变化曲线

图 6.26 测温点 J5～J8 温度变化曲线

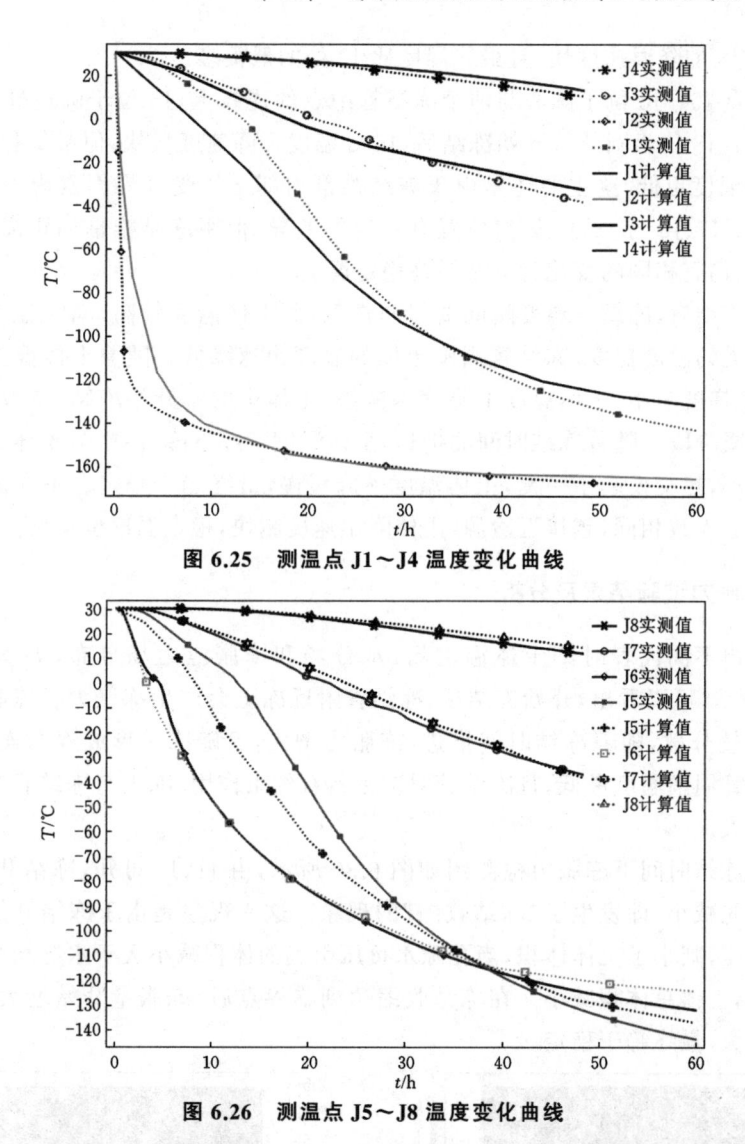

图 6.25 与图 6.26 为测温点 J1～J8 实测温度值与计算值的对比，由结果可知计算值与实际测量值十分接近，证明了所建立有限元计算模型的准确性。测温点 J1～J4 位于圆心与冻结管连接的一条直线上，J2 位于冻结管边缘附近，因此其温度变化情况与冻结管外壁温度变化情况近似，冻结开始后，其温度急剧下降，在 1 h 内温度降幅达 100 ℃，其后，随着液氮降温达到最低温度，J2 的温度变化趋于平衡最后近乎稳定。J1 位于冻结管圆环内，J3、J4 位于冻结管圆环外，而冻结管环内土体温度普遍要低于冻结管环外土体，这主要是因为冻结管环内土体随着温度的降低，没有多余热边界条件。因此，J1 与 J3 虽然距离冻结管的距离相等，但 J1 的降

温速度比 J3 的降温速度快,且最终温度比 J3 处的低很多。

测温点 J5～J8 位于圆心与两个冻结管中点的连线上,J6 位于圆边处,J5 位于圆内,而 J7、J8 位于圆外。开始冻结后,J6 处温度下降速度最快,但最终稳定阶段,J5 点处的温度更低,这主要还是由于冻结帷幕内部土体受外界因素影响小,土体温度更低。J7、J8 与 J3、J4 虽然位置有一定的差异,但距冻结帷幕的距离都相同,因此,它们仍有相同的变化趋势及最终稳定温度。

开始冻结后,冻结管温度瞬间变得非常低,而土体温度较高,冻结管与土体之间有着很大的温度梯度,冻结管周围土体的温度快速降低。随着土体温度的逐渐降低,温度梯度减小,土体温度下降速率减小,土体中的水开始冻结,释放潜热,进入降温衰减阶段。随着冻结时间的推移,土体温度持续下降,冷端与土体之间的温差逐渐减小,热交换趋于平衡,土体温度下降缓慢,最终趋于稳定。不同测点的温度变化趋势大致相同,越接近冷源,土体降温速度越快,稳定温度也越低。

2. 冻胀力试验结果及分析

计算出不同代表时刻土体温度场、水分场和冻胀应力场分布,如图 6.27～图 6.29 所示,可以看出,开始冻结后,冻结管附近冻土会产生冻胀力。冻胀力开始较小且比较分散,随着冻结时间推进,冻胀力增大,且随冻土形成逐渐连接成片。由于冻结管周围温度最低,且冻结管对冻土具有约束作用,冻土与冻结管交接位置冻胀力最大。

不同冻结时间下冻胀力检测图如图 6.30 所示,由 J1、J5 可知,冻结开始后,J5 冻胀力首先减小,即发生了"冻结收缩"的现象。这一现象是由于冻结开始后土体孔隙水负压,减小了土体体积,当孔隙水负压引起的体积减小大于水冻结引起的体积增加时,土体总体积减小。在冻结收缩达到临界点后,冻胀量开始增大,初始变化速率很大,最终趋于稳定。

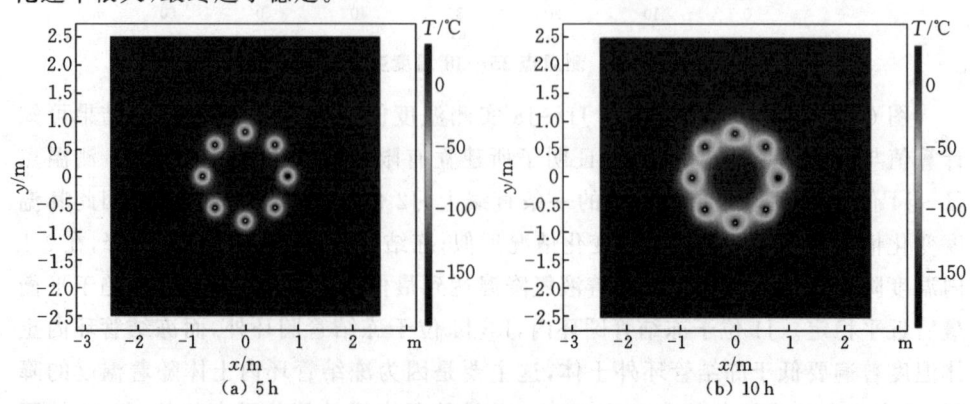

(a) 5 h (b) 10 h

图 6.27　不同冻结时间下土体温度场分布云图

(c) 15 h　　(d) 20 h

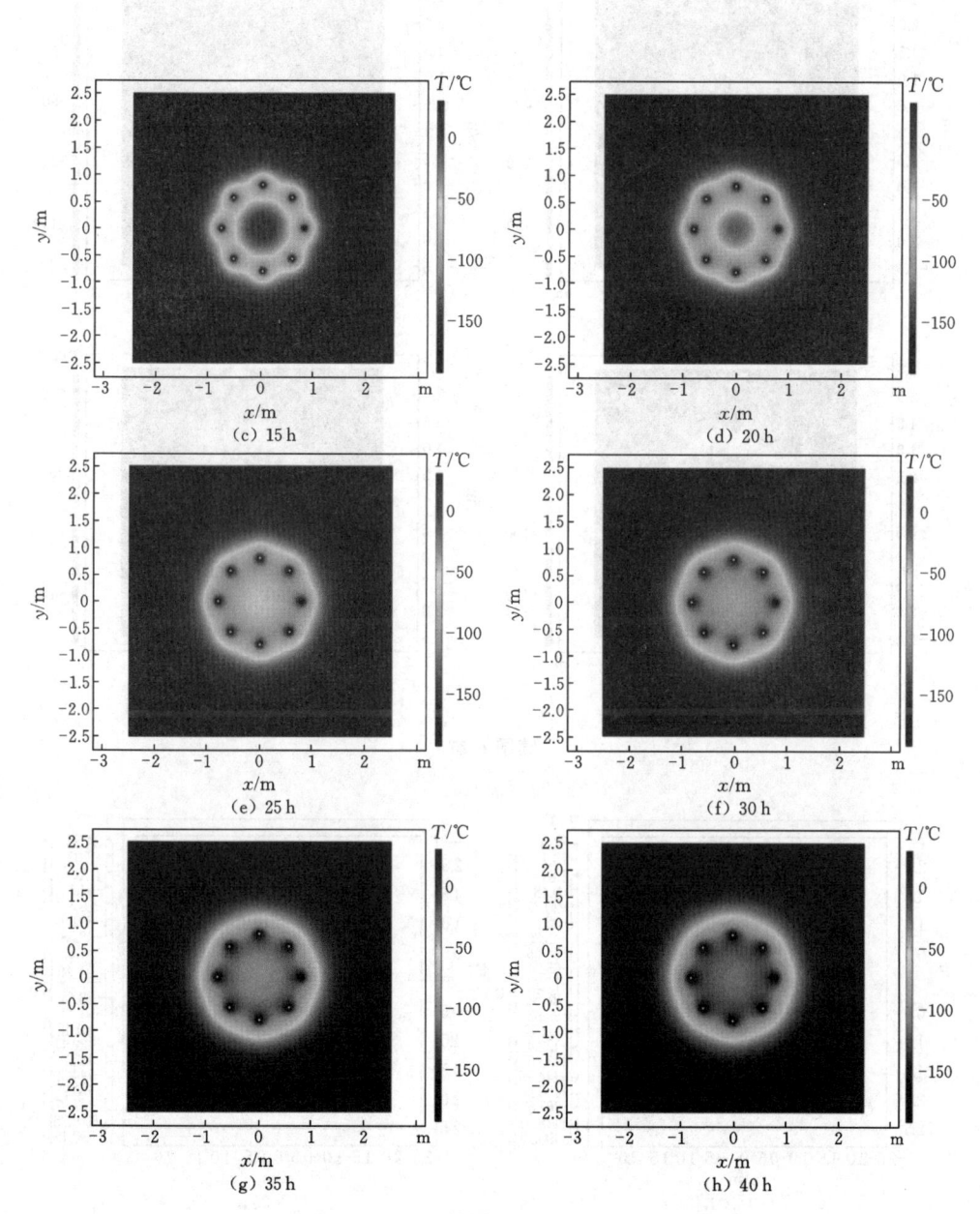

(e) 25 h　　(f) 30 h

(g) 35 h　　(h) 40 h

续图 6.27

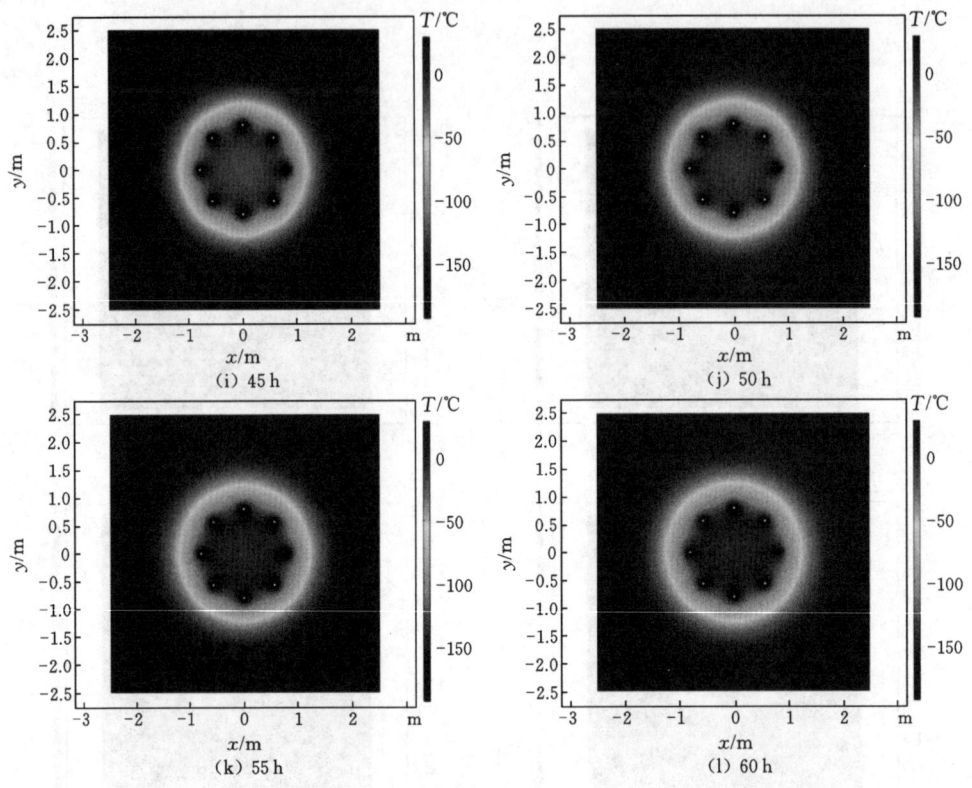

(i) 45 h

(j) 50 h

(k) 55 h

(l) 60 h

续图 6.27

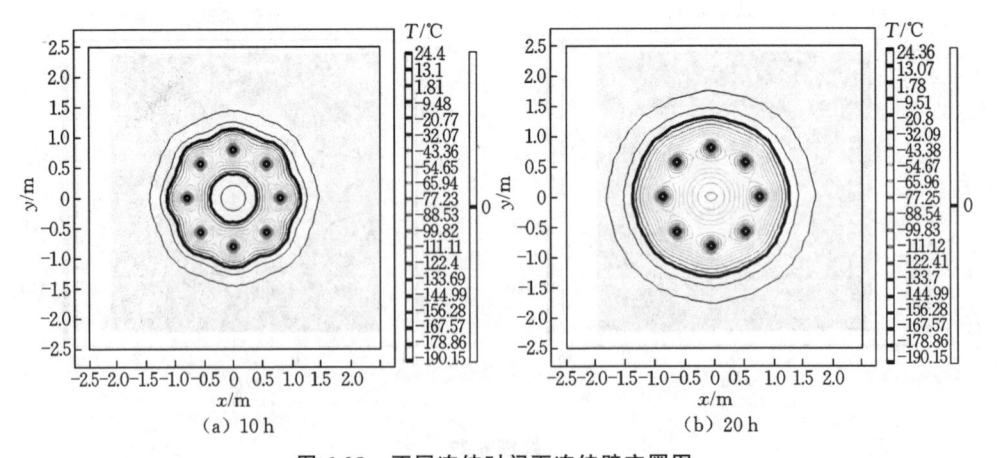

(a) 10 h

(b) 20 h

图 6.28　不同冻结时间下冻结壁交圈图

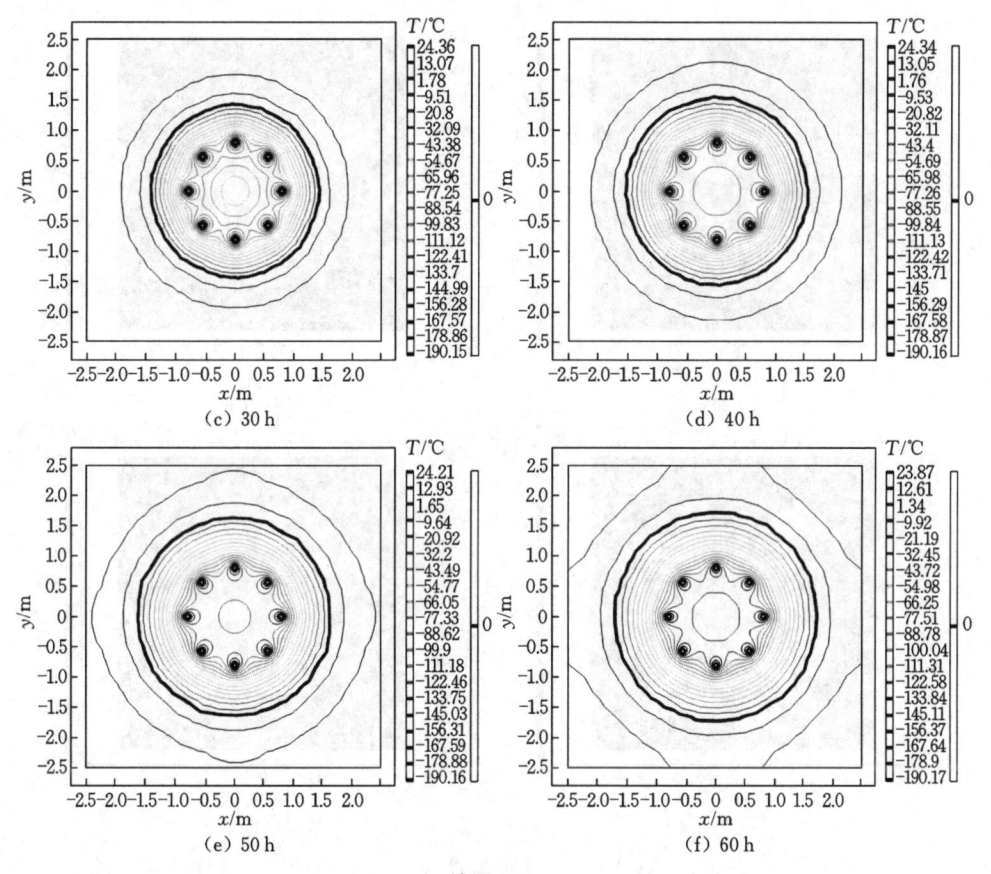

(c) 30 h (d) 40 h

(e) 50 h (f) 60 h

续图 6.28

(a) 10 h (b) 20 h

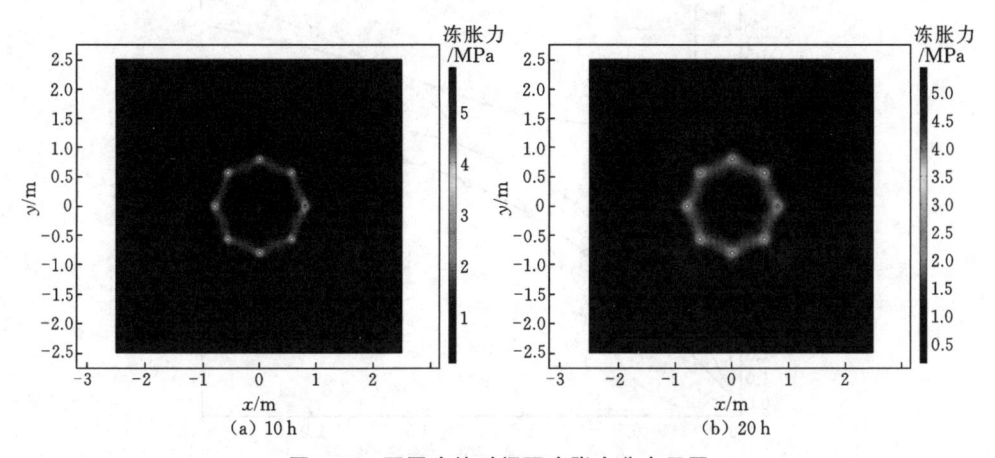

图 6.29 不同冻结时间下冻胀力分布云图

151

(c) 30 h

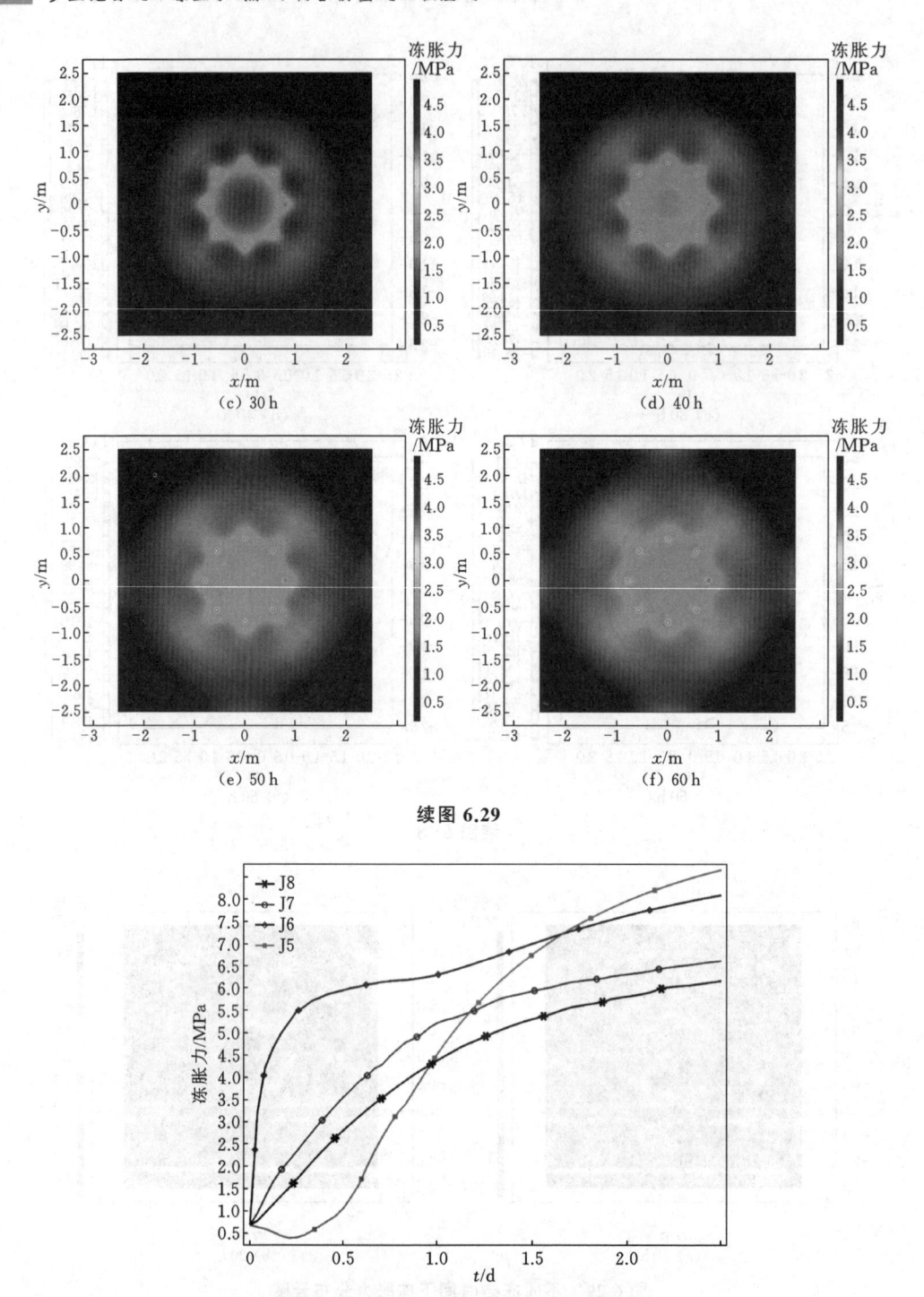

(d) 40 h

(e) 50 h

(f) 60 h

续图 6.29

图 6.30　不同冻结时间下冻胀力监测图

3. 水分场试验结果及分析

冰-水相态随冻结时间的变化与结冰温度等值线图基本一致,区别在于冰水交界面,也即冻结锋面,结冰温度等值线图无法反映出冰水相变区间。图 6.31 为不同冻结时间下土体中的冰-水相态图。从图中可以看出,土体中的水分主要存在形态为液态水及固体冰,而冰与水的交接面则是冰水相变区,所占比例很小,随冻结时间延长,冻结锋面逐渐向外扩展。

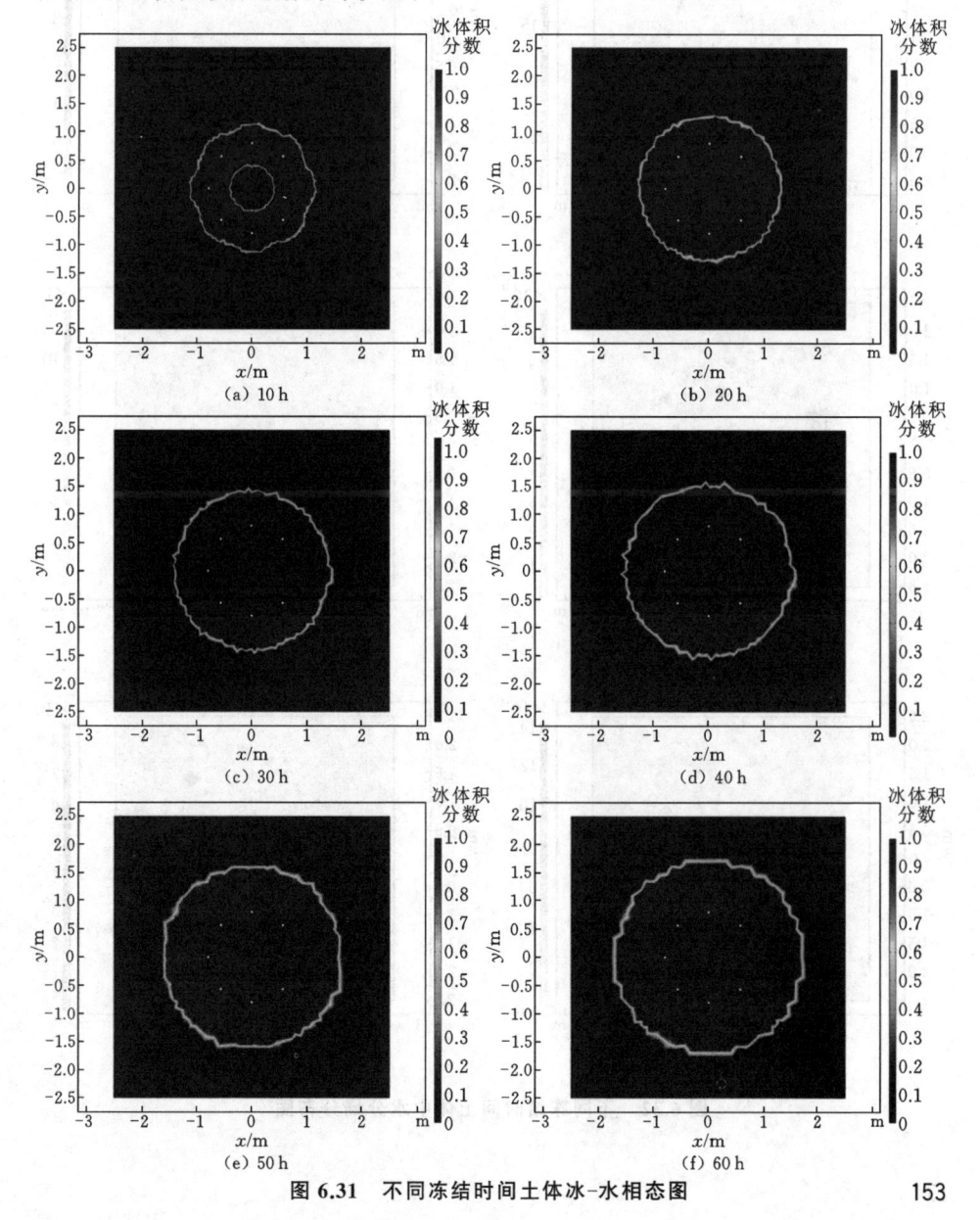

图 6.31 不同冻结时间土体冰-水相态图

在冻结过程中，与冻结管接触处土体最先开始降温，并开始冻结形成冻结缘，在毛细作用和冻结吸引力的影响下，冻结缘上部自由水分逐渐向冻结缘移动，随着持续的冷量传递，冻结缘开始向周边发展，自由水持续向冻结区转移。

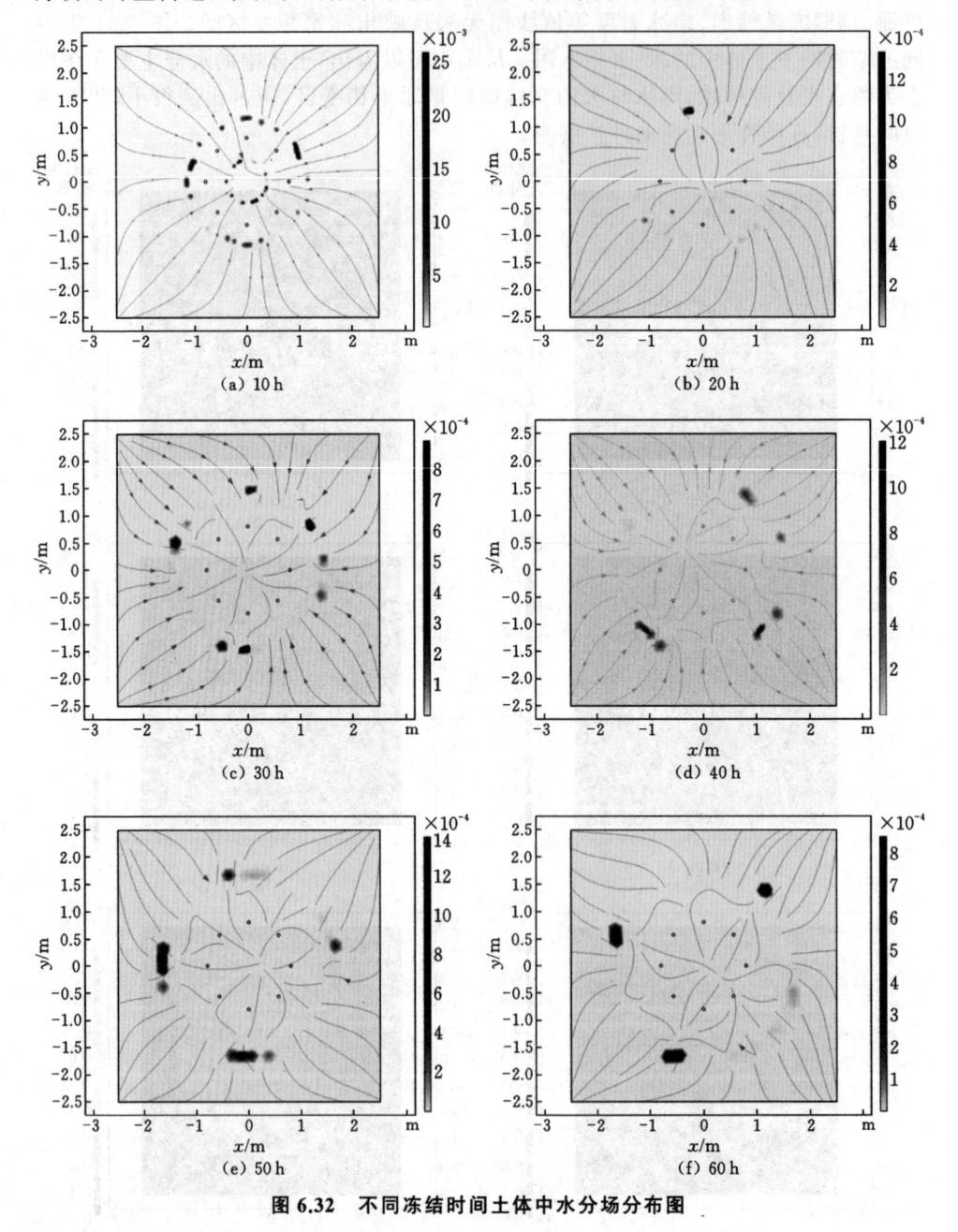

图 6.32 不同冻结时间土体中水分场分布图

6.4 盐水冻结实施方案

6.4.1 制冷系统设计

1. 冷冻机的选择

冻结站需冷量的计算公式为

$$Q = 1.2 \times \pi \times d \times H \times K \tag{6.14}$$

式中：Q 为冻结站需冷量；H 为单个联络通道冻结管总长度；d 为冻结管直径；K 为冻结管散热系数。

2. 冻结站布置与设备安装

根据现场施工条件及实际情况在合适位置设置一个机房冻结站，站内设备主要包括冷冻机组（包含备用）、盐水箱、盐水循环泵（包含备用）、清水泵（包含备用）、冷却塔，设备的型号根据工况确定。机房内设置值班室，机房内所有设备检修后进行喷漆保养施工，采用 50 mm 厚的泡沫隔热材料对盐水管路进行保温。

为了确保机房的散热效果，在机房内安装风机，以确保及时更换热风，保证设备的正常运行。

3. 管路连接、保温与测试仪表

在盐水管道及冷却水管上安装测试部件，如伸缩节、阀门、温度计、流量计等。盐水管道经过试漏和清洗后，采用橡胶材料进行保温，保温层厚度 50 mm，外层用塑料膜包裹。集配液管和冷冻管的连接采用高压软管，在冷冻管的进、出口各安装一只阀，以实现对流量的控制。联络管道中的主要环管以两根串联为一套，其余三根或四根为一套，与管道相连。

在靠近冻结壁的地方铺设保温层，其敷设深度为设计冻结壁外侧 2 m。隔热层为导热系数不超过 0.04 W/m·k 的橡胶绝热材料。

4. 溶解氯化钙和机组充氟加油

盐水（氯化钙溶液）的比重是 1.25～1.26，用清水填满系统管路，把氯化钙放入储盐容器（加过滤器）中，打开盐水泵，使氯化钙在循环过程中溶解，直到盐水的浓度满足设计要求为止。

对机组进行充氟及冷却装置加注。首先对制冷系统进行检漏,并对其进行氮气清洗,确认没有泄漏后,才进行抽气、注氟、加油。

5. 冻结系统辅助设备

(1) 冻结管一般选用 $\phi 89$ mm×8 mm 或 $\phi 108$ mm×8 mm 钢管,采用丝扣连接。

(2) 测温孔管浅孔可选用 $\phi 45$ mm,深孔可用 $\phi 89$ mm×8 mm 或 $\phi 108$ mm×8 mm 的钢管。

(3) 供液管可选用 $\phi 48$ mm×4 mm 钢管,采用焊接连接。

(4) 盐水干管和集配液管可选用 $\phi 273$ mm×4.5 mm 的钢管。

(5) 清水干管可选用 $\phi 219$ mm×5 mm 的钢管。

6.4.2 冻结施工

1. 施工准备

(1) 工件的加工时间较长,需开工前加工完成。表 6.4 列出了关键的加工零件。

(2) 设置机房,进行物料处理等作业。

(3) 为了保证冻结孔的施工、冻结系统的运行和挖掘施工的顺利进行,需铺设电力电缆。

(4) 如果有必要,则在冻结孔内安装施工脚手架。

表 6.4 主要加工件一览表

序号	加工件名称	单位
1	钻头组合	套
2	冻结管(兼作钻杆)	m
3	孔口管	个
4	上堵头用接长杆	m
5	堵头	个

续表

序号	加工件名称	单位
6	盐水干管、集配液管	套
7	冻结管头部	个
8	冷却塔水箱	个
9	盐水箱	个
10	预应力支架	榀

2. 冻结孔施工

1）施工工序

冻结孔施工工序为：定位开孔→安放孔口管→安放孔口装置→钻孔→测量→封闭孔底→压力测试。在对冻结孔进行定位前，应与甲方及第三方机构共同进行精确验证，为后续的定位开孔工作提供精确的数据支撑。

以隧道冻结施工为例，具体操作如下。

（1）定位开孔及孔口管安装：根据设计在隧道内用全转仪定好各孔位置，根据孔位在混凝土管片和钢管片上定位开孔，分述如下。

在钢管片上，要注意孔口管的安装，避开钢管的接缝。孔口管的安装方法为：先把孔口处处理平整，用焊接的方式把空管和钢管连接起来，把孔口管所处的钢管片隔仓用快干水泥填满，把球阀装在孔口管的法兰上，在球阀外面装上加压装置，再用钻机的钢钻头把钢管片打穿，一旦有涌砂，立即关闭闸门。

在混凝土管片上，要注意的是，孔位要避开混凝土管片中的钢筋，然后用开孔器（配金刚石钻头）在设计的角度上钻孔，钻孔的直径是 146 mm，挖到 250 mm 以后，就停止取心，并安装孔口管。孔口管的安装方式是：先把孔口处凿平，安好四个膨胀螺钉，在孔口管的鱼鳞扣上缠绕麻丝或者棉丝等密封垫，把孔口管打入，用膨胀螺钉拧紧，拧紧后，将螺帽卸下，装入球阀，再把球阀打开，用开孔器在球阀内部进行第二次开孔，孔径为 133 mm，直到混凝土管片出现涌砂时，立即关闭闸门。

（2）孔口装置安装：将孔口装置用螺丝固定在闸阀上，并要加好密封垫，见图 6.33。

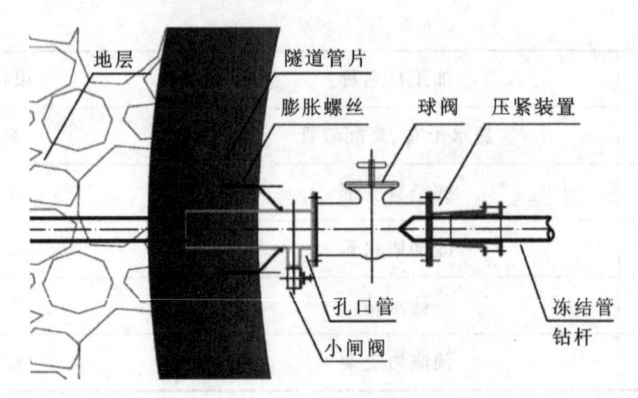

图 6.33 孔口密封装置示意图

(3) 钻孔:根据设计要求,对钻机的位置进行调节,将钻头放入孔口设备中,将 1.5 英寸①的阀门连接到孔口设备上,把盘根轻轻地压在盘根箱中,先采取干钻进,在钻进艰难无法前进时,从钻机上进行注水钻进,在此过程中,把小阀门打开,观察出水和出砂的状况,用阀门的开关来控制出浆量,确保地面安全,不出现沉降。

(4) 封闭孔底:用丝栓将孔底封住,其方法是用接长棒将丝栓上至孔底,用反扣法在卸扣时,将丝栓塞紧。

(5) 打压测试:封闭好孔口,用加压泵向孔中注水,直到压力大于 0.8 MPa,且不小于被冻采工作面盐水压力的 1.5 倍时停压,关闭阀门,观察压力的变化,30 min 之内没有任何变化即为合格。

2) 钻孔偏斜

(1) 冻结孔的位置偏差应在 100 mm 以内,且要避开管片接头、螺栓、钢筋及钢管片肋等部位。

(2) 冻结孔(冻结孔成孔轨道至设计轨道间距)最大容许误差为 250 mm。

3) 钻孔控制

(1) 在水平钻进过程中,由于钻具自身重力的作用,钻头前端会出现向下的现象;当钻头顺时针转动时,会受到右旋的作用力,从而引起钻孔倾斜。所以,在确定开孔角时,要结合前人的经验和试验的结果,对开孔的方位角和垂向角在实际测量的基础上进行适当的修正。

---

① 1 英寸≈2.54 cm。

(2) 采用同直径套管一次性跟管钻进,要灵活把握"中小水量,低速,中低压,快进"的原则。钻孔压力一般在 800~1600 kPa;转速为 40~60 rpm/min(在砂土中取较小的数值,在黏土中取较高的值,最大不超过 100 rpm/min)。

(3) 水平钻进,较大的岩屑容易沉降到钻具的底部,造成钻孔上仰或左右偏斜。因此钻进过程中:①要加强对钻井液的质量控制;②要控制好泵压和泵量,确保钻头在强大的悬浮力作用下,将岩屑从钻孔中运出;③针对不同的地层,调节并控制钻压、钻速,并保持适当的快进。

(4) 对于邻近地层接壤处,钻孔时应采用压力较小、缓慢回转的方式,遇到问题要谨慎对待,切勿盲目增压,加大转速。

(5) 对塑性条件较差的地层,钻孔时要用较小的压力和较少的水量,采用慢转速,快给进的钻进方法。

4) 冻结孔钻进与冻结管设置

(1) 以冻结管为钻杆,冻结管为螺纹连接,辅之以焊接,保证同心度及焊接强度。

(2) 在钻孔期间,对钻孔倾斜进行严密的监控,如有偏差,应立即纠正。下完冻结管后,重新测量冻结管的长度,用经纬仪测斜,作出钻孔偏斜图。

(3) 冻结管安装完成后,将其与管片间的缝隙用封塞剂进行封堵。

(4) 将供液管放入冷冻管中,再将冷冻管端盖及去、回路羊角焊接。

(5) 在冻结孔施工过程中,土层流失量不能超过冻结孔容积,如有必要,必须立即注浆,以控制地层沉陷。

3. 积极冻结与维护冻结

在设备安装完成后,开始试运行。在试运行过程中,应随时调整各种参数,如压力、温度等,以保证机组在相应的工艺规范及设备的技术参数下正常工作。当制冷系统工作正常后,就会进入主动制冷状态。

盐水降温按预计降温曲线(图 6.34)进行,严禁直接把盐水降到低温进行循环。要求冻结孔单孔流量不小于 5 m³/h,积极冻结 7 d 盐水温度降至 −18 ℃ 以下,积极冻结 15 d 盐水温度降至 −24 ℃ 以下;开挖时盐水温度降至 −28 ℃。如盐水温度和盐水流量达不到设计要求,应延长积极冻结时间。

在积极冻结过程中,通过现场实测盐水、测温孔温度及泄压孔压力等,对冻土帷幕进行判定,并通过计算冻结壁的平均发展速率,确定冻结壁的厚度。根据相关标准及以往经验,冻土平均温度在-10 ℃,冻土交界面的温度在-5 ℃时冻结壁达到设计厚度具备开挖条件。

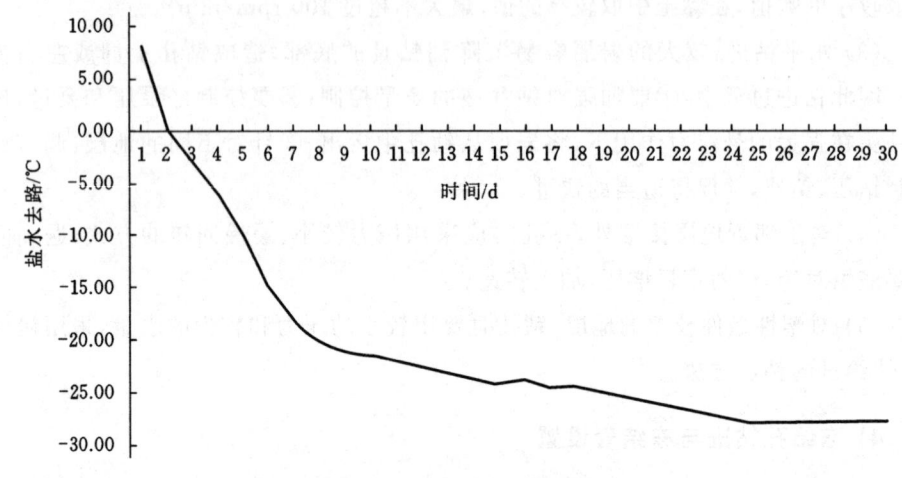

图 6.34 预计盐水降温曲线

在正式开挖之前,先在冻土区进行钻孔,对冻土温度和冻结墙的厚度进行校核,确定其满足设计要求,并且冻结幕内部土体基本没有受压后才能正式开挖。在积极冻结时,需依据现场测温数据,判定其是否相交,是否已达到设计厚度,并对其与周边结构的胶结状况进行监测,通过测温确定冻结帷幕交圈达到设计厚度后,即可进入维护冻结阶段。

维护期间控制冻结温度低于-25 ℃,在开挖和主体结构施工的整个过程中都要进行冻结。

4. 温度检测

(1) 测温孔布置。为实时掌握冻结帷幕的发展状态,在其内侧及周边设置若干个测温孔,温度测量至少需要 1 h 时测量 1 次。

(2) 其他温度测点布置。采用电子温度测量系统进行温度监控。在进出水回路的盐水干管上装设 1 支温度计,测定干管进、回路中的盐水温度。在各冷冻管内设置测温孔,并装设热电偶测温装置,测定盐水回路的温度。该系统实现了数据的自动检测和自动记录。

(3) 掌子面测温。每开挖 1 m 后,对掌子面的 8 个方位用点温计进行温度测量。

6.4.3 开挖与构筑

1. 开挖条件

在施工前,需要根据测量孔资料、卸压孔压力、钻孔情况等资料,对工程数据进行全面的分析。在确定冻结帷幕的强度、厚度满足设计规定的条件之后,才能进行开挖,具体开挖条件判定如表 6.5 所示。正式开挖前应进行试挖,试挖满足开挖条件后才能正式开挖。

表 6.5 开挖条件判定方法

序号	检测项目		设计要求和标准	试验、检验方法
1	冻结设备	冷冻机	备用冷冻机 1 台	现场检查备用设备是否接入系统,试运转正常
		盐水泵	备用水泵 1 台	
		冷却水泵	备用水泵 1 台	
		供电保证	双回路供电系统正常	
2	冻结运转	系统运行	在 1 个月内未发生停机 24 h 以上的故障	检查冻结运转记录
		盐水管路	未发现冻结管盐水漏失	检查冻结运转记录
		盐水比重	盐水比重为 1.26~1.27	检查冻结运转记录
		盐水干管去回路温差	开挖前一周内盐水干管去回路温差≤1 ℃	检查监测报表
		最低盐水温度	保持在 −28 ℃ 以下	检查监测报表
		积极冻结时间	累计达到设计要求	检查冻结运转记录
3	交圈判定	交圈判定	根据测温资料判定	—
		泄压孔	打开泄压孔,无泥水流出	现场观察连续 12 h
		水平探孔	破门前一天在防护门内未冻区打探孔,孔内未冻土稳定	孔内 12 h 无泥水流出
4	冻土帷幕厚度和平均温度		不小于设计值	按现有测温孔测温结果分析计算,可疑薄弱面打探孔测温

续表

序号	检测项目		设计要求和标准	试验、检验方法
5	应急设备	空压机	—	试运转正常
		潜水泵	—	现场检查,状态完好
		其他设备	千斤顶、电锯、电焊机、冲击钻等	现场检查,状态完好
	应急材料	水泥	现场备袋装水泥	堆放于开挖现场
		黄砂	现场备袋装黄砂	堆放于开挖现场
		黏土	现场备袋装黏土	堆放于开挖现场
		水玻璃	现场备水玻璃	检查现场库房
		木材	松木板材和200 mm×200 mm方木	检查现场库房
		其他材料	聚氨脂	—
6	开挖指令		通过专家会议评估,最后由业主、监理和施工会签字同意	通过上级审批

开挖需要快速开挖施工保证结构稳定。

(1) 在开挖前,做好开挖机械、材料和人员的准备工作,在开挖前对开挖工人进行安全技术交底和紧急情况演练。在施工现场准备好应急物资和设备,具备施工条件后,方可正式开挖。

(2) 员工配备齐全,分工明确,保证时间的有效利用,提高工作的效率,保证施工进度的适时衔接。

(3) 为维持冻结效果,在开挖期间持续积极冻结,保证冻结壁不大范围的温度回升,保证开挖安全。

(4) 配备完善的车辆,确保高效运送,减少等候的时间。

(5) 物资要堆放整齐,通道内不得堆放任何物品,以确保交通顺畅。

(6) 准备好风镐、钎子等耗材,以防止物料短缺和浪费。

2. 开挖及支护方案

开挖方案、排渣和物料输送通道的确定要结合工程的具体条件进行。在地下挖掘工程中,可以使用风镐、铲子和手镐,人工掘出,利用农用三轮车,将工作面的土运到靠近井口的专门的排土箱中,再由龙门吊将其卸到地上。工程材料由起重机吊到井下,再由农用三轮车运送到工作现场。水泥原则上采用商品混凝土,由水泥车运送到井口,再经溜灰管道下到农用三轮车上。在完成了施工准备工作,并通过勘察证实后,才能开始正式挖掘。

支护一般采用二次支护,第一次支护为初期支护,采用钢支架加木背板(图 6.35),第二次支护为永久支护,采用现浇钢筋混凝土。

为了抑制基坑开挖后冻结帷幕的变形发展,需要在开挖结束后及时支护,因此,临时支护不仅是维持地层稳定、保证施工安全的重要技术手段,同时也是永

图 6.35 初期支护安装效果示意图

久性支护的组成部分,是整个支护过程中最关键的一个环节。临时支护一般是由网格状钢架制成,为控制架间冻结幕的变形,降低降温幕的冷耗,全部钢支承架后方都要用木垫板紧密地支承,使其与冻结墙紧密结合,以减小支承间隙,木垫板不得松动,在支承间隙较大时,可在底板上增加垫板的厚度,以增强支护效果。在围护与结构层施工中,在底板与冻土、防水层与结构层间预先埋设注浆管,作为后期的灌浆材料。

3. 施工准备

(1)三通一平。①供水,将水管接送至施工场地;②供电,将电接送至施工场地;③道路,可供 5~10 t 货车出入工地,市内运输,如有需要,须持通行证。

(2)工作平台搭设。按出口尺寸及施工需要,工作平台由开挖平台和一斜坡道构成,主要作为通道材料运输和三轮车换向之用。

(3)初期支护金属支撑架。开挖施工前,按照设计图制作出初期支护网架,开挖步距与初衬格栅钢结构的间距保持一致。在开挖结束后马上开始一次衬砌,在一次衬砌的基础上,在一次衬砌结构与冻结幕之间设置合适的隔热材料(如木底板)来隔离冻结并喷出混凝土,从而实现喷射混凝土的水化。

(4)设备及材料的进场与验收。设备和材料进场后,应由监理验收。设备进场时须出具合格证明、出厂质保书及相关检测报告;根据相关标准规定,对原材料的进场进行见证和测试。

4. 土方开挖

经探孔确认可以正式开挖后,采用矿山法进行暗挖施工。根据工程结构特点,开挖掘进采取分区分层方式进行。

由于土体采用人工冻结法加固,冻土强度较高,冻结帷幕承载能力大,开挖时可以采用全断面一次开挖,开挖步距特殊情况下不大于 0.8 m。在掘进施工中根据揭露土体的加固效果,及时调整开挖步距和支护强度,以确保安全施工。

此外,由于冻土具有较高的强度和较强的韧性,所以需要使用风镐来开挖。为提高掘进速度、减少冻结面的暴露时间,对风镐尖端进行淬火。

在开挖、临时支护期间,通过布置结构内的收敛变形测点,实时掌握冻结帷幕的位移发展速率,并通过调整开挖步距、支护强度等措施,实现对冻结止水位移的有效控制,保证工程的安全与施工进度。

在喷射混凝土前,在临时支护层中预埋 50 mm 焊接注浆管,注浆管端头接管箍,用丝栓封住。在施工期间,要特别注意冻结管道的定位,防止动力工具破坏冻结管道。如果出现冻结器破裂现象,要立即报告冻结站员,将冻结器的阀门关闭,并进行修补。

5. 永久支护

(1) 钢筋绑扎。加强筋间距要严格按照结构设计图来进行,加强筋的搭接长度要满足设计的需要,并且不得小于 35 倍的钢筋直径,加强筋的连接要互相错开。在钢筋混凝土与管片之间的连接部位,应该按照相关规范对钢筋进行焊接,钢筋与钢筋之间的搭接部分要进行 L 形焊接(图 6.36)。

图 6.36 钢筋绑扎图

(2) 立模板。根据结构尺寸定制钢模板,立模采用 16#槽钢制作的碹骨作为模板支撑。碹骨间距为 900~1200 mm,碹骨立设于已浇底板混凝土面上,碹骨底脚处加型钢横撑,以防浇混凝土时侧墙内移,碹骨脚底加垫一层厚 20 mm 的木板防止骨腿下沉。碹骨按中腰线安设并做到牢固可靠。模板就位前,应在模板上均匀涂刷脱模剂,按结构特征顺序安装模板,即先安设两侧墙模板,浇完后再从一端向另一端安齐顶模。检查模板的垂直度、水平度、标高及钢筋保护层的厚度,校正合格后,将模板固定。

(3) 浇筑混凝土。构造层的混凝土选择了商业防水混凝土。如果输送距离较远,且施工工期较长,可采用掺加适量缓凝剂的方法。采用设于工作井的排灰管道,将混凝土送入,并将其输送到工作面,以减少输送时间,避免混凝土的离析及硬化。采用人工方法,将混凝土放入事先准备好的钢模中,然后用插装式振捣棒进行多次均匀地振捣。将已拌好的混凝土通过试模制作成标准样,并在现场进行强度和抗渗性能测试。混凝土的浇筑要尽可能地连续进行,如果有特殊情况不能连续进行,则要在接茬处进行打磨,以保证混凝土的黏结性能。在混凝土结构强度未达70%的情况下,不能拆除模板,必须采用止水钢板或橡胶止水条。

6. 质量控制程序

质量控制程序流程图如图 6.37 所示。

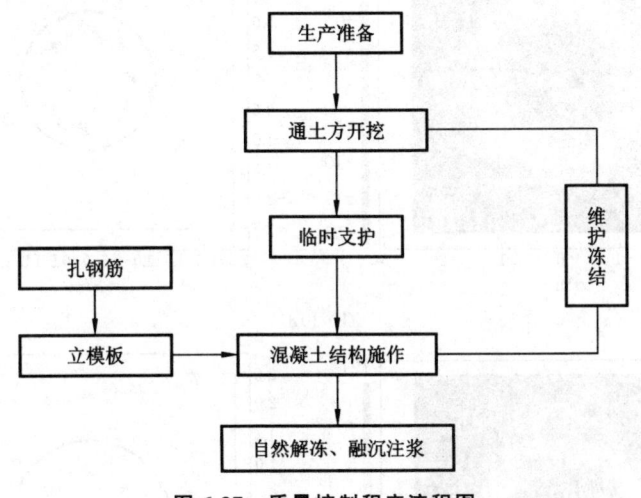

图 6.37 质量控制程序流程图

6.5 盐水冻结与液氮冻结对比

在相同的工况下,将冷媒由液氮替换为盐水,进行盐水冻结计算,并与液氮冻结进行对比分析。盐水冻结时冻结壁的形成速度比液氮冻结慢,因此所需冻结时间较长,计算 30 d 内盐水冻结下土体的温度场,如图 6.38～图 6.40 所示。两种冻结方式冻结帷幕形成速率见表 6.6。

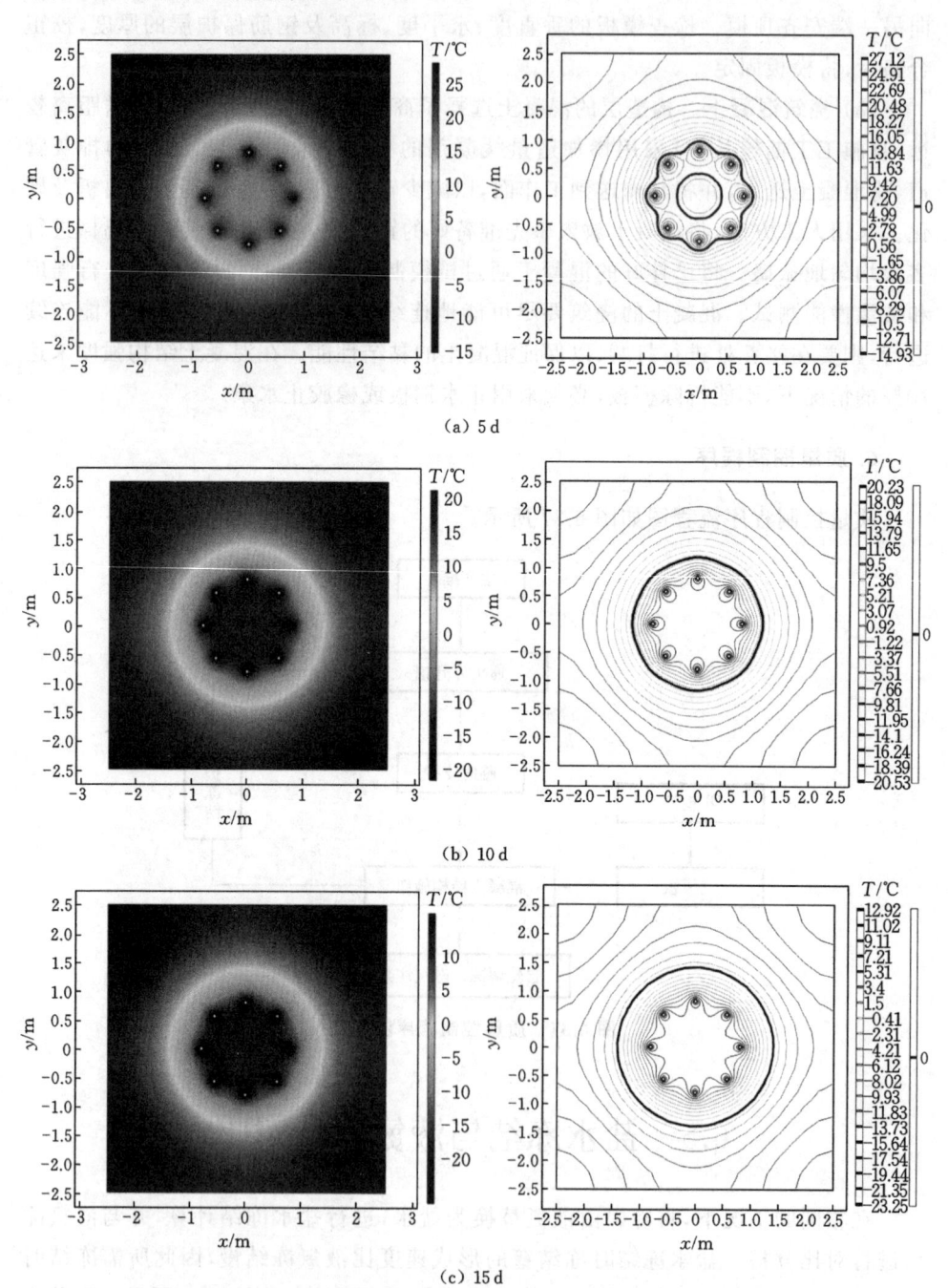

(a) 5 d

(b) 10 d

(c) 15 d

图 6.38　盐水冻结不同冻结时间土体温度场分布图(左)与交圈图(右)

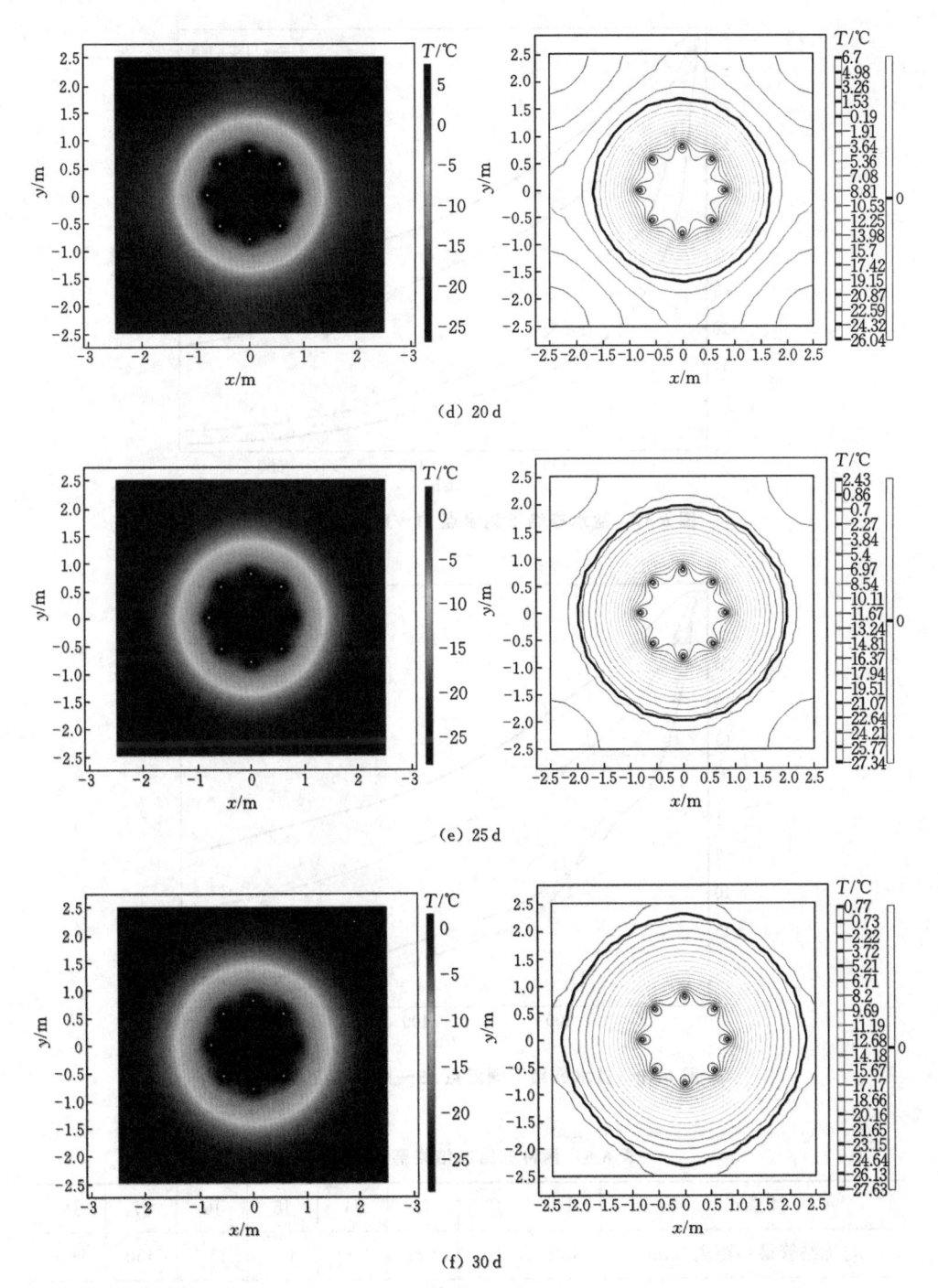

第 6 章 高寒地区原位冻结模型试验与盐水冻结实施方案

(d) 20 d

(e) 25 d

(f) 30 d

续图 6.38

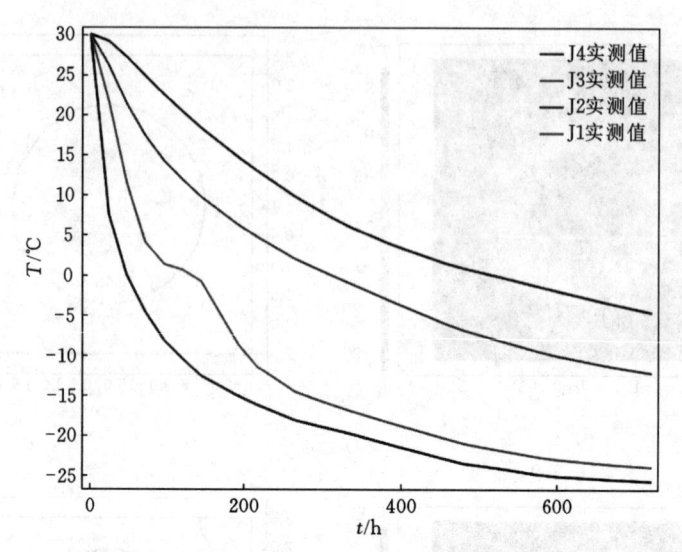

图 6.39 盐水冻结下测温点 J1~J4 温度变化曲线

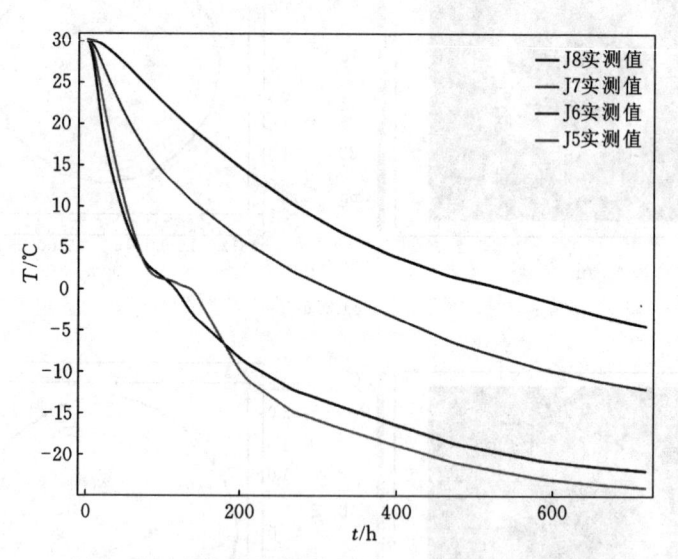

图 6.40 盐水冻结下测温点 J5~J8 温度变化曲线

表 6.6 两种冻结冻结帷幕形成速率

测温点	J1	J2	J3	J4	J5	J6	J7	J8
与冻结管最小距离/mm	400	10	400	800	450	150	450	900

续表

测温点		J1	J2	J3	J4	J5	J6	J7	J8
液氮冻结	达到0℃小时数/h	8	0.1	18	60	9	3	23	70
	发展速率/(mm/h)	50	100	22.2	13.3	50	50	19.6	12.9
盐水冻结	达到0℃小时数/h	175	20	310	530	175	120	310	530
	发展速率/(mm/h)	2.3	0.5	1.3	1.5	2.6	1.3	1.4	1.6

由表6.6可见，液氮冻结效果好于盐水冻结。液氮冻结是一种较新型的人工冻结技术，液氮冻结取消了三大循环系统，不需冻结站，只需液氮冻结设备，即贮存槽、输送槽车和管路，安装较易，冻结系统简单。氮气是一种无色无味的气体，在常温常压下没有毒性。在大气压力下冷却到-195.8 ℃会变成无色透明的液态氮，在-210.1 ℃时变成一种像雪花一样的固态。液氮非常稳定，它不会与其他物质发生化学反应。在大气压下，液氮的汽化温度是-195.8 ℃，蒸发潜热是161.2 MJ/m^3，恒定压力比热是1.03 kJ，由其沸点至-20 ℃的结冰终点温度所产生的制冷能力是383.1 kJ/Kg。

土层液氮冻结系统简单，使用设备少，具有冻结速度快、温度低等特点，并且对周围环境无污染。因其具有这些优点，液氮冻结常在地下工程修复、地下工程止水、紧急抢险工程事故等方面发挥重要作用。

在竖井的开挖施工过程中，不可避免地会存在地质条件复杂、围护结构质量缺陷问题，容易出现围护结构渗漏水及涌水、涌砂现象，当应急降水、坑外注浆加固、围护结构补强等措施无法实施时，采用液氮快速冻结加固技术对渗漏点周围土体进行加固，快速形成临时冻结帷幕，往往可以达到快速、高效处置险情的效果。

6.6 本章小结

本章开展了高寒地区原位冻结模型试验，模型试验采用液氮冻结。开展相似准则的推导，确定模型试验相似比。确定模型尺寸及主要参数，设计液氮制冷系统及温度、水分、位移测试系统，并开展液氮冻结试验。待冻结完成后进行土体的开挖、衬砌的构筑，对试验结果进行分析总结，对盐水冻结施工方案进行归纳总结。得到的主要成果如下：

（1）依据相似定理开展温度场、水分场、应力场、位移场相似准则的推导，得出竖井冻结模型试验和原型的相似关系。

(2）设计现场原位竖井冻结方案，包括冻结壁设计厚度、冻结管的数量和布置形式、配液管及冻结器的设计、制冷系统的选择、测试及采集系统的选择和布置等。

（3）开展现场原位竖井液氮冻结试验，包括冻结管的原位安装，温度传感器、水分传感器、位移计的布设，冻结管与液氮制冷系统的安装连接，开始冻结后数据的采集，竖井的开挖与衬砌的安装等。

（4）对所采集试验数据进行整理分析，并开展竖井冻结工程水-热-力耦合计算分析，分别研究温度场、水分场、应力场等的发展规律，并与实测值进行对比分析。

（5）针对常见盐水冻结工程，从制冷系统的设计、冻结的主要施工过程、开挖与构筑的方案等进行整理归纳，为竖井冻结工程的安全施工提供指导。

第7章 优化设计及信息化施工管理

随着时代的发展,技术的进步,信息化施工技术不再仅仅指施工时的监控量测或施工参数的调整改变,而是集监控量测技术、无线电通信技术、电子控制技术、计算机技术等于一体的综合化信息搜集—反馈—调整—优化—预测系统。然而关于人工冻结法的信息化施工管理鲜有报道,本章以国内最长人工冻结法施工地铁联络通道工程为背景,进行渗流条件下冻结孔优化设计分析,为冻结工程冻结管的布置提供可靠依据。同时参数化水-热-力多物理场有限元计算模型,使用人员只需改变个别研究参数便可实现专业化有限元分析计算,可以极大地提高模型的实用性。针对冻结工程实际施工情况,建立动态监控量测系统和反馈调节系统,可以实时掌握钻孔情况、温度、变形情况,并可根据当前状况及时进行参数调整以保证冻结工程的安全高效施工。最后,建立可视化交互式信息化施工管理系统,可以实现参数的调整计算、关键结果信息以云图及视频的方式展现、计算值与实际监测值的对比分析等功能。

7.1 渗流条件下冻结孔优化设计

基于冻结工程实际地质情况,首先开展渗流条件下冻结孔优化设计,研究单排冻结管在不同渗流速度、冻结管间距、冻结管直径等因素影响下,不同冻结时间冻结帷幕的发展情况;以及双排冻结管在渗流条件下,第一排冻结管间距、第二排冻结管间距、两排冻结管排间距对冻结帷幕发展的影响情况。两种情况下冻结孔的布孔方式及对应的研究路径如图7.1所示。研究路径1、3垂直于成排冻结孔,穿过中间冻结孔,用于研究冻结帷幕的最大发展厚度;研究路径2为中间冻结孔沿单排冻结孔方向,用于研究冻结管之间温度场情况;研究路径4为两排冻结孔中间方向,用于研究冻结帷幕内部纵向温度场情况。

7.1.1 单排冻结孔优化设计分析

1. 工况1

工况1冻结管直径为89 mm,冻结管间距为900 mm,流速$v=0$ m/d。

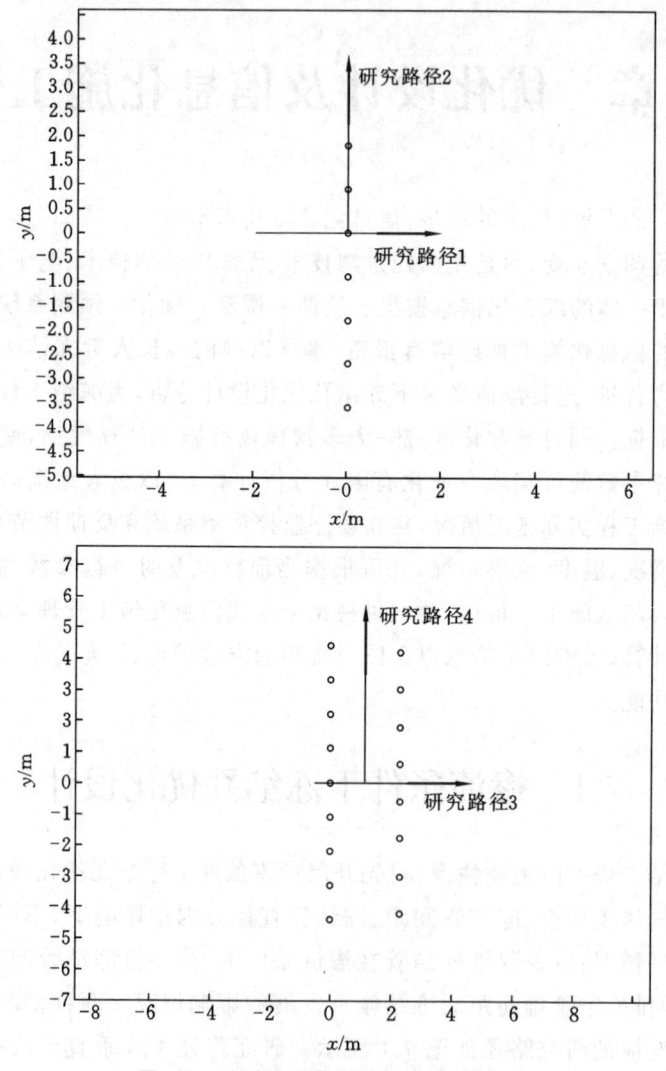

图 7.1 冻结孔位置及研究路径示意图

工况 1 的温度场云图和温度等值线图如图 7.2 和图 7.3 所示,沿研究路径 1 与研究路径 2 不同冻结时刻温度场变化曲线如图 7.4 所示,通过图 7.4 可以获得冻土交圈情况以及冻结壁不同时刻具体厚度值。

2. 工况 2

工况 2 冻结管直径为 89 mm,冻结管间距为 900 mm,流速 $v=1$ m/d。

(a) 10 d

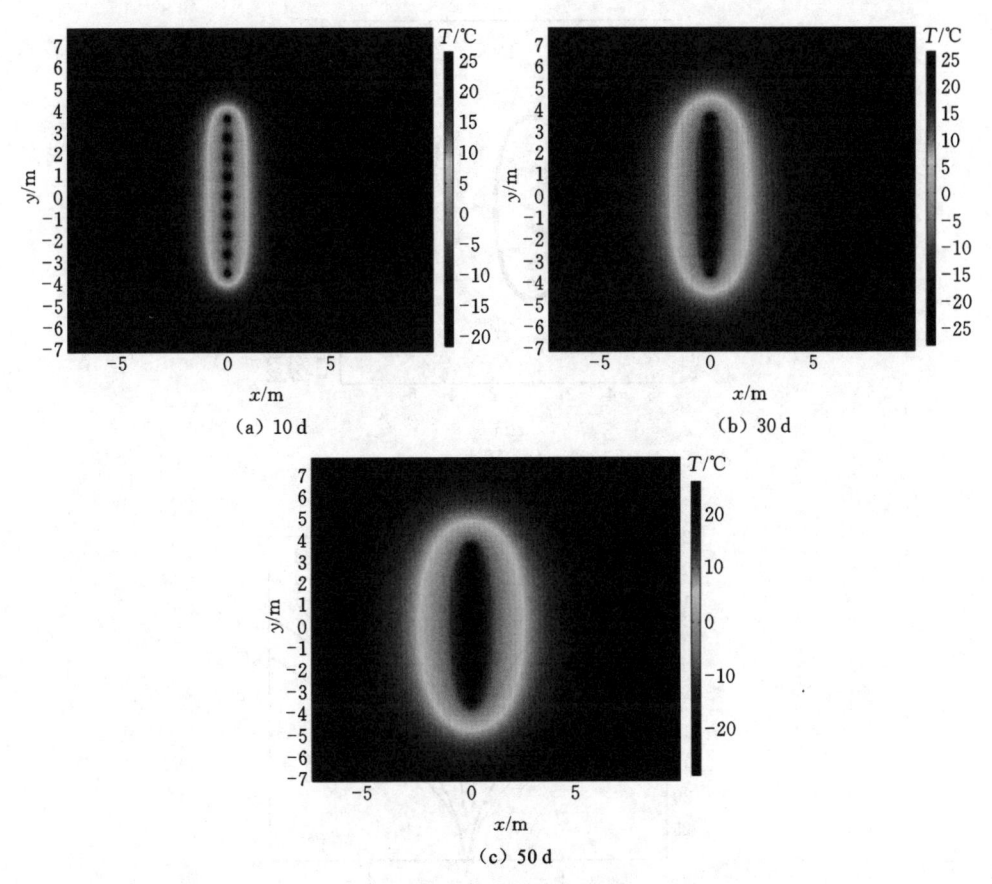

(b) 30 d

(c) 50 d

图 7.2　工况 1 温度场云图

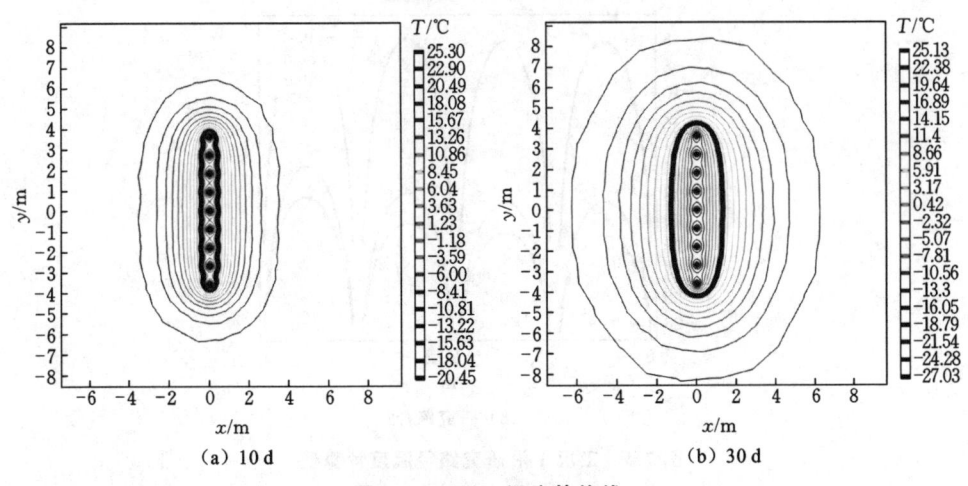

(a) 10 d

(b) 30 d

图 7.3　工况 1 温度等值线

(c) 50 d

续图 7.3

(a) 研究路径1

(b) 研究路径2

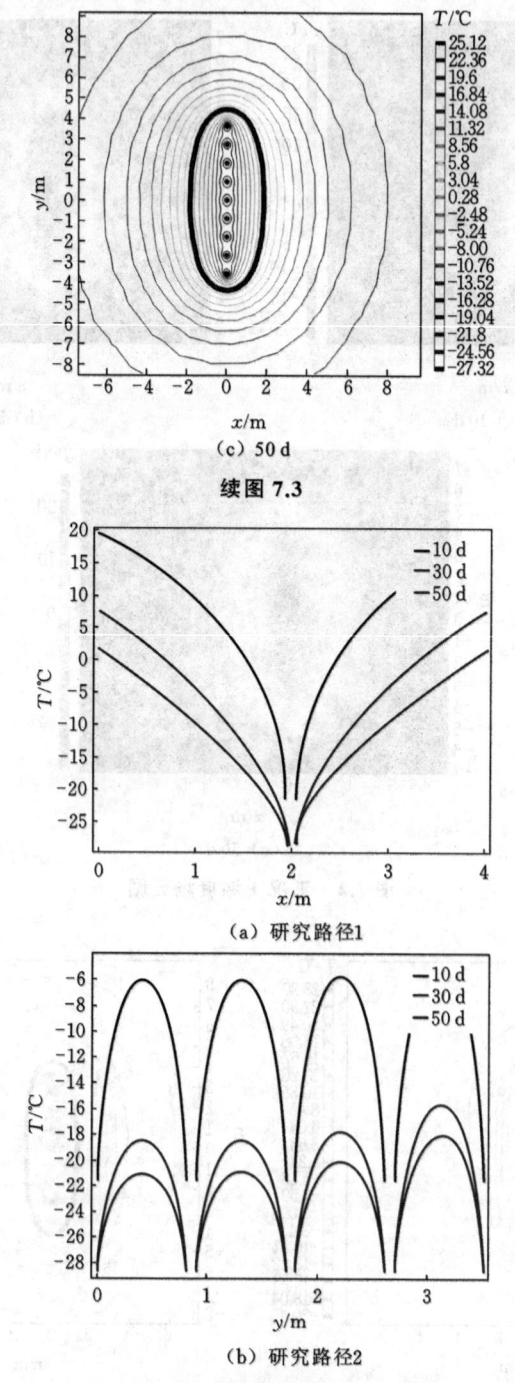

图 7.4 工况 1 沿研究路径温度计算值

工况 2 的温度场云图如图 7.5 所示，温度等值线如图 7.6 所示，沿研究路径温度曲线如图 7.7 所示。

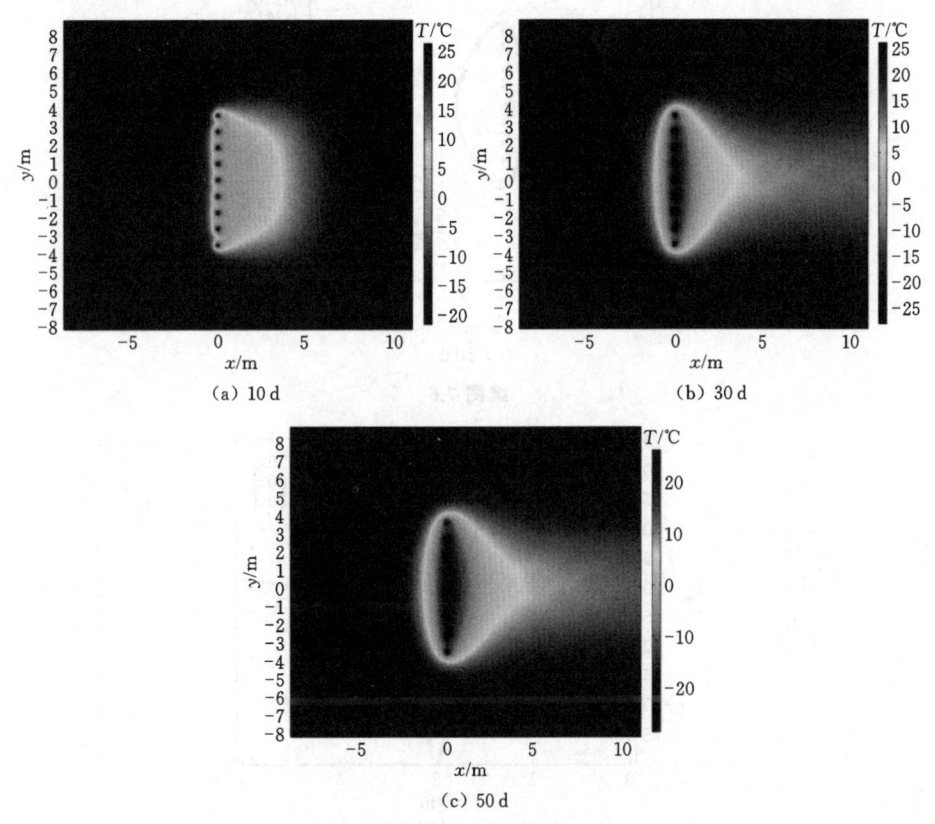

(a) 10 d

(b) 30 d

(c) 50 d

图 7.5　工况 2 温度场云图

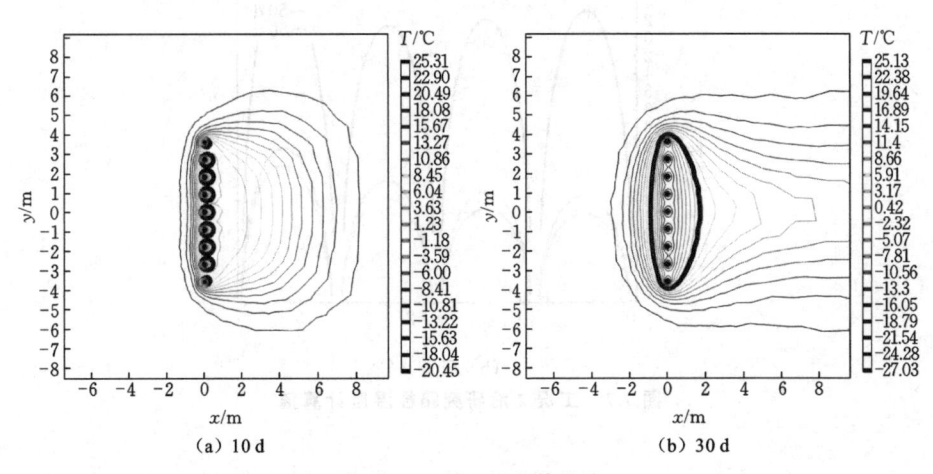

(a) 10 d

(b) 30 d

图 7.6　工况 2 温度等值线

（c）50 d

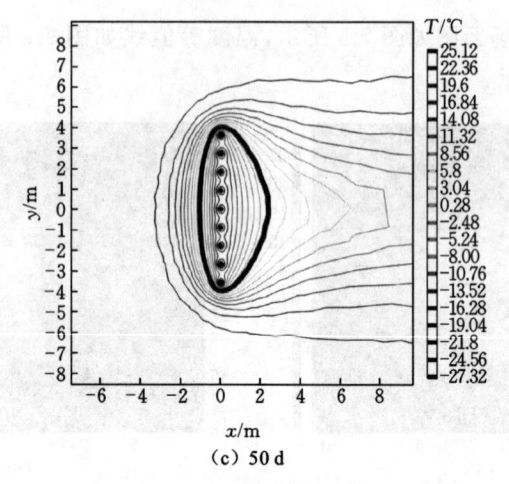

续图 7.6

（a）研究路径1

（b）研究路径2

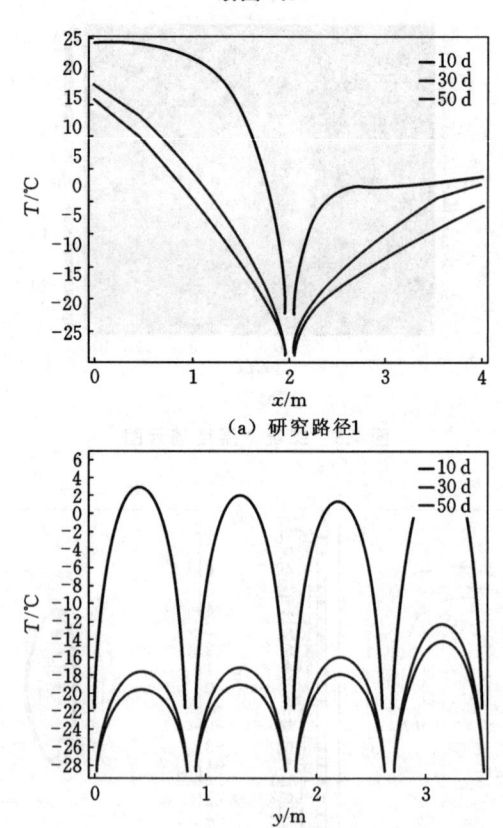

图 7.7 工况 2 沿研究路径温度计算值

3. 工况 3

工况 3 冻结管直径为 89 mm，冻结管间距为 900 mm，流速 $v=3$ m/d。

工况 3 的温度场云图如图 7.8 所示，温度等值线如图 7.9 所示，沿研究路径温度曲线如图 7.10 所示。

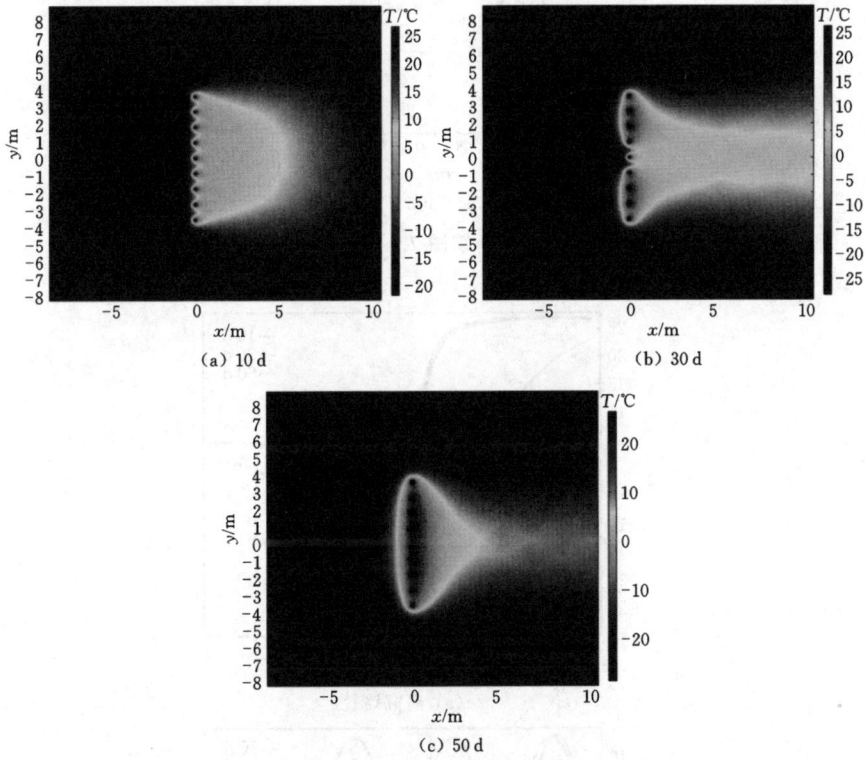

图 7.8 工况 3 温度场云图

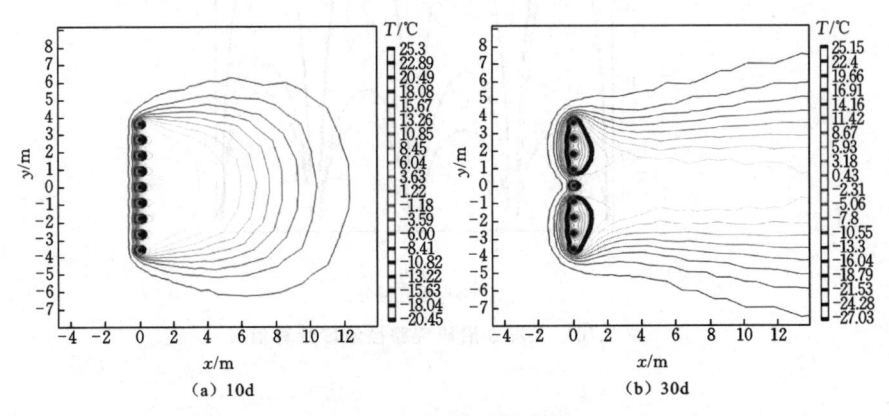

图 7.9 工况 3 温度等值线图

(c) 50d

续图 7.9

(a) 研究路径1

(b) 研究路径2

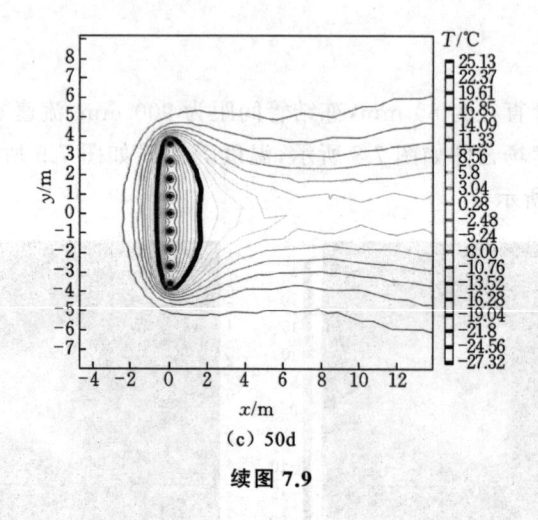

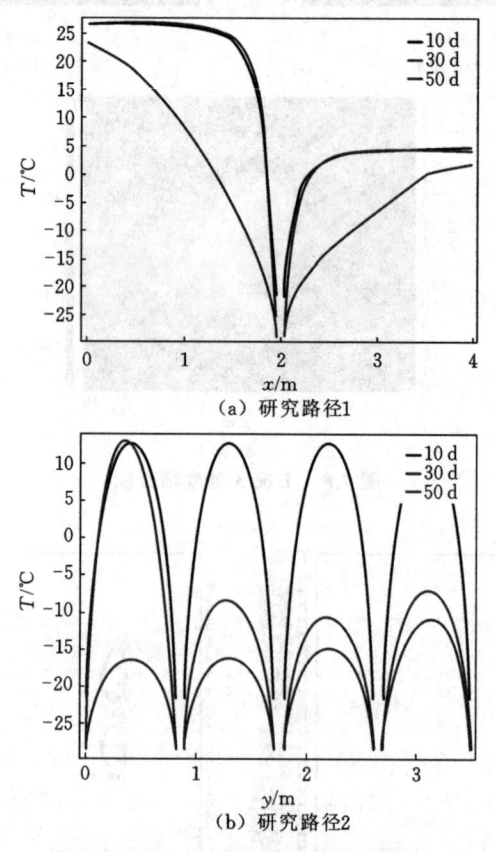

图 7.10 工况 3 沿研究路径温度计算值

4. 工况 4

工况 4 冻结管直径为 89 mm，冻结管间距为 900 mm，流速 $v=5$ m/d。

工况 4 的温度场云图如图 7.11 所示，温度等值线如图 7.12 所示，沿研究路径温度曲线如图 7.13 所示。

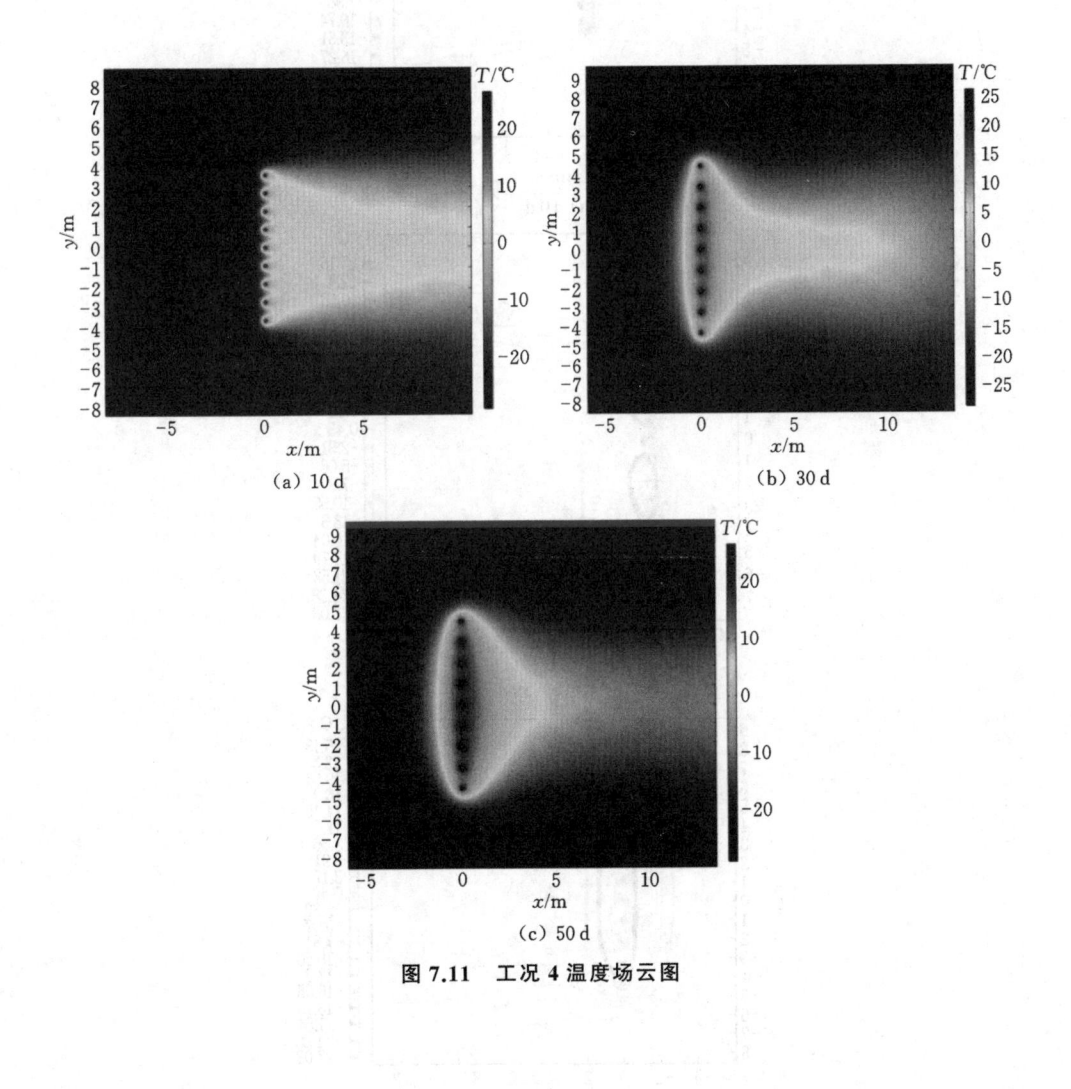

图 7.11 工况 4 温度场云图

(a) 10 d

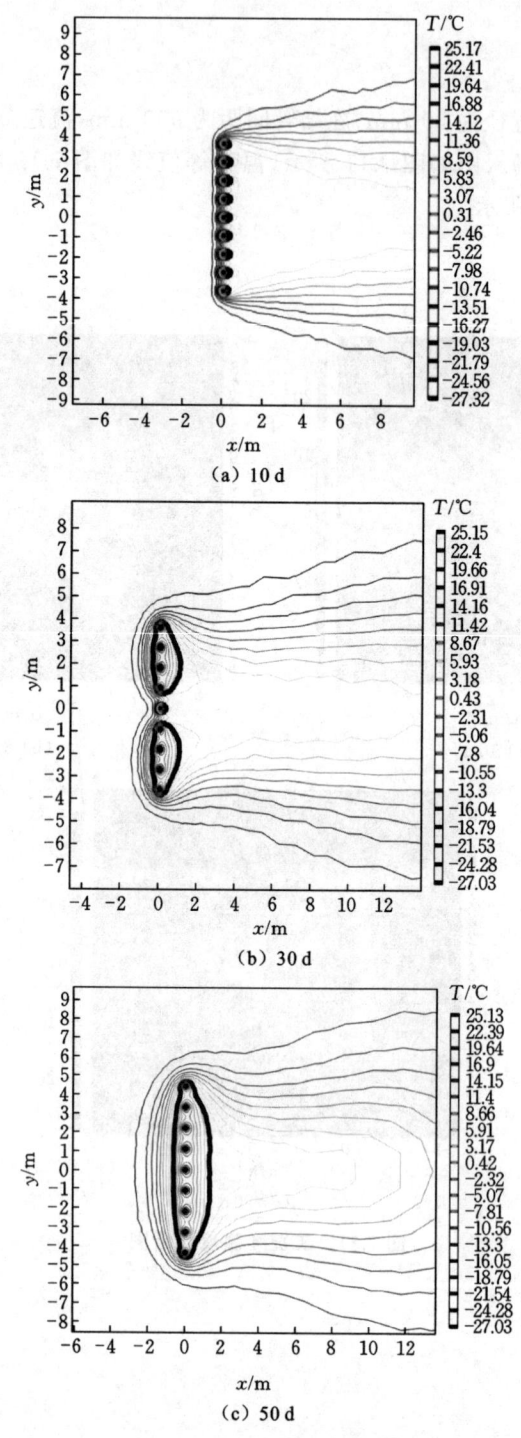

(b) 30 d

(c) 50 d

图 7.12 工况 4 温度等值线图

(a) 研究路径1

(b) 研究路径2

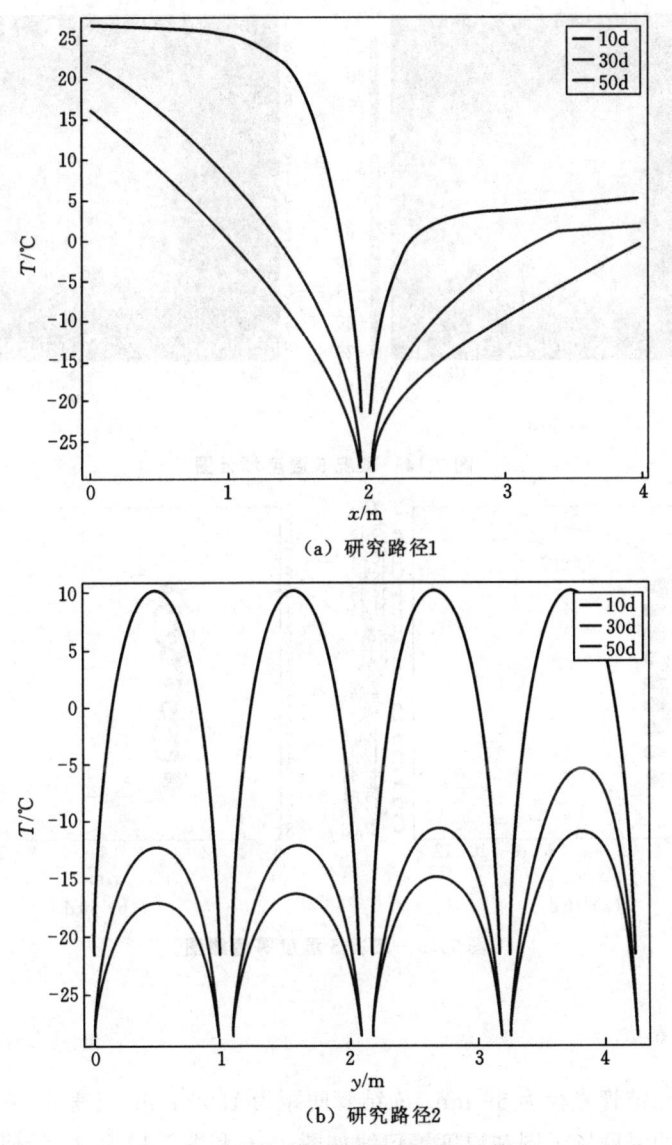

图 7.13　工况 4 沿研究路径温度计算值

5. 工况 5

工况 5 冻结管直径为 89 mm，冻结管间距为 900 mm，流速 $v=7$ m/d。
工况 5 的温度场云图和温度等值线如图 7.14 和图 7.15 所示。

(a) 30 d　　　　　　　　　(b) 50 d

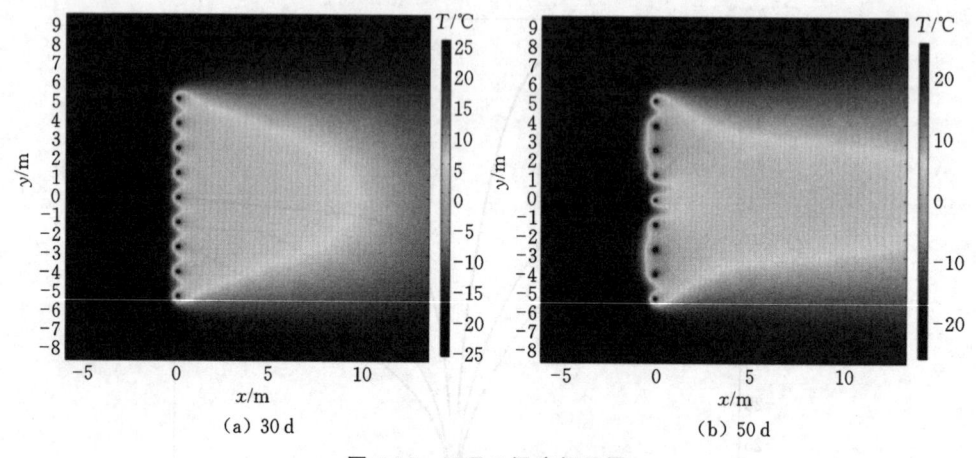

图 7.14　工况 5 温度场云图

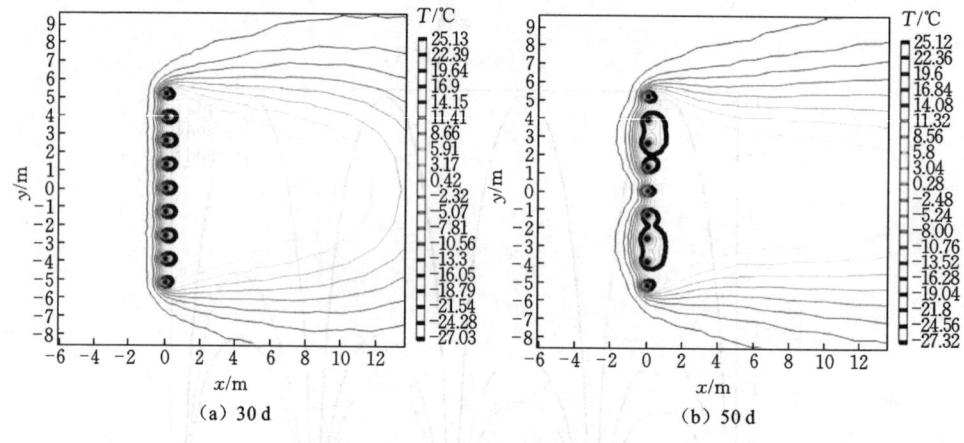

(a) 30 d　　　　　　　　　(b) 50 d

图 7.15　工况 5 温度等值线图

6. 工况 6

工况 6 冻结管直径为 89 mm，冻结管间距为 1300 mm，流速 $v=0$ m/d。

工况 6 的温度场云图和温度等值线如图 7.16 和图 7.17 所示，沿研究路径温度计算值曲线如图 7.18 所示。

7. 工况 7

工况 7 冻结管直径为 108 mm，冻结管间距为 1325 mm，流速 $v=0$ m/d。

工况 7 的温度场云图和温度等值线如图 7.19 和图 7.20 所示，沿研究路径温度计算值曲线如图 7.21 所示。

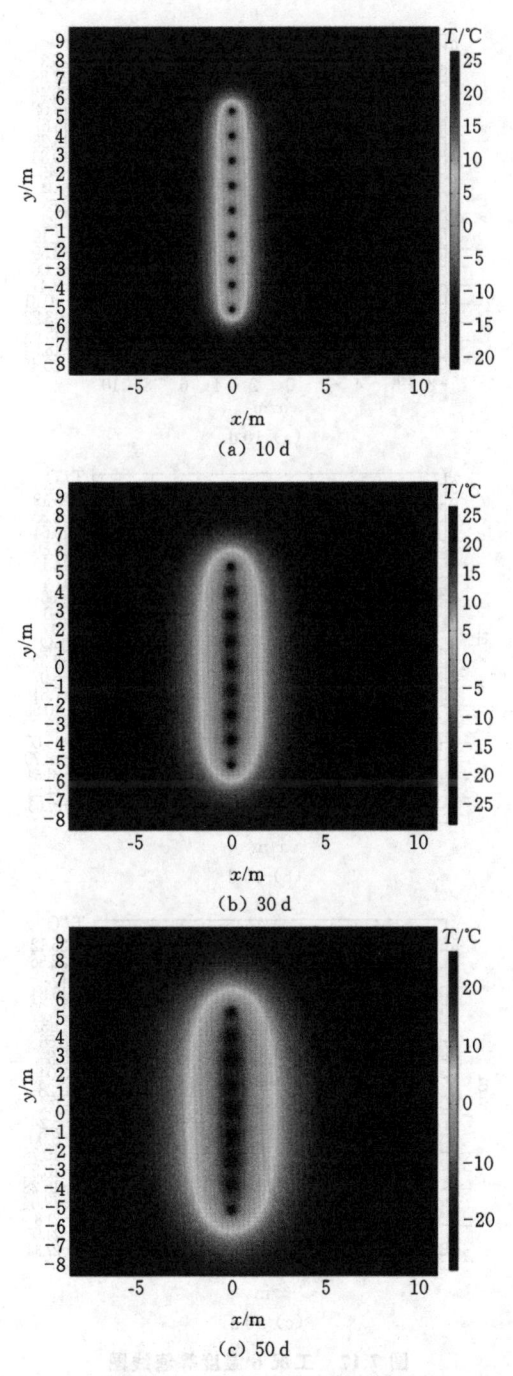

第 7 章 优化设计及信息化施工管理

(a) 10 d

(b) 30 d

(c) 50 d

图 7.16 工况 6 温度场云图

(a) 10 d

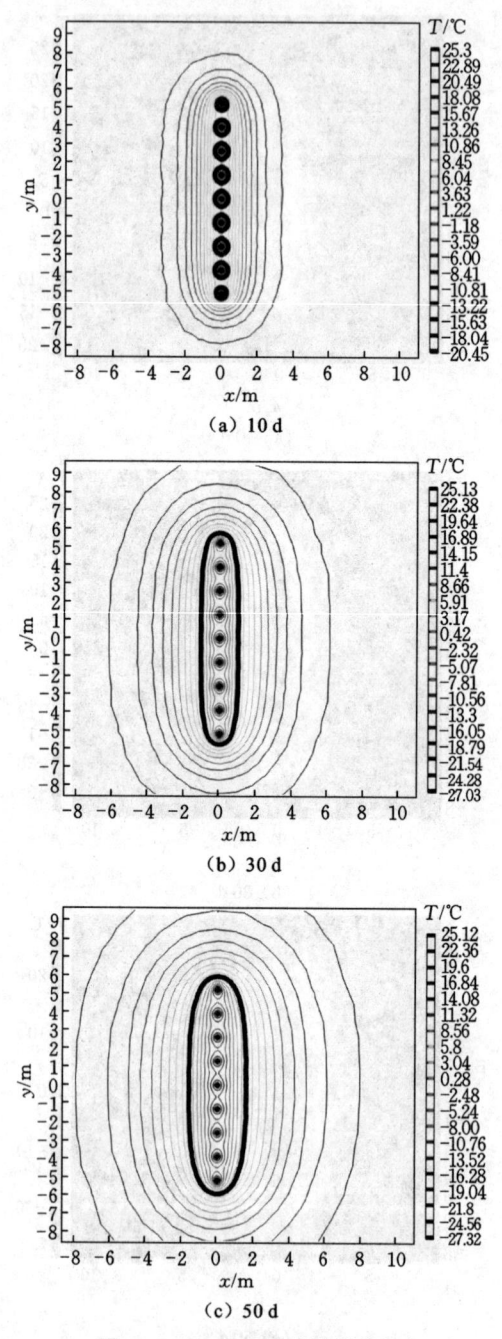

(b) 30 d

(c) 50 d

图 7.17 工况 6 温度等值线图

(a) 研究路径1

(b) 研究路径2

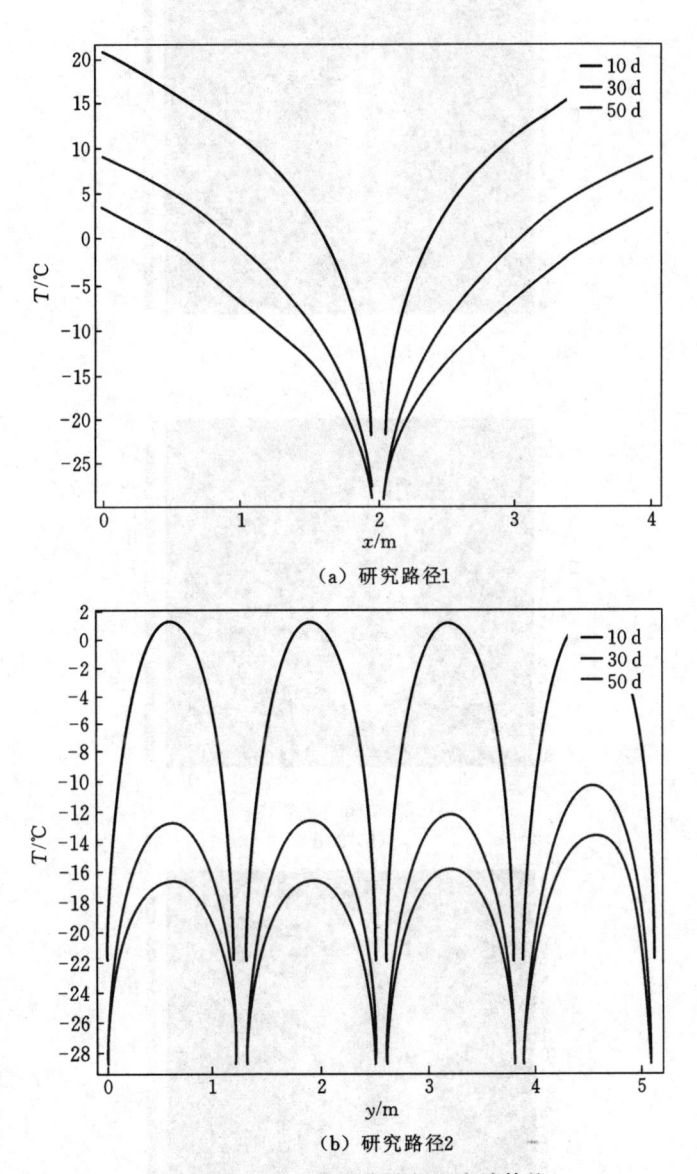

图 7.18 工况 6 沿研究路径温度计算值

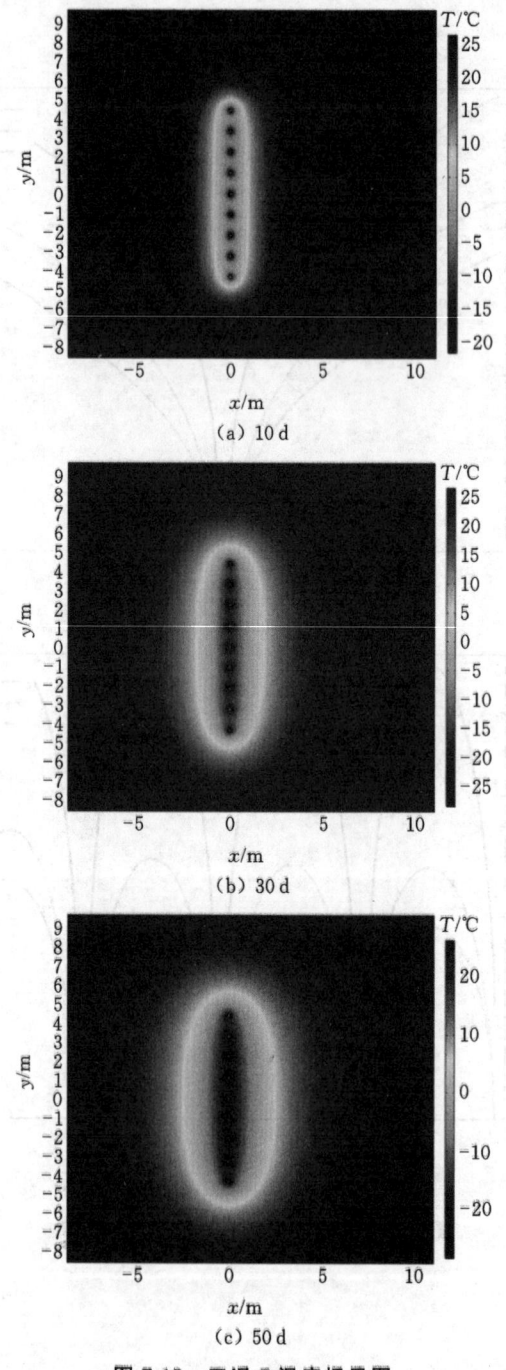

图 7.19 工况 7 温度场云图

(a) 10 d

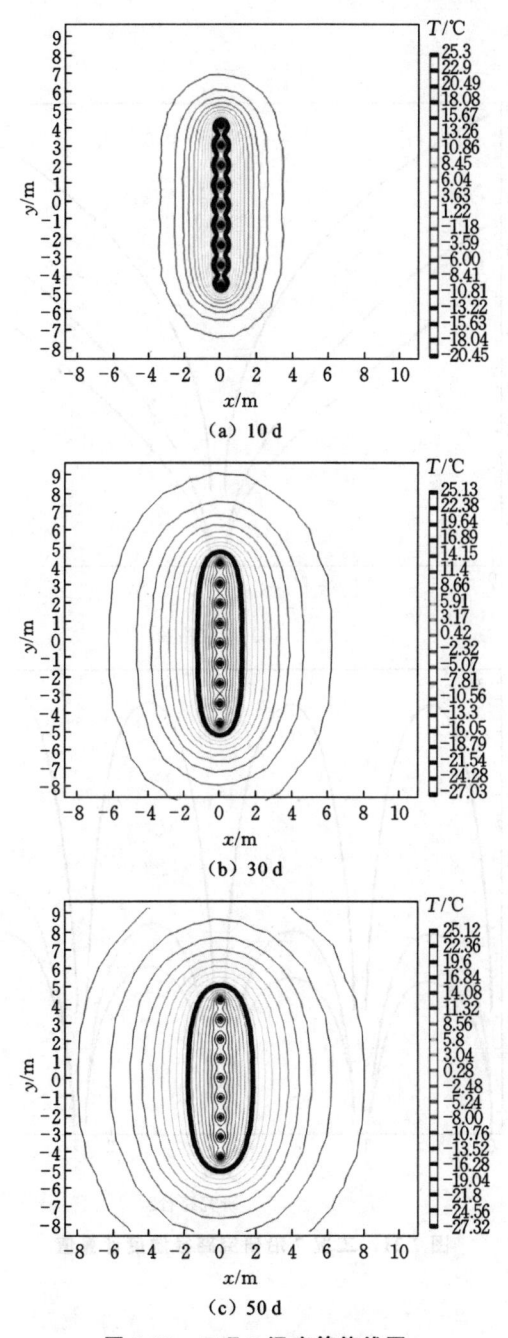

(b) 30 d

(c) 50 d

图 7.20 工况 7 温度等值线图

(a) 研究路径1

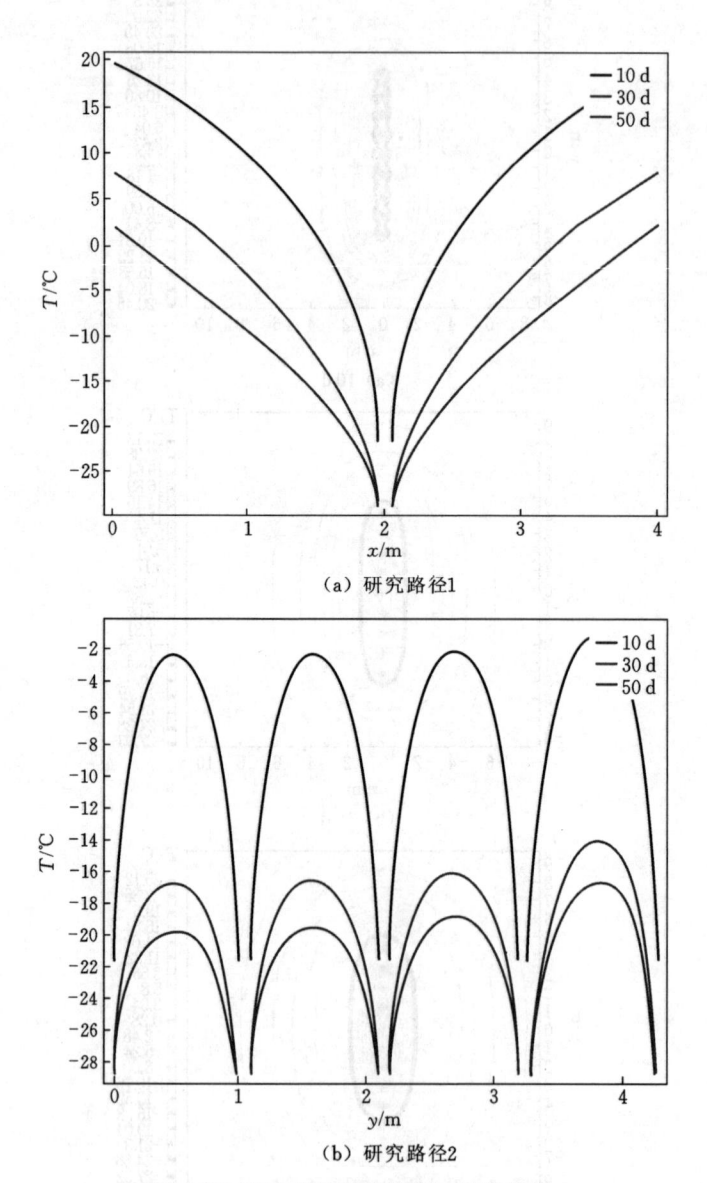

(b) 研究路径2

图 7.21 工况 7 沿研究路径温度计算值

8. 工况 8

工况 8 冻结管直径为 108 mm，冻结管间距为 1325 mm，流速 $v=1$ m/d。

工况 8 的温度场云图和温度等值线如图 7.22 和图 7.23 所示，沿研究路径温度计算值曲线如图 7.24 所示。

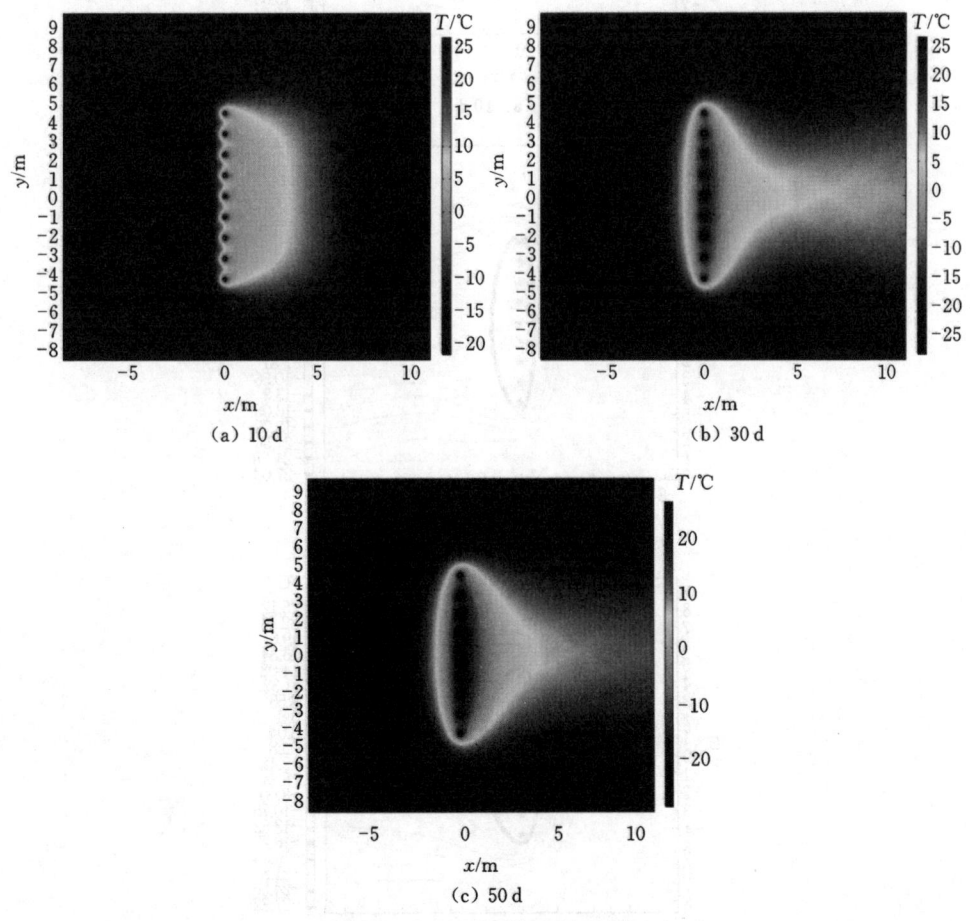

(a) 10 d

(b) 30 d

(c) 50 d

图 7.22　工况 8 温度场云图

(a) 10 d

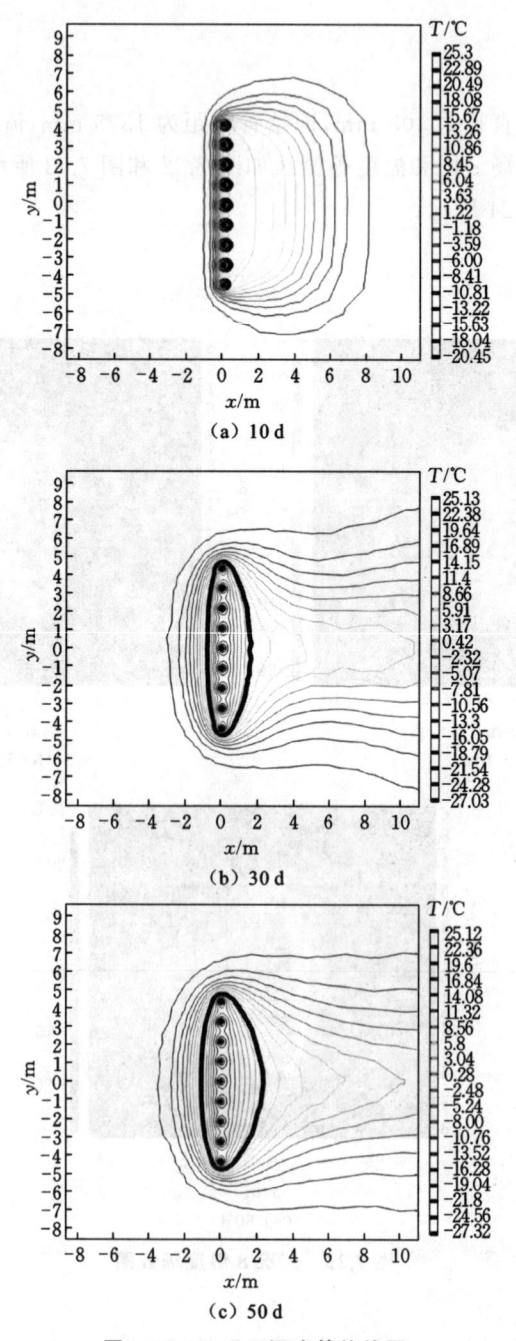

(b) 30 d

(c) 50 d

图 7.23 工况 8 温度等值线图

(a) 研究路径1

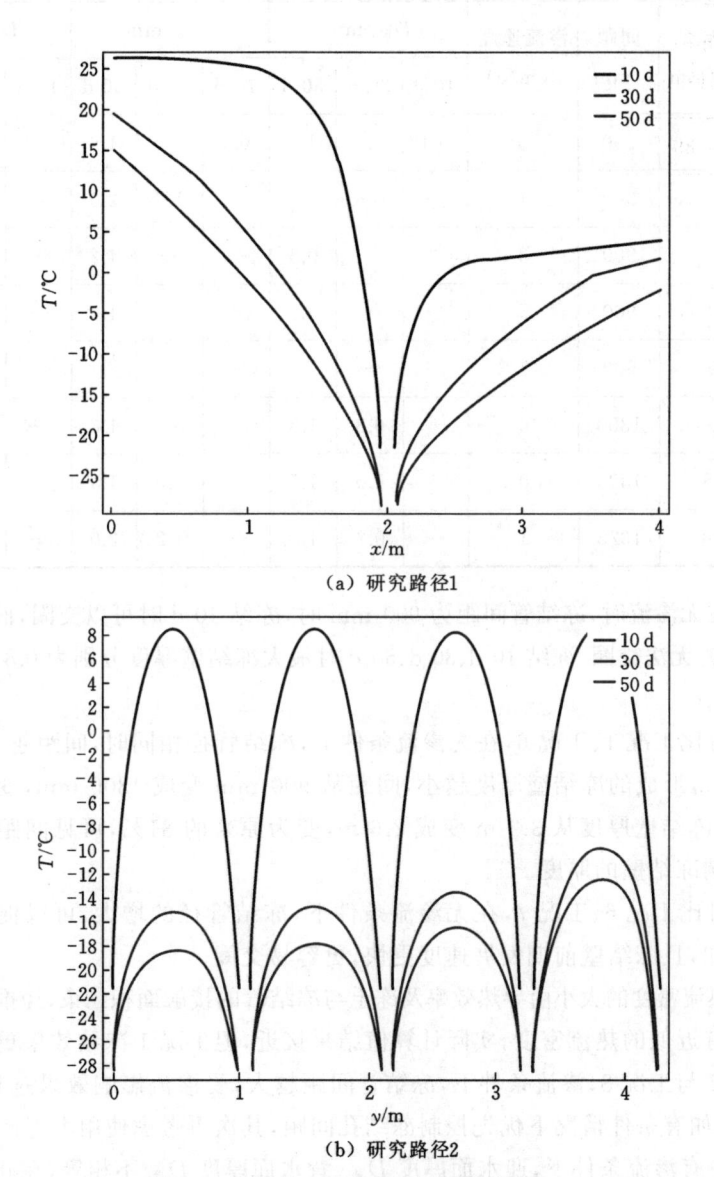

(b) 研究路径2

图 7.24　工况 8 沿研究路径温度计算值

计算统计出上述 8 种工况下的冻结壁迎水面厚度 $D_{前}$、背水面厚度 $D_{后}$ 及总厚度 $D_{总}$，计算结果见表 7.1，通过分析可以得到以下结论。

表 7.1　各种工况下冻结壁厚度计算值

工况	冻结管直径/mm	间距/mm	渗流速度/(m/d)	$D_前$/mm 10 d	$D_前$/mm 30 d	$D_前$/mm 50 d	$D_后$/mm 10 d	$D_后$/mm 30 d	$D_后$/mm 50 d	$D_总$/mm 10 d	$D_总$/mm 30 d	$D_总$/mm 50 d
1	89	900	0	0.4	1.2	1.6	0.4	1.2	1.6	0.8	2.4	3.2
2	89	900	1	—	0.8	1.0	—	1.6	2.0	—	2.4	3.0
3	89	900	3	—	—	0.6	—	—	1.2	—	—	1.8
4	89	900	5	—	—	0.5	—	—	1.0	—	—	1.5
5	89	900	7	—	—	—	—	—	—	—	—	—
6	89	1300	0	—	0.8	1.3	—	0.8	1.3	—	1.6	2.6
7	108	1325	0	—	1.0	1.5	—	1.0	1.5	—	2.0	3.0
8	108	1325	1	—	0.7	1.0	—	1.2	2.0	—	1.9	2.9

(1) 在无渗流时,冻结管间距为 900 mm 时,冻结 10 d 时可以交圈,而之后的条件下 10 d 皆无法交圈,冻结 10 d、30 d、50 d 时最大冻结壁厚度分别为 0.8 m、2.4 m、3.2 m。

(2) 对比工况 1、工况 6,在无渗流条件下,冻结管径相同时,间距越大,交圈所需时间越长,形成的冻结壁厚度越小,间距从 900 mm 变成 1300 mm,变为原来的 1.44 倍,而冻结壁厚度从 3.2 m 变成 2.6 m,变为原来的 81%,可见间距的增大并非线性影响冻结壁的厚度。

(3) 对比工况 6、工况 7,在无渗流条件下,冻结管径的增大,可以促使冻结壁厚度的增加,且冻结壁前期发展速度更快,更容易交圈。

(4) 热流密度的大小由导热效率及冻土与冻结管的接触面积约束,经推算,工况 7 与工况 4 有近似的热流密度,实际计算值结果接近,但工况 1 冻结效果更好;同时,对比工况 2 与工况 8,渗流条件下,冻结管间距越大,受渗流影响效果越显著,可见在实际中,如有条件情况下优先控制冻结孔间距,其次再考虑使用大直径冻结管。

(5) 在有渗流条件下,迎水面厚度 $D_前$、背水面厚度 $D_后$ 不相等,在此次研究范围内,$D_后/D_前$ 大部分情况下等于 2。

(6) 渗流的存在,部分冷量会被带走,迎水面受到影响最为显著,总的冻结壁厚度减小,在渗流速度分别为 0 m/d、1 m/d、3 m/d、5 m/d 时,冻结 50 d 时冻结壁总厚度分别为 3.2 m、3.0 m、1.8 m、1.5 m,随渗流速度增大,冻结壁厚度减小,渗流速度为 7 m/d 时冻结壁无法交圈。

7.1.2 双排冻结孔优化设计分析

设计研发渗流条件下双排冻结孔优化设计程序,利用该程序对迎水面冻结孔间距、背水面冻结孔间距、两排冻结孔排间距进行优化,寻找工况条件下最优冻结孔设计。第一排冻结管位于迎水面,其冻结管间距用参数 dist1 表示,第二排冻结管间距用参数 dist2 表示,两排冻结管排间距用参数 dist12 表示。将上述三组参数代入动态智能反演程序进行优化设计分析,以相同冷量下冻结帷幕的厚度最大为目标函数。冻结壁厚度随优化迭代计算次数变化如图 7.25 所示,随着优化计算次数增加,冻结壁厚度变大,最终稳定在最大厚度。通过迭代优化计算得到最优参数以及冻结帷幕相关参数如表 7.2 所示。

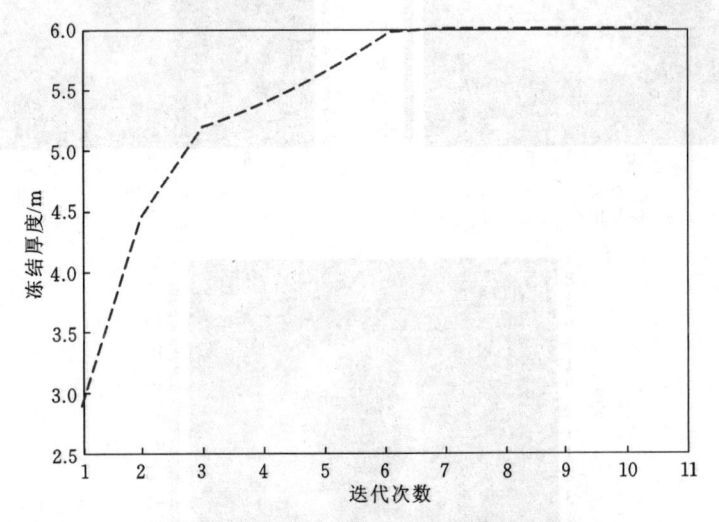

图 7.25 冻结壁厚度随优化计算次数变化图

表 7.2 双排冻结管最优参数

参数	值
dist1/m	1.12
dist2/m	1.31
dist12/m	2.83
冻结壁厚度/m	5.99

在最优冻结管布置下，计算得出不同冻结时间下温度场分布云图如图 7.26 所示，温度等值线如图 7.27 所示，沿研究路径 3 与研究路径 4 不同冻结时刻温度场变化曲线如图 7.28 所示。

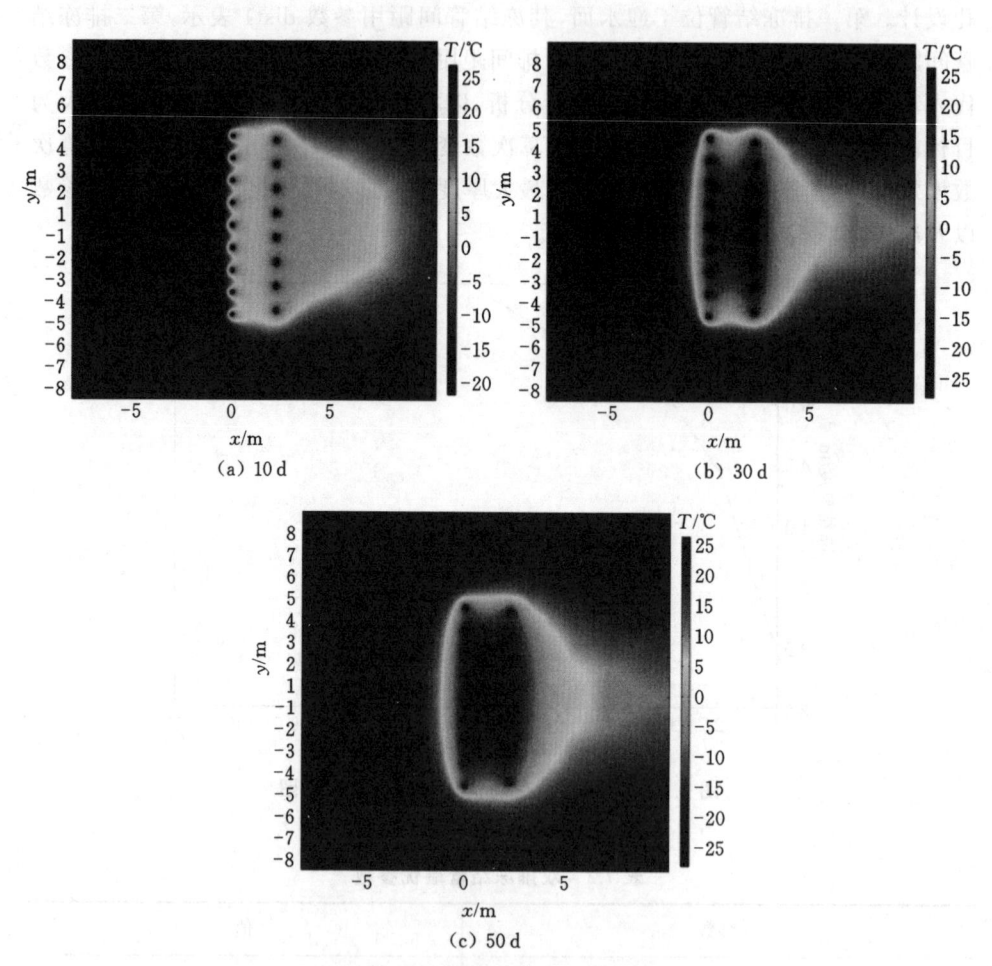

(a) 10 d

(b) 30 d

(c) 50 d

图 7.26 双排冻结孔温度场云图

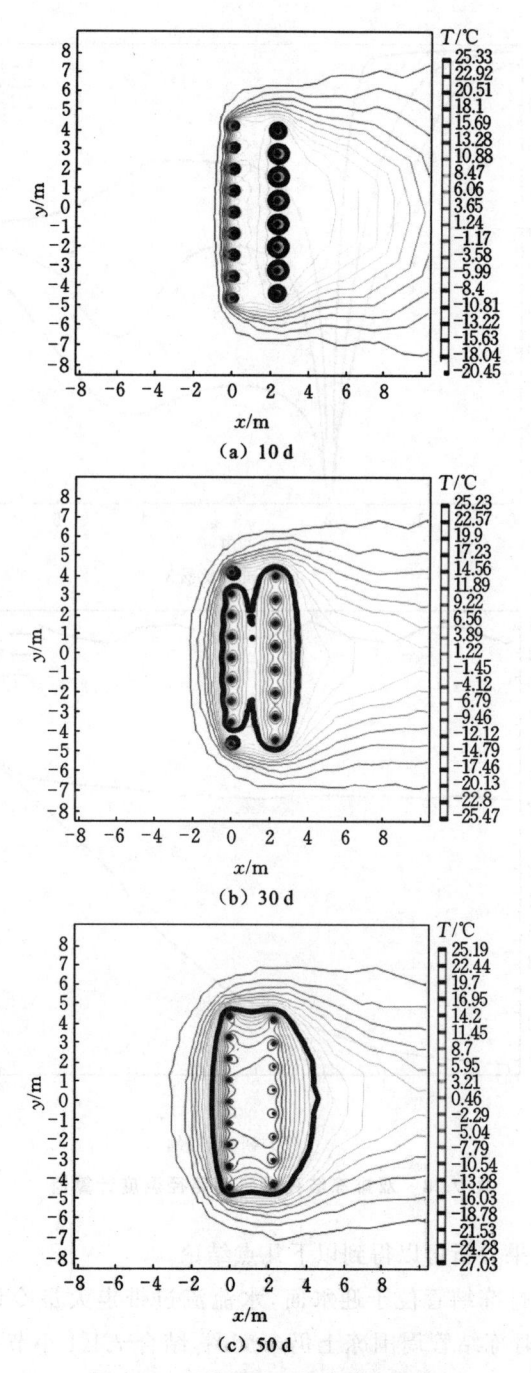

图 7.27 双排冻结孔温度等值线图

(a) 研究路径3

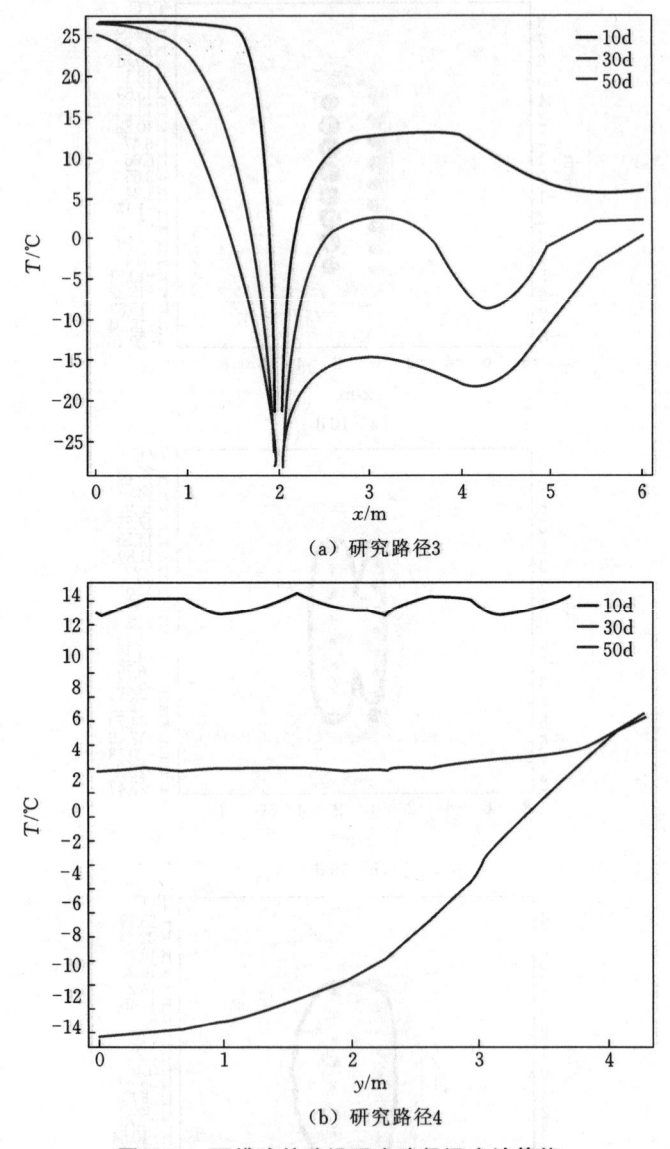

(b) 研究路径4

图 7.28 双排冻结孔沿研究路径温度计算值

通过对上述结果分析可以得到以下几点结论。

(1) 由于第一排冻结管位于迎水面，水流流过带走大量冷量，当冻结管间距为 1.1 m 时，30 d 时冻结管周围冻土仍未交圈，结合 7.1.1 小节单排冻结管分析，若非第二排冻结管阻挡部分水流并提供了一部分冷量，该间距下冻结管将很难交圈。

(2) 第二排冻结管位于背水面,受水流影响小,30 d 时该排冻土已完全交圈,并且受水流影响,冻结壁发展呈现中部厚两侧薄的纺锤形。

(3) 沿研究路径 3 土体的温度出现了两个波谷,研究路径 3 穿过了第一排的冻结管,因此第一个波谷温度很低。

(4) 研究路径 4 位于两排冻结管中间,在冻土体未完全交圈之前,沿该路径,土体温度大致稳定,而冻土体交圈之后,沿该路径土体温度升高。

(5) 随着冻结壁厚度的增加,其平均温度会降低,水流冲刷影响严重的端部冻结管而无法形成有效冻土,因此,冻结管的布置应充分考虑渗流影响,设置合理的冻结管间距,加强薄弱位置。

7.1.3 超长联络通道冻结孔、测温孔布置

依据 7.1.1 小节、7.1.2 小节冻结孔优化设计分析结果,根据冻结壁厚度、温度要求,结合开挖平面尺寸、土层性质及受力特征等,在两条隧道内打设冻结孔,双向布置冻结孔、测温孔,冻结孔布置立面透视图如图 7.29 所示。双向打设的冻结孔整体布孔大致对称,在联络通道中部采用错孔搭接,搭接长度为 3 m。取右线冻结孔、测温孔为研究对象,且不考虑对侧搭接孔的影响,右线冻结孔开孔布置图如图 7.30 所示,右线冻结孔布置立面透视图如图 7.31 所示。

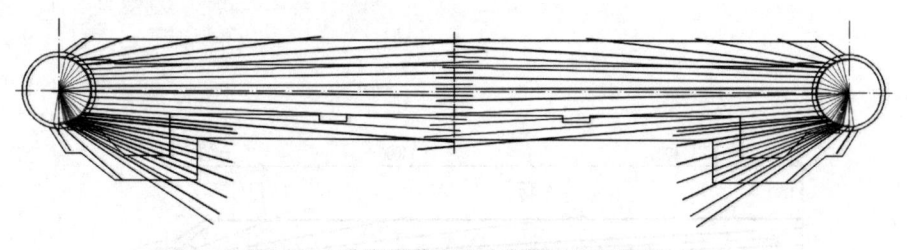

图 7.29 联络通道冻结孔布置立面透视图

右线共布置 94 个冻结孔、13 个测温孔,冻结孔依据所处位置分为顶面冻结孔、侧墙冻结孔、通道底面冻结孔、泵站底面冻结孔及泵站端面兜底冻结孔。由于联络通道非常长,需进行结构优化,根据联络通道排水要求,采用双泵站的形式。为使冻结帷幕形成封闭的整体,泵站冻结孔的布置采用创新的 V 字形兜底孔形式,如图 7.32 所示。

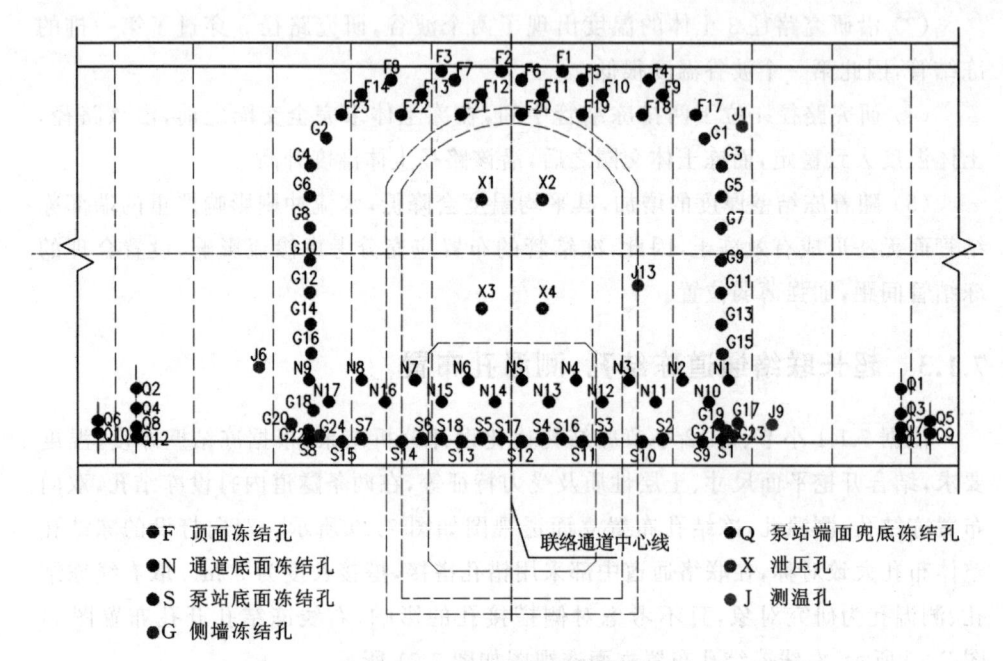

- F 顶面冻结孔
- N 通道底面冻结孔
- S 泵站底面冻结孔
- G 侧墙冻结孔
- Q 泵站端面兜底冻结孔
- X 泄压孔
- J 测温孔

图 7.30 冻结孔开孔布置图

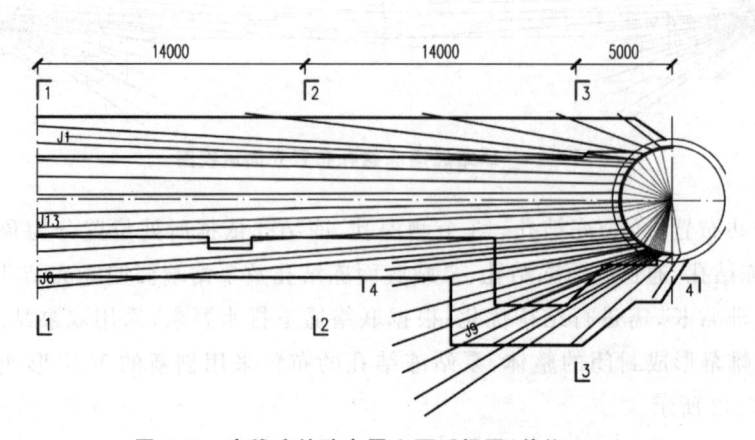

图 7.31 右线冻结孔布置立面透视图(单位:mm)

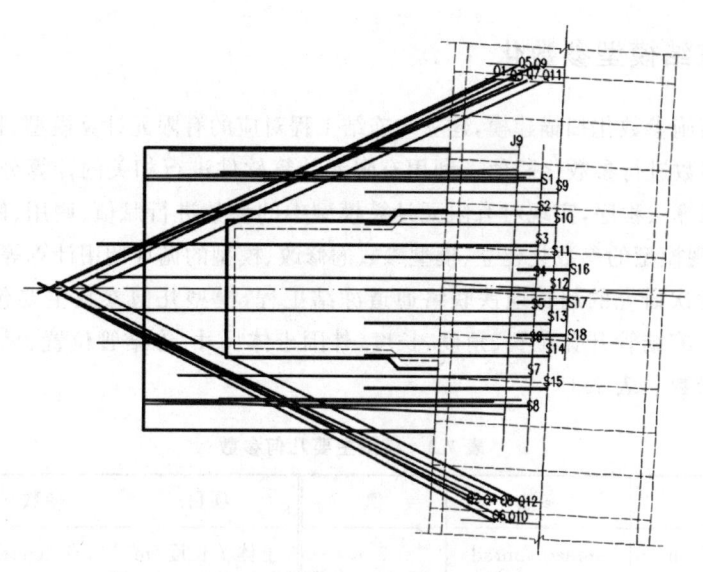

图7.32 泵站部位冻结孔平面布置图(单位:mm)

7.2 参数化建模

7.2.1 参数化模型优点

参数化建模是指模型的建立并不是通过固定的数值,而是通过参数符号,利用计算机语言编写函数或公式,给参数赋值,而模型的建立及计算是通过这些参数值。通过修改参数就可以改变模型或改变模型中的重要信息,以达到分析计算的目的。

参数化模型的优点:对设计参数进行更改后模型会自动更新,可以快速方便地调整模型;轻松定义和自动创建同一系列的模型;缩短了建模时间、提高工作效率;便于参数分析和优化分析;便于灵敏度分析、统计分析、误差分析等。

可以将模型的几何参数、材料属性、温度、荷载等设计参数设置成变量,当改变变量的时候,模型会自动更新,以达到参数化建模的目的,参数化设置如下:①几何模型参数化;②材料属性参数化;③网格参数化;④温度参数化;⑤求解设置参数化。

7.2.2 冻结模型参数化

通过实施参数化扫描建模，建立与冻结工程对应的有限元计算模型，将模型中需要考量的参数进行参数化赋值。利用有限元计算软件进行相关的计算分析，结合研发的计算机算法程序，实现对有限元计算模型中的参数进行赋值、调用、修改等关键操作，以实现模型的参数化建立、模型参数的修改、模型的循环调用计算等功能。

对于此次研究的超长地铁联络通道冻结工程，模型几何参数主要包括隧道内外径、长度，冻结管开孔位置、角度、长度，外围土体尺寸，冻结管位置、尺寸等，模型主要几何参数见表 7.3。

表 7.3 模型主要几何参数

项目	参数	值	项目	参数	值
隧道内径/m	suidao_innrad	5.5	土体 1 长度/m	tu1_length	40
隧道外径/m	suidao_outrad	6.2	土体 1 宽度/m	tu1_wide	20
隧道长度/m	suidao_length	20	土体 1 高度/m	tu1_height	20
冻结管外径 1/m	djg_outrad1	0.178	土体 2 长度/m	tu2_length	40
冻结管外径 2/m	djg_outrad2	0.216	土体 2 宽度/m	tu2_wide	20
随机变量控制系数	ran_con	0、0.1、0.15	土体 2 高度/m	tu2_height	20

部分冻结管位置指标如表 7.4 所示，主要包括冻结管开孔位置处的水平坐标、竖直坐标、水平角、仰角及孔深等参数。考虑冻结管的施工过程会产生偏斜，会对冻结效果产生不利影响，设置 random 随机函数，其范围设置为[−1, 1]，平均值为 0，函数名称为 rn1()，使用该函数生成随机变量来模拟冻结孔成孔误差。同时设置了随机变量控制系数 ran_con，当该参数取为 0 时，即不考虑成孔误差；当该参数取为 0.15 时，即达到了设计要求的极限误差。以 G1 冻结管为例，参数化后的 G1 位置参数如表 7.5 所示。

表 7.4 部分冻结管位置指标

编号	水平坐标 x_Gn/m	竖直坐标 y_Gn/m	水平角 angle_hori_Gn/(°)	仰角 angle_elev_Gn/(°)	孔深 depth_Gn/m
G1	−2.881	suidao_outrad * sin38°	−2.9	2.2	31.520
G2	2.786	suidao_outrad * sin 38°	−2.9	2.2	31.232

续表

编号	水平坐标 x_Gn/m	竖直坐标 y_Gn/m	水平角 angle_hori_Gn/(°)	仰角 angle_elev_Gn/(°)	孔深 depth_Gn/m
G3	−3.145	suidao_outrad * sin 28°	−2.9	1.3	31.758
G4	3.023	suidao_outrad * sin 28°	−2.9	1.3	31.445
G5	−3.135	suidao_outrad * sin 18°	−2.9	0.6	32.064
G6	3.033	suidao_outrad * sin 18°	−2.9	0.6	31.751
G7	−3.130	suidao_outrad * sin 8°	−2.9	−0.2	31.955
G8	3.038	suidao_outrad * sin 8°	−2.9	−0.2	32.641
G9	−3.128	suidao_outrad * sin−2°	−2.9	−1.1	31.935
G10	3.038	suidao_outrad * sin−2°	−2.9	−1.1	31.621

表 7.5 G1 位置参数

项目	参数
水平坐标	x_G1＋ran_con * rn1(x_G1)
竖直坐标	y_G1＋ran_con * rn1(x_G1)
水平角/(°)	angle_hori_G1
仰角/(°)	angle_elev_G1
孔深/m	depth_G1

模型热物理力学参数主要包括导热系数、比热容、土体结冰温度、密度、孔隙率、杨氏模量、泊松比等,将模型热物理力学所需值进行参数化赋值(表 7.6),方便参数化建模以及后面的参数修改、调用等。同时,进一步定义求解需要用的函数,如土体等效导热系数函数定义后如图 7.33 所示。

表 7.6 模型主要热物理力学参数表达式

项目	参数	项目	参数
土1融土导热系数	k_u1	土2融土导热系数	k_u2
土1冻土比热容	Cp_f1	土2冻土比热容	Cp_f2
土1融土比热容	Cp_u1	土2融土比热容	Cp_u2

续表

项目	参数	项目	参数
土1结冰温度	T_f1	土2结冰温度	T_f2
土1密度	rho_u1	土2密度	rho_u2
土1孔隙率	epsilon1	土2孔隙率	epsilon2
土1杨氏模量	E1	土2杨氏模量	E2
土1泊松比	nu1	土2泊松比	nu2
水导热系数	k_w	冰导热系数	k_i
水比热容	Cp_w	冰比热容	Cp_i
水密度	rho_w	冰密度	rho_i
钢管导热系数	k_steel	钢管杨氏模量	E_steel
钢管比热容	Cp_steel	钢管泊松比	nu_steel
钢管密度	rho_steel		

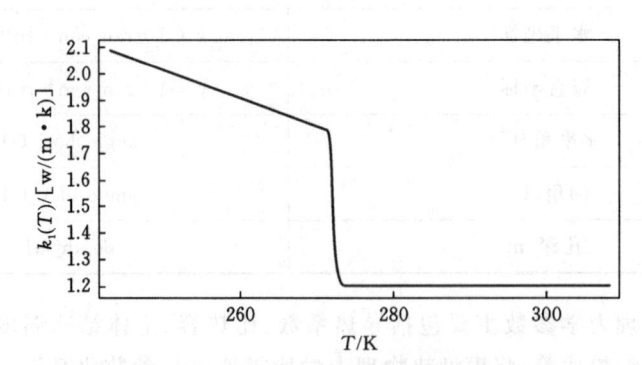

图7.33 土体1等效导热系数随温度变化曲线

7.3 动态监控量测

冻结工程位于地层内,肉眼无法直接看到内部情况,冻结工程中的监控量测系统是辅助施工的重要手段。以往的监控量测系统大多采用人工数据测量收集处理,自动化水平低,人工处理易出现误差,信息滞后,无法反馈施工现场的动态信息,甚至会直接影响冻结工程的施工安全。为解决上述问题,采用全自动监测系统,进行现场温度、变形、压力等数据的自动采集和远程传输。在冻结工程施工前及施工过程中,在特定位置布置监控量测系统,对冻结工程施工过程的重要信息进行自动收集和整理。

7.3.1 钻孔监测系统

超长联络通道冻结工程冻结管的打设很大程度上决定着冻结工程的安全质量。联络通道隧道中心间距 66 m,采用在两侧隧道内分别打设冻结管的方案,冻结管的长度很长,最长冻结管长度达到 35 m,是常规地铁联络通道冻结管长度的 3~4 倍。同时,联络通道处左右线隧道并不是平行的,而是呈 V 字形,左线隧道中心线与联络通道所夹内角为 75.3°,右线隧道中心线与联络通道所夹内角为 87.1°。因此联络通道及泵站周围布设的冻结管必须考虑这个夹角的影响,而不能垂直隧道打设,每根冻结管的开孔位置及参数均不同,且同一排各个冻结管的水平偏角不同。

上述因素给本工程冻结管的搭设造成巨大的挑战,保证冻结管的偏斜在允许误差范围之内,才能使冻结帷幕的形成达到设计要求。为此,研发新型月蚀导向仪钻孔测斜监测系统(图 7.34 和图 7.35)。利用该测斜仪可以准确定位钻头在钻进过程中的位置和方向,根据钻头实际位置和方向同设计轨迹的差异,来获取钻孔的偏差信息。

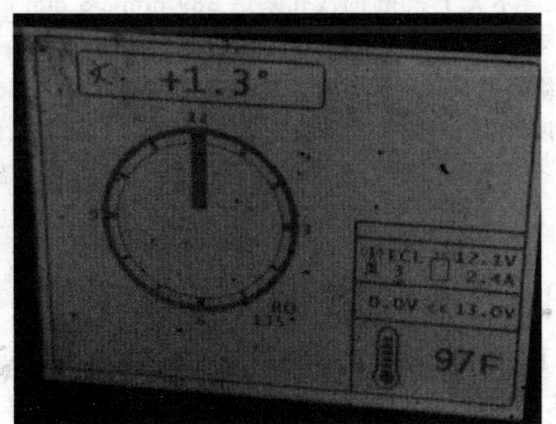

图 7.34　月蚀导向仪探棒　　　图 7.35　月蚀导向仪显示器

7.3.2 温度监测系统

采用智能化电子测温系统监测温度,对土体温度监测自冻结开机时起,测温系统自动实时监测,监测数据由系统自动测量,自动记录。测温系统如图 7.36 所示。

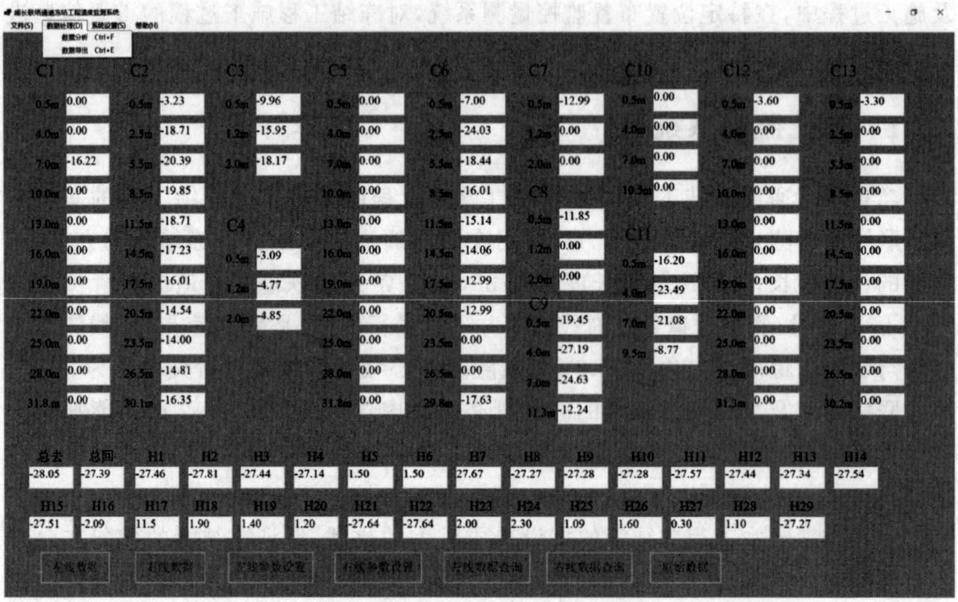

图 7.36 智能化测温系统示意图

测温孔布置在预计冻结壁薄弱处或冻结壁边缘位置,单侧隧道内布置13个测温孔,长度不大于25m的浅孔采用$\phi 89$ mm×8 mm的无缝钢管,长度大于25 m的深孔采用$\phi 108$ mm×8 mm的无缝钢管。

联络通道一侧顶板布置2根测温孔,单根长度约30 m;底板布置2根测温孔,单根长度约30 m;集水井部位布置3根测温孔,单根长度约10 m;侧墙布置6根测温孔,4个短孔长度约2 m,2个长孔长度约30 m。测温孔内布置温度测点,对搭接部位每1 m布设测点1个,其余部位每1.5 m布设测点1个。

7.3.3 流量、压力监测系统

为了更好地检测盐水的流量,在盐水干管和冻结管头部安装流量计,通过流量计(图7.37)数据保证每组冻结孔的盐水流量,保证冻结效果。

随着冻结帷幕的形成并交圈发展,冻结帷幕内部的土水压力会增大,而通过布设泄压孔的方式,一方面,可以根据泄压孔压力数据判断冻土帷幕是否交圈,另一方面,在联络通道开挖前需打开泄压孔,将内部多余地层压力进行释放。在联络通道中部布置8个泄压孔,单侧布置泄压孔4个,采用两短两长的交错布置方式,泄压孔采用$\phi 108$ mm×8 mm的无缝钢管,端部安装压力表。

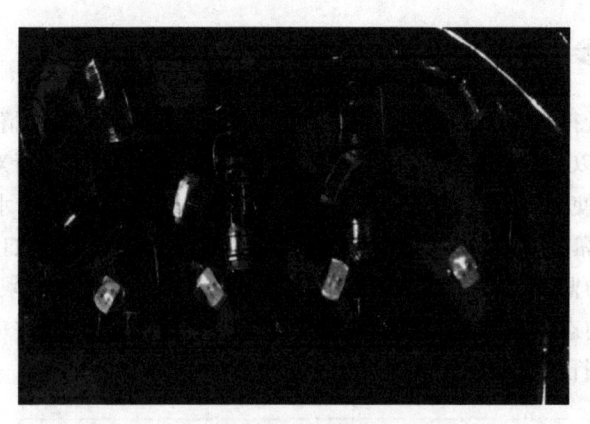

图 7.37　流量计

7.3.4　变形监测系统

监测范围为以联络通道为中心周边 20 m 区域,监测对象主要包括地面沉降、桥墩沉降、管线沉降、建(构)物变形、隧道收敛、隧道沉降等。隧道管片变形监测范围不应小于联络通道两侧隧道管片各 50 m,同时还需要进行开挖面冻结壁收敛变形监测。

在施工前布置地面沉降观测点、管片收敛、位移观测点,地面构筑物位移观测点等,通过测量数据的变化来判断变形情况,变形测点布置示意图如图 7.38 所示。

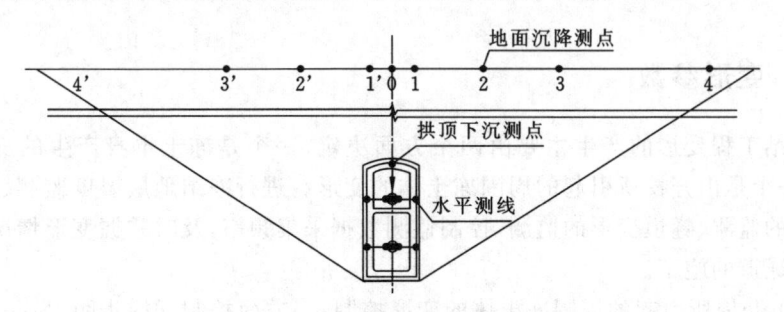

图 7.38　变形监测点布置示意图

7.4　信息反馈及施工参数调整

通过对监测数据的分析,得到冻结工程的当前状态,并与设计目标进行对比分析,如超过允许误差值,则需根据监测数据及时调整施工参数,必要时也需根据实际情况进行设计的动态调整。

7.4.1 冻结参数

根据监测所得数据,结合参数反演后的冻结温度场预测预报情况,可以判断出当前冻结情况,以及判断后期冻结的发展情况,并与预计情况进行对比分析。通过调整施工参数,使冻结状态与设计状态基本相符,如通过调整盐水流量和盐水温度,控制冻土帷幕发展厚度。以测温孔 J1 为例,采集其温度数据如图 7.39 所示,结合所有测温孔的监测数据,就可以判断当前冻结状态。通过与有限元软件结合,进行关键参数的动态参数反演,获得与当前状态相符的关键参数,并应用此参数进行未来状态的预测预报。

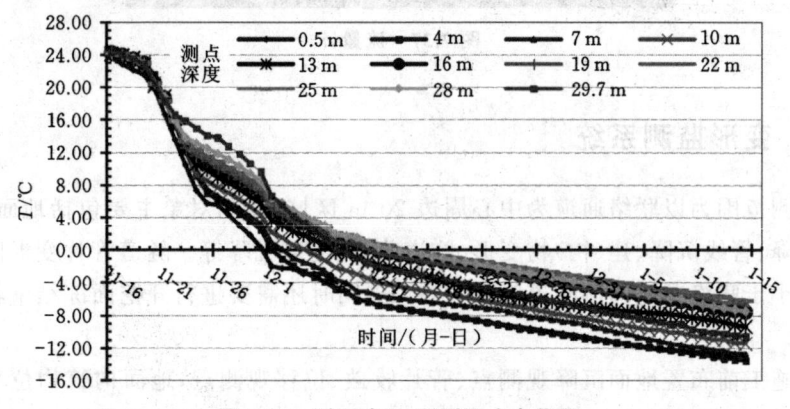

图 7.39 测温孔 J1 所测温度变化图

7.4.2 变形参数

冻结工程变形的产生主要由两个方面决定,一个是冻土本身产生的冻胀、融沉,另一个是由开挖所引起的周围冻土体的变形。进行冻结地层温度监测、地层沉降变形的监测、隧道变形的监测,控制监测数据采集频率,及时掌握变形情况,以指导联络通道的施工。

(1) 开挖所引起的周围冻土体的变形控制:一方面控制开挖步距,另一方面开挖一段后便架设初期支护钢支架,使冻土体与钢支架共同承担荷载,以控制变形。

(2) 冻胀控制措施:可以采用快速冻结、分区冻结、泄压孔泄压等措施进行控制。

(3) 融沉的控制措施:在联络通道开挖后浇筑的初衬中预埋注浆孔(图 7.40),以及利用隧道管片上的注浆孔,当变形超过一定值后进行补偿注浆,以防止冻土融沉导致隧道和联络通道变形、地面沉降。在开挖临时支护时预埋注浆管,注浆孔应均匀涵盖整个冻土帷幕范围,该超长联络通道冻结工程共预埋注浆管 268 根。

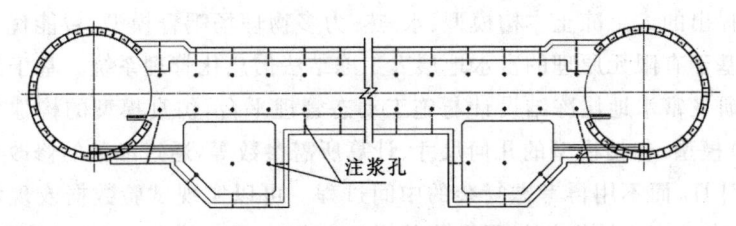

图 7.40 联络通道注浆孔布置图

7.4.3 钻孔参数

针对超深冻结钻孔,采用特制钻杆,钻杆全部加工成内丝,确保连接处管有效厚度不低于 6 mm,管与管之间采用丝扣内管箍连接,内管箍厚度 3.5 mm,内管箍两头做坡口处理,两管连接后形成 V 形焊槽,试验证明新型冻结管连接的强度得到提高。同时,设计使用一种带导向定位装置的新型楔形导向钻头,在钻进过程中,通过钻头旋转方向,可以时时改变钻进方向,该导向钻头如图 7.41 所示。

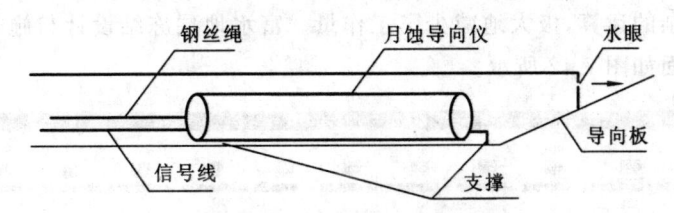

图 7.41 导向钻头示意图

根据设计的冻结孔水平位置及开孔角度进行冻结孔施工,但超深钻孔不可避免地会产生偏斜,因此利用钻孔监测系统提供的当前钻孔的实际位置、角度等信息,根据钻头在钻进过程中的位置和方向同设计轨迹的差异,通过导向钻头进行纠偏处理,使冻结管始终沿着设计的方向钻进,直到达到设计深度。

7.5　富水地层人工冻结法设计与施工动态信息管理系统

无论是有限元计算软件还是计算机语言命令,其专业化程度高,对于冻结工程实际现场操作人员来说命令复杂,操作难度大,有限元计算结果数据抽象、复杂、提取难度大,不利于工程现场的实际指导。通过建立可视化简洁操作界面,可以大大降低操作难度,现场操作人员只需要通过鼠标在操作界面上点选,就可以获得想要了解的信息,对冻结工程具有重要的指导作用。

通过提出的人工冻土本构模型、水-热-力多物理场耦合模型、智能优化反演程序等构建基于有限元原理的富水地层人工冻结法信息化管理系统。基于Windows操作系统研发富水地层冻结设计与施工动态管理平台,仿真模型的构建基于参数化的CAD模型,包括模型的几何尺寸、计算所需参数等,通过参数的修改即可实现新模型的计算,而不用再考虑复杂的中间过程。可以实现试验数据或现场监测数据的导入,自动完成计算值与测量值的对比分析。通过单击一个按钮便可完成模型的计算,并能得到计算结果云图,生成结果报告等。目前该富水地层冻结设计与施工动态管理平台主要针对饱和砂土地层联络通道冻结设计工程,在超长联络通道冻结工程实际应用中,为冻结工程的开展提供了实时的计算分析与预测,发挥了重要指导作用。

富水地层冻结设计与施工动态管理平台根据用户需求设计界面,使仿真过程程序化,更加贴近用户使用习惯。富水地层冻结设计与施工动态管理平台生成能够独立运行的exe文件后,其他用户就可以使用exe文件,并且用户不需要具有有限元仿真知识。该软件具有冻结工程科研及工程分析所需功能,通过简单的操作就能完成复杂的运算,极大地减少了工作量。富水地层冻结设计与施工动态管理平台软件界面如图7.42所示。

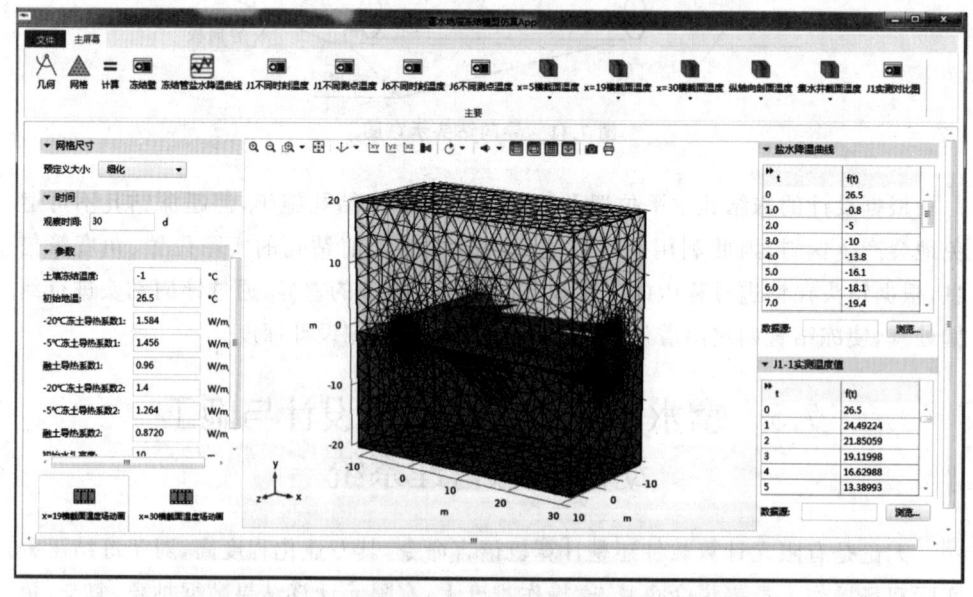

图 7.43 富水地层冻结设计与施工动态管理平台界面

富水地层冻结设计与施工动态管理平台软件集成了所需要的主要功能,包括参数定义、几何模型构建、网格尺寸大小控制及划分、边界条件控制、有限元模型计算、冻结帷幕形成状态查看、不同时间各个关键部位处的温度场(图7.43)及等温线云图生成、关键节点处的温度变化曲线生成、试验值或现场监测值导入与计算值对比分析(图7.44)、动画动态展示变化情况生成等。

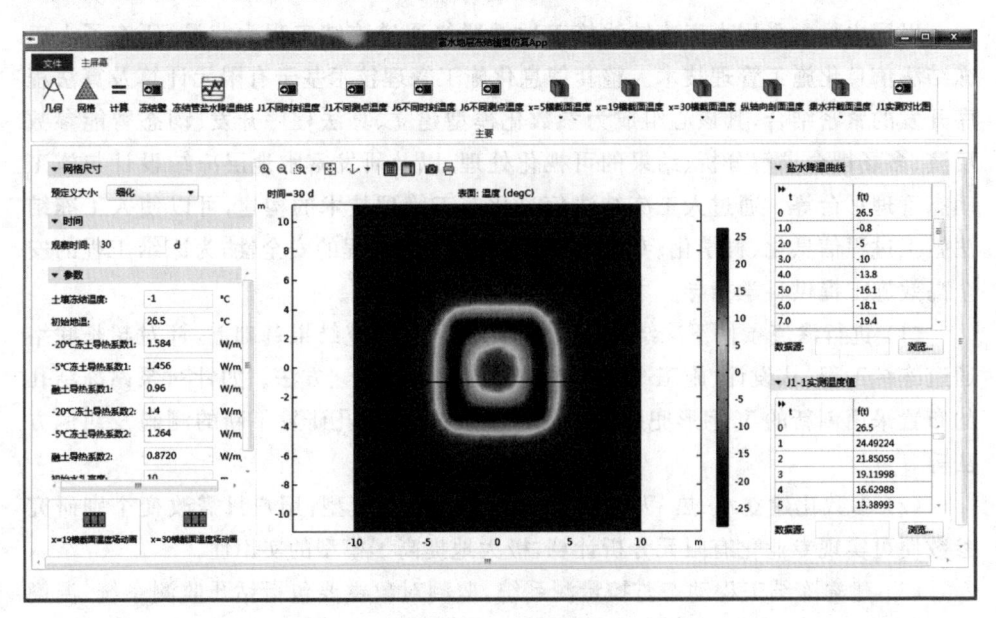

图 7.43 通过仿真软件进行温度场计算

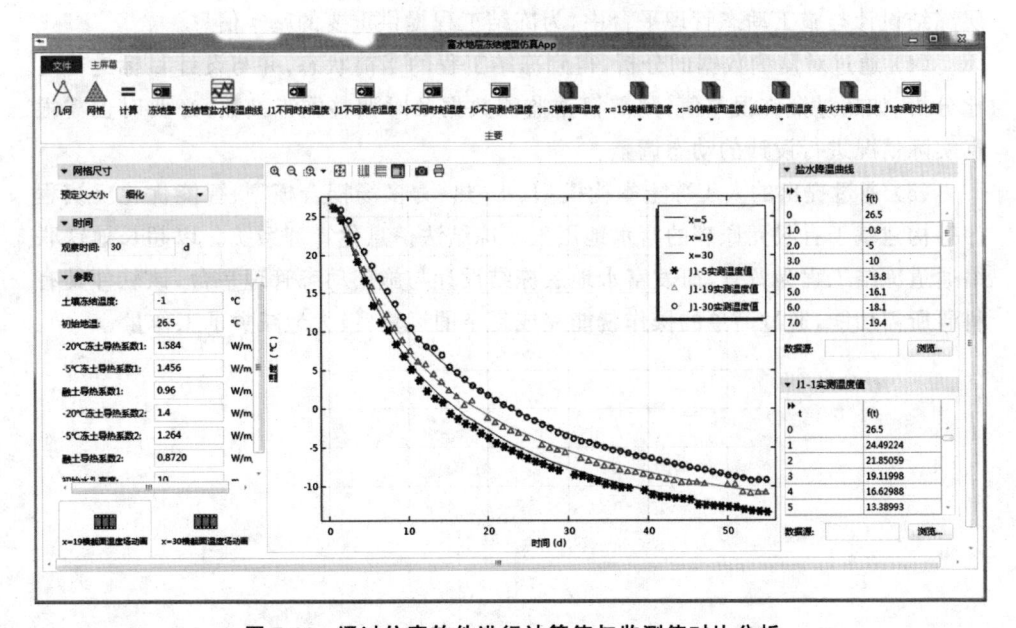

图 7.44 通过仿真软件进行计算值与监测值对比分析

7.6 本章小结

以国内最常采用人工冻结法施工地铁联络通道冻结工程为背景,研究了人工冻结法信息化施工管理技术。整套信息化施工管理技术基于有限元计算及算法程序开发的紧密结合,其核心组成为参数化模型建立、算法程序开发、动态智能参数反演、多场耦合求解分析、结果的可视化处理,以及研发富水地层冻结设计与施工动态管理平台等。通过人工冻结法信息化施工管理技术的构建,可以使人工冻结法施工过程信息化、科学化、专业化,极大提高冻结工程的安全性,为冻结工程的安全高效施工提供科学指导。本章得到的主要成果如下。

(1) 进行渗流条件下冻结孔优化设计分析,在研究结果基础上,针对超长联络通道冻结工程,从设计、施工等方面提出新的设计、技术、方法。如针对泵站冻结孔的布置采用创新的Ｖ字形兜底孔形式;针对超长冻结孔研发了新的测斜及纠偏方法等。

(2) 参数化建立水-热-力多场耦合有限元计算模型,用户只需改变个别研究参数便可实现专业化有限元分析计算,极大地提高了模型的实用性。

(3) 建立冻结工程动态监控量测系统,监测对象主要包括钻孔监测系统、温度监测系统、流量压力监测系统及变形监测系统等,各监测值可汇集并显示于富水地层冻结设计与施工动态管理平台中,为冻结工程提供重要的基本信息。

(4) 通过对监测数据的分析,得到冻结工程的当前状态,并与设计目标进行对比分析,如超过允许误差值,则需根据监测数据及时调整施工参数,必要时也需根据实际情况进行设计的动态调整。

(5) 通过提出的人工冻土本构模型、水-热-力多场耦合模型、智能优化反演程序等构建基于有限元原理的富水地层人工冻结法信息化管理系统。以超长地铁联络通道冻结工程为背景,研发富水地层冻结设计与施工动态管理平台,该软件具有科研所需功能,通过简单的操作就能完成复杂的运算,极大地减少了工作量。

第8章 结论与展望

8.1 结 论

本书针对富水地层冻结工程的安全建设与信息化施工这一实际问题,综合采用理论公式推导、室内土工试验、原位模型试验、实际工程现场监测、有限元数值分析等研究方法,深入分析研究了饱和冻结砂土体多场耦合机制,基于物质连续性方程、能量守恒方程、平衡微分方程、本构方程,构建了能够表达冻土体中液态水渗流、温度场分布、水分场迁移、冰-水相态含量、冻胀和应力-应变状态的滨海饱和砂土人工冻土体水-热-力耦合数学模型。取得的研究成果如下。

(1) 通过开展物理参数试验及冻土单轴抗压强度、三轴剪切强度、三轴蠕变试验等,获得土体物理力学参数及变化规律,为本书后面的研究及冻结工程的安全计算提供重要的参数来源。基于蠕变试验数据结果,引入分数阶微积分来描述冻土蠕变的非线性力学行为,提出了一种改进的分数阶黏弹塑性蠕变本构模型。

① 开展了 $-5\ ℃$、$-7\ ℃$、$-10\ ℃$ 和 $-15\ ℃$ 四个温度水平下的冻结砂土单轴抗压强度试验,0.5 MPa、1.0 MPa 和 1.5 MPa 三个围压水平下的冻结砂土三轴剪切试验,以及蠕变系数取 0.3、0.5、0.7 三级时冻结砂土的蠕变试验。

② 通过冻结砂土单轴抗压强度试验测定了冻土在不同冻结温度下的抗压强度,同时得到了杨氏模量和泊松比,$-10\ ℃$ 下淤泥质粉细砂土试验所得杨氏模量、泊松比分别为 107.25 MPa 和 0.32,在试验温度范围内,冻结砂土的抗压强度、杨氏模量、泊松比与温度均呈线性相关。通过冻结砂土的三轴剪切试验,获得冻土破坏规律以及黏聚力、内摩擦角等力学参数,$-10\ ℃$ 下淤泥质粉细砂土试验所得黏聚力为 1.9 MPa,内摩擦角为 12.7°。

③ 通过不同温度和应力下的冻结砂土的三轴蠕变试验,获得冻土蠕变变形规律,提出了一种改进的分数阶黏弹塑性蠕变本构模型,该模型具有较高的精度和较强的应力敏感性。利用该本构模型对人工冻结砂土三轴蠕变试验结果进行拟合,确定本构模型中参数值,且试验数据拟合度均在 0.98 以上,验证了蠕变本构模型的正确性。

(2) 开展人工冻结砂土热物理试验、冻胀融沉试验、强渗透地层地下水流速测试、原位冻结模型试验等,获得水-热-力多场耦合数学模型所需热物理参数,探讨了水-热-力耦合场规律,为水-热-力耦合计算模型的构建提供了研究基础及重要参数值。

① 通过开展人工冻土热物理试验,获得水-热-力多场耦合数学模型所需导热系数、比热容等参数,−10 ℃下淤泥质粉细砂土试验所得导热系数和比热容分别为 1.87 W/(m·K)和 1.12 kJ/(kg·K)。试验结果表明,土体导热系数在未冻结状态下近似为常数,而在冻结状态下近似为一次函数;土体的比热容与渗透系数在未冻结状态与冻结状态下各自分别近似为常数。通过定义考虑相变冻土体温度的海维赛德函数,构建冻土体导热系数、比热容、渗透系数的考虑相变影响的等效表达式。

② 通过冻胀融沉试验结果可知,冻结过程大致可分为快速降温阶段、衰减降温阶段和稳定阶段,开始冻结后,在毛细作用和冻结吸力的影响下,冻结缘上部自由水分逐渐向冻结缘移动,土柱上部的含水率较小。

③ 通过强渗透地层地下水流速测试,获得江底强渗透地层中地下水的流速和流向,同时,测试结果显示渗流速度与水力梯度的关系更适合用指数型函数来描述。

④ 通过开展富水地层原位模型试验,获得现场渗流条件下冻结帷幕发展规律,弥补了室内缩尺度模型试验的不足,渗流作用下冻土形成发展规律研究成果可以为复杂富水地层冻结工程提供借鉴。

(3) 构建了能够表达冻土体中液态水渗流、温度场分布、水分场迁移、冰-水相态含量、冻胀以及应力-应变状态的滨海饱和砂土地层人工冻土体水-热-力多场耦合数学模型,并以偏微分方程组的形式,将该数学模型控制方程进行有限元程序二次开发。

① 针对经典达西定律的不足,提出一种考虑起始水力坡降的指数型渗流模型,该渗流模型适应性强,考虑温度对土体渗透性的影响,并拓展进行无渗流情况下冻土体中的水分迁移计算。

② 基于流体连续性方程、流体运动微分方程等,结合所构建的考虑温度影响的指数型渗流模型,针对饱和冻土体,提出考虑温度和初始水力梯度的冻土体水分场微分控制方程。

③ 依据导热微分方程、能量守恒与转化定律,提出考虑冰水相变潜热与渗流带走热量对温度场影响的饱和冻土体温度场微分控制方程。

④ 在小变形假定下,将冻土体变形视为弹塑性变形,土体总的应变是由应力引起的应变、水压力引起的应变、冻胀引起的应变三部分组成,本构关系采用弹塑性本构方程,建立饱和冻土体应力场控制方程。

⑤ 以偏微分方程组的形式,将该数学模型控制方程进行有限元程序二次开

发,通过对比室内土柱冻胀试验及现场原位冻结试验结果数据,验证了所建立的水-热-力耦合数学模型具有较高的准确性。

(4) 研发了动态智能参数反演模型,建立超长联络通道三维水-热-力耦合数值计算模型,并结合所研发的动态智能参数反演程序进行了关键参数的反演,并利用所获得的工况下最优参数进行了水-热-力耦合计算分析,并在此基础上对冻结工程冻结帷幕发展进行预测。

① 温度场反分析理论研究,构建简单一维温度场反分析理论模型。

② 设计研发了基于二分法逼近的单参数动态智能反演程序与基于粒子群优化算法的多参数动态智能反演程序,利用动态智能参数反演程序,动态循环调用有限元计算软件进行分析计算,克服了传统方法反演过程随机性大,反演过程耗时且精度不高的不足。

③ 建立超长联络通道三维水-热-力多场耦合数值计算模型,并利用所研发的动态智能参数反演程序进行关键参数智能反演,如得到工况下 $-20\ ℃$、$-5\ ℃$ 冻土导热系数分别为 $1.95\ W/(m·K)$、$1.87\ W/(m·K)$,融土导热系数、渗透系数分别为 $1.43\ W/(m·K)$ 和 $2.17\ m/d$。

(4) 利用所获得的冻结工程最优参数进行了水-热-力耦合计算分析,并在此基础上对冻土发展情况进行预测。

(5) 确定模型尺寸及主要参数,设计液氮制冷系统及温度、水分、位移测试系统,并开展液氮冻结试验。待冻结完成后进行土体的开挖、衬砌的构筑,对试验结果进行分析总结,对盐水冻结施工方案进行归纳总结。

① 依据相似定理开展温度场、水分场、应力场、位移场相似准则的推导,得出竖井冻结模型试验和原型的相似关系。

② 设计现场原位竖井冻结方案,包括冻结壁厚度设计、冻结管的数量和布置形式、配液管及冻结器的设计、制冷系统的选择、测试及采集系统的选择和布置等。

③ 开展现场原位竖井液氮冻结试验,包括冻结管的原位安装,温度传感器、水分传感器、位移计的布设,冻结管与液氮制冷系统的安装连接,开始冻结后数据的采集,竖井的开挖与衬砌的安装等。

④ 对所采集试验数据进行整理分析,并开展竖井冻结工程水-热-力耦合计算分析工作,分别研究温度场、水分场、开挖变形等的发展规律,并与实测值进行对比分析。

⑤ 针对常见盐水冻结工程,对制冷系统的设计、冻结的主要施工过程、开挖与构筑的方案等进行整理归纳,为竖井冻结工程的安全施工提供指导。

(6) 通过提出的人工冻土本构模型、水-热-力多场耦合模型、智能优化反演程序等构建基于有限元原理的富水地层人工冻结法信息化管理系统。通过富水地层冻结设计与施工动态管理平台的研发,可以使人工冻结法施工过程信息化、科学化、专业化,极大提高冻结工程的安全性,为冻结工程的安全高效施工提供科学指导。

① 进行单排冻结孔优化设计分析,研究了不同冻结管直径、间距、渗流速度下冻结壁发展情况,通过计算结果分析发现,渗流的存在,导致总的冻结壁厚度减小,在渗流速度分别为 0、1 m/d、3 m/d、5 m/d 时,冻结 50 d 时冻结壁总厚度分别为 3.2 m、3.0 m、1.8 m、1.5 m,随渗流速度增大,冻结壁厚度减小,渗流速度为 7 m/d 时,冻结壁无法交圈。

② 设计研发渗流条件下双排冻结孔优化设计程序,利用该程序对迎水面冻结孔间距、背水面冻结孔间距、两排冻结孔排间距进行优化,寻找工况条件下最优冻结孔设计。

③ 建立动态监控量测系统以及施工参数动态调节系统,通过两套系统的配合可以对钻孔、温度及变形情况等进行动态监控及控制施工参数进行纠偏调整。

④ 以国内最长冻结法施工地铁联络通道冻结工程为背景,研发富水地层冻结设计与施工动态管理平台,使仿真过程程序化,通过简单的操作就能完成复杂的运算,能极大地减少了工作量。

8.2 不足及展望

本书在饱和富水地层水-热-力多场耦合及人工冻结法信息化设计施工的研究方面得到了一些积极成果,但由于试验条件和作者本身的水平限制,以上研究中还存在一些缺点和不足,需要在今后的研究中加以完善。

(1) 书中受力及冻胀产生的变形均基于小变形假设,无法进行冻土体的大变形计算。

(2) 仅以宏观的观测结果进行多物理场耦合模型的效果检验,而未进行微观结构与组分的研究。

基于以上存在的一些问题,将进一步开展的工作有以下两点。

(1) 基于当前水-热-力多场耦合计算模型继续进行研究,一方面进行计算模型的优化,另一方面开展大变形水-热-力多场耦合计算模型的相关研究。

(2) 利用扫描电镜进行土体的微观结构研究,利用核磁共振技术进行水分迁移研究,利用土体微观结构来分析应力-应变关系。

参 考 文 献

[1] Mahmoud A A, Xu M H, Ferri P H, et al. Artificial ground freezing: A review of thermal and hydraulic aspects[J]. Tunnelling and Underground Space Technology Incorporating Trenchless Technology Research, 2020, 104:103534.

[2] 赵亮,景立平,单振东. 冻土冻胀模型研究现状与进展[J]. 自然灾害学报, 2020, 29(4): 43-52.

[3] 马芹永. 人工冻结法的理论与施工技术[M]. 北京:人民交通出版社, 2007.

[4] 方江华,张志红,张景钰. 人工冻结法在上海轨道交通四号线修复工程中的应用[J]. 土木工程学报, 2009, 42(8): 124-128.

[5] 丁航. 渗流作用下富水砂层冻结壁形成机理研究[D]. 北京:煤炭科学研究总院, 2018.

[6] 马巍,王大雁. 中国冻土力学研究50a回顾与展望[J]. 岩土工程学报, 2012, 34(4): 625-640.

[7] Zhang Z, Ma W, Zhang Z Q. Scientific concept and application of frozen soil engineering system[J]. Cold Regions Science and Technology, 2018, 146: 127-132.

[8] Ma W, Chang X X. Analyses of strength and deformation of an artificially frozen soil wall in underground engineering[J]. Cold Regions Science and Technology, 2002, 34(1): 11-17.

[9] 李栋伟. 深部冻结黏土蠕变损伤耦合本构模型及应用研究[D]. 淮南:安徽理工大学, 2011.

[10] 孙立强,路江鑫,李恒,等. 含水率和含盐量对人工冻土强度特性影响的试验研究[J]. 岩土工程学报, 2015, 37(S2): 27-31.

[11] Xu X T, Wang Y B, Yin Z H, et al. Effect of temperature and strain rate on mechanical characteristics and constitutive model of frozen Helin loess[J]. Cold Regions Science and Technology, 2017, 136: 44-51.

[12] 张雅琴,杨平,江汪洋,等. 粉质黏土冻土三轴强度及本构模型研究[J]. 土木工程学报, 2019, 52(S1): 8-15.

[13] 赖远明,程红彬,高志华,等. 冻结砂土的应力-应变关系及非线性莫尔强度

准则[J]. 岩石力学与工程学报, 2007, 26(8): 1612-1617.

[14] Lai Y M, Jin L, Chang X X. Yield criterion and elasto-plastic damage constitutive model for frozen sandy soil[J]. International Journal of Plasticity, 2009, 25(6): 1177-1205.

[15] Lai Y M, Yang Y G, Chang X X, et al. Strength criterion and elastoplastic constitutive model of frozen silt in generalized plastic mechanics[J]. International Journal of Plasticity, 2010, 26(10): 1461-1484.

[16] 李栋伟, 陈军浩, 周艳. 复杂应力路径人工冻土三轴剪切试验及本构模型[J]. 煤炭学报, 2016, 41(S2): 407-411.

[17] Lai Y M, Liao M K, Hu K. A constitutive model of frozen saline sandy soil based on energy dissipation theory[J]. International Journal of Plasticity, 2016, 78: 84-113.

[18] Liu E L, Yu H S, Zhou C, et al. A binary-medium constitutive model for artificially structured soils based on the disturbed state concept and homogenization theory[J]. International Journal of Geomechanics, 2017, 17(7): 04016154.

[19] 栗晓林, 王红坚, 邹少军, 等. 循环荷载下冻土变形特性研究现状及冻土开挖问题[J]. 冰川冻土, 2017, 39(1): 92-101.

[20] 焦贵德, 赵淑萍, 马巍, 等. 循环荷载下高温冻土的变形和强度特性[J]. 岩土工程学报, 2013, 35(8): 1553-1558.

[21] 陈敦, 马巍, 王大雁, 等. 定向剪切应力路径下冻结黏土变形特性试验[J]. 岩土力学, 2018, 39(7): 2483-2490.

[22] Zhou M M, Meschke G. A multiscale homogenization model for strength predictions of fully and partially frozen soils[J]. Acta Geotechnica, 2018, 13(1): 175-193.

[23] 罗飞, 何俊霖, 朱占元, 等. 考虑颗粒破碎的冻结砂土非线性本构模型研究[J]. 地质力学学报, 2018, 24(6): 871-878.

[24] 李顺群, 张建伟, 夏锦红. 原状土的剑桥模型和修正剑桥模型[J]. 岩土力学, 2015, 36(S2): 215-220.

[25] Liu E L, Lai Y M, Wong H, et al. An elastoplastic model for saturated freezing soils based on thermo-poromechanics[J]. International Journal of Plasticity, 2018, 107: 246-285.

[26] Yang Y G, Lai Y M, Chang X X. Experimental and theoretical studies on the creep behavior of warm ice-rich frozen sand[J]. Cold Regions Science

and Technology, 2010, 63(1-2): 61-67.

[27] Vialov S S. Rheological properties and bearing capacity of frozen soils[J]. Footings, 1965.

[28] 陈湘生. 我国人工冻结粘土蠕变数学模型及应用[J]. 煤炭学报, 1995(4): 4.

[29] 孙凯, 陈正林, 陈剑, 等. 一种基于修正西原模型的冻土蠕变本构关系[J]. 岩土力学, 2015, 36(S1): 142-146.

[30] Li D W, Zhang C C, Ding G S, et al. Fractional derivative-based creep constitutive model of deep artificial frozen soil[J]. Cold Regions Science and Technology, 2020, 170: 102942.

[31] Li D W, Fan J H, Wang R H. Research on visco-elastic-plastic creep model of artificially frozen soil under high confining pressures[J]. Cold Regions Science and Technology, 2011, 65(2): 219-225.

[32] 李栋伟, 汪仁和, 胡璞, 等. 冻结黏土卸载状态下双屈服面流变本构关系研究[J]. 岩土力学, 2007(11): 2337-2342.

[33] 李栋伟, 崔灏, 汪仁和. 复杂应力路径下人工冻砂土非线性流变本构模型与应用研究[J]. 岩土工程学报, 2008(10): 1496-1501.

[34] 李栋伟, 汪仁和. 基于统计损伤理论的冻土蠕变本构模型研究[J]. 应用力学学报, 2008(1): 133-136+188.

[35] Yao X L, Qi J L, Zhang J M, et al. A one-dimensional creep model for frozen soils taking temperature as an independent variable[J]. Soils and Foundations, 2018, 58(3): 627-640.

[36] 赵延林, 唐劲舟, 付成成, 等. 岩石黏弹塑性应变分离的流变试验与蠕变损伤模型[J]. 岩石力学与工程学报, 2016, 35(7): 1297-1308.

[37] 张德, 刘恩龙, 刘星炎, 等. 基于修正 Mohr-Coulomb 屈服准则的冻结砂土损伤本构模型[J]. 岩石力学与工程学报, 2018, 37(4): 978-986.

[38] 麻世垄, 姚兆明, 刘爽, 等. 中主应力系数影响下的冻结砂土损伤本构模型[J]. 煤田地质与勘探, 2020, 48(5): 130-136.

[39] 罗飞, 张元泽, 朱占元, 等. 一种青藏高原冻结砂土蠕变本构模型[J]. 哈尔滨工业大学学报, 2020, 52(2): 26-32.

[40] de Gennaro V, Pereira J M. A viscoplastic constitutive model for unsaturated geomaterials[J]. Computers and Geotechnics, 2013, 54: 143-151.

[41] Lai Y M, Li J B, Li Q Z. Study on damage statistical constitutive model and stochastic simulation for warm ice-rich frozen silt[J]. Cold Regions Science

and Technology, 2012, 71: 102-110.

[42] Lai Y M, Li S Y, Qi J L, et al. Strength distributions of warm frozen clay and its stochastic damage constitutive model[J]. Cold Regions Science and Technology, 2008, 53(2): 200-215.

[43] Liao M K, Lai Y M, Yang J J, et al. Experimental study and statistical theory of creep behavior of warm frozen silt[J]. KSCE Journal of Civil Engineering, 2016, 20: 2333-2344.

[44] 王廷栋, 武建军, 赵希淑, 等. 冻土蠕变的光粘弹性模拟实验可行性研究[J]. 冰川冻土, 1995(2): 159-163.

[45] 王廷栋, 赵希淑, 吴紫汪, 等. 冻土蠕变模拟实验的相似条件[J]. 冰川冻土, 1995(4): 322-327.

[46] Harlan R L. Analysis of coupled heat-fluid transport in partially frozen soil [J]. Water Resources Research, 1973, 9(5):1314-1323.

[47] Andersland O B, Ladanyi B. An introduction to frozen ground engineering [M]. New York: Chapman & Hall, 1994.

[48] Yu L, Zeng Y, Su Z. Understanding the mass, momentum, and energy transfer in the frozen soil with three levels of model complexities[J]. Hydrology and Earth System Sciences, 2020, 24(10): 4813-4830.

[49] Painter S L, Karra S. Constitutive Model for Unfrozen Water Content in Subfreezing Unsaturated Soils[J]. Vadose Zone Journal, 2014, 13(4): VZj2013.04.0071.

[50] Wu D Y, Lai Y M, Zhang M Y. Heat and mass transfer effects of ice growth mechanisms in a fully saturated soil[J]. International Journal of Heat and Mass Transfer, 2015, 86: 699-709.

[51] Li Z M, Chen J, Tang A P, et al. A novel model of heat-water-air-stress coupling in unsaturated frozen soil[J]. International Journal of Heat and Mass Transfer, 2021, 175: 121375.

[52] 梁冰, 高红梅, 兰永伟. 岩石渗透率与温度关系的理论分析和试验研究[J]. 岩石力学与工程学报, 2005(12): 2009-2012.

[53] 张松, 岳祖润, 孙铁成, 等. 突发定渗流作用下冻土温度场演化规律及判别方法[J]. 煤炭学报, 2020, 45(12): 4017-4027.

[54] Pimentel E, Sres A, Anagnostou G. Large-scale laboratory tests on artificial ground freezing under seepage-flow conditions[J]. Géotechnique, 2012, 62(3): 227-241.

[55] Wang B, Rong C X, Cheng H, et al. Temporal and spatial evolution of temperature field of single freezing pipe in large velocity infiltration configuration [J]. Cold Regions Science and Technology, 2020, 175: 103080.

[56] 王彬. 大流速渗透地层人工冻结壁形成机理及其力学特性研究[D]. 淮南: 安徽理工大学, 2020.

[57] 李方政, 丁航, 张绪忠. 渗流作用下富水砂层双排管冻结壁形成规律模型试验研究[J]. 岩石力学与工程学报, 2019, 38(2): 386-395.

[58] 荣传新, 王彬, 程桦, 等. 大流速渗透地层人工冻结壁形成机制室内模型试验研究[J]. 岩石力学与工程学报, 2022, 41(3): 596-613.

[59] Sudisman R A, Osada M, Yamabe T. Experimental investigation on effects of water flow to freezing sand around vertically buried freezing pipe[J]. Journal of Cold Regions Engineering, 2019, 33(3): 04019004.

[60] 汪仁和, 李栋伟. 正冻土中水热耦合数学模型及有限元数值模拟[J]. 煤炭学报, 2006(6): 757-760.

[61] 龙小勇, 岑国平, 蔡良才, 等. 道面结构不均匀冻胀水热耦合模型试验及现场验证[J]. 哈尔滨工业大学学报, 2019, 51(3): 172-178.

[62] 吉植强, 劳丽燕, 李海鹏, 等. 渗流速度对砂土人工冻结壁的影响[J]. 科学技术与工程, 2018, 18(2): 130-138.

[63] Vitel M, Rouabhi A, Tijani M, et al. Thermo-hydraulic modeling of artificial ground freezing: Application to an underground mine in fractured sandstone[J]. Computers and Geotechnics, 2016, 75(5): 80-92.

[64] 黄诗冰, 刘泉声, 程爱平, 等. 低温裂隙岩体水-热耦合模型研究及数值分析[J]. 岩土力学, 2018, 39(2): 735-744.

[65] Hu R, Liu Q, Xing Y. Case study of heat transfer during artificial ground freezing with groundwater flow[J]. Water, 2018, 10(10): 1322.

[66] 徐光苗. 寒区岩体低温、冻融损伤力学特性及多场耦合研究[J]. 岩石力学与工程学报, 2007(5): 1078.

[67] Ji Y, Zhou G, Vandeginste V, et al. Thermal-hydraulic-mechanical coupling behavior and frost heave mitigation in freezing soil [J]. Bulletin of Engineering Geology and the Environment, 2021, 80: 2701-2712.

[68] Neaupane K M, Yamabe T. A fully coupled thermo-hydro-mechanical nonlinear model for a frozen medium [J]. Computers and Geotechnics, 2001, 28(8): 613-637.

[69] Neaupane K M, Yamabe T, Yoshinaka R. Simulation of a fully coupled

thermo-hydro-mechanical system in freezing and thawing rock [J]. International Journal of Rock Mechanics and Mining Sciences, 1999, 36(5): 563-580.

[70] Zhou J Z, Li D Q. Numerical analysis of coupled water, heat and stress in saturated freezing soil[J]. Cold Regions Science and Technology, 2012, 72: 43-49.

[71] Ji Y K, Zhou G Q, Zhou Y, et al. A separate-ice based solution for frost heaving-induced pressure during coupled thermal-hydro-mechanical processes in freezing soils[J]. Cold Regions Science and Technology, 2018, 147: 22-33.

[72] 何平, 程国栋, 俞祁浩, 等. 饱和正冻土中的水、热、力场耦合模型[J]. 冰川冻土, 2000(2): 135-138.

[73] 曾桂军, 张明义, 李振萍, 等. 饱和正冻土水分迁移及冻胀模型研究[J]. 岩土力学, 2015, 36(4): 1085-1092.

[74] 周扬, 周国庆, 王义江. 饱和土水热耦合分离冰冻胀模型研究[J]. 岩土工程学报, 2010, 32(11): 1746-1751.

[75] 张玉伟, 谢永利, 李又云, 等. 基于温度场时空分布特征的寒区隧道冻胀模型[J]. 岩土力学, 2018, 39(5): 1625-1632.

[76] 吴亚平, 刘振, 王宁, 等. 桩底水热效应对模型桩-冻土流变特性影响的试验研究[J]. 岩石力学与工程学报, 2016, 35(S1): 3424-3431.

[77] 程桦, 姚直书, 张经双, 等. 人工水平冻结法施工隧道冻胀与融沉效应模型试验研究[J]. 土木工程学报, 2007, 40(10): 80-85.

[78] 白丽伟, 吴迪, 唐志新, 等. 应力-渗流耦合效应下煤矿地下水库坝体稳定性研究[J]. 中国矿山工程, 2021, 50(5): 1-6.

[79] Shen D M, Zhang X, Xia J H, et al. A water-heat-force coupled framework for the preparation of soils for application in frozen soil model test[J]. Fluid Dynamics and Materials Processing, 2021, 17(1): 21-37.

[80] 李清林. 寒区油页岩废渣-粉煤灰土路基的水-水汽-热-力（HVTM）耦合数值模拟研究[D]. 长春: 吉林大学, 2020.

[81] 李智明. 基于复合混合物理论的冻土多场耦合研究[D]. 哈尔滨: 哈尔滨工业大学, 2021.

[82] 宁建国, 朱志武. 含损伤的冻土本构模型及耦合问题数值分析[J]. 力学学报, 2007(1): 70-76.

[83] 朱志武, 宁建国, 马巍. 基于损伤的冻土本构模型及水、热、力三场耦合数值

模拟研究[J]. 中国科学:物理学 力学 天文学, 2010, 40(6): 758-772.

[84] 陈飞熊, 李宁, 程国栋. 饱和正冻土多孔多相介质的理论构架[J]. 岩土工程学报, 2002, 24(2): 213-217.

[85] 陈飞熊, 李宁, 徐彬. 非饱和正冻土的三场耦合理论框架[J]. 力学学报, 2005, 37(2): 204-214.

[86] Qin B, Chen Z H, Fang Z D, et al. Analysis of coupled thermo-hydro-mechanical behavior of unsaturated soils based on theory of mixtures I[J]. Applied Mathematics and Mechanics, 2010, 31(12): 1561-1576.

[87] Liu Z, Yu X. Coupled thermo-hydro-mechanical model for porous materials under frost action: theory and implementation[J]. Acta Geotechnica, 2011, 6(2): 51-65.

[88] 贾善坡, 冉小丰, 王越之, 等. 变形多孔介质温度-渗流-应力完全耦合模型及有限元分析[J]. 岩石力学与工程学报, 2012, 31(S2): 3547-3556.

[89] 路建国, 张明义, 张熙胤, 等. 冻土水热力耦合研究现状及进展[J]. 冰川冻土, 2017, 39(1): 102-111.

[90] 陈卫忠, 谭贤君, 于洪丹, 等. 低温及冻融环境下岩体热、水、力特性研究进展与思考[J]. 岩石力学与工程学报, 2011, 30(7): 1318-1336.

[91] Thijs J K. Coupled water flow, heat transport, and solute transport in a seasonally frozen rangeland soil[J]. Soil Science Society of America Journal, 2020, 84(2): 399-413.

[92] 黄兴法, 曾德超, 练国平. 土壤水热盐运动模型的建立与初步验证[J]. 农业工程学报, 1997(3): 37-41.

[93] Zhang X D, Wang Q, Wang G, et al. A study on the coupled model of hydrothermal-salt for saturated freezing salinized soil[J]. Mathematical Problems in Engineering, 2017, 2017(1): 4918461.

[94] 肖泽岸, 赖远明, 尤哲敏. 单向冻结过程中 NaCl 盐渍土水盐运移及变形机理研究[J]. 岩土工程学报, 2017, 39(11): 1992-2001.

[95] 李瑞平, 史海滨, 赤江刚夫, 等. 基于水热耦合模型的干旱寒冷地区冻融土壤水热盐运移规律研究[J]. 水利学报, 2009, 40(4): 403-412.

[96] Rouabhi A, Jahangir E, Tounsi H. Modeling heat and mass transfer during ground freezing taking into account the salinity of the saturating fluid[J]. International Journal of Heat and Mass Transfer, 2018, 120: 523-533.

[97] Wu D Y, Lai Y M, Zhang M Y. Thermo-hydro-salt-mechanical coupled model for saturated porous media based on crystallization kinetics[J]. Cold

Regions Science and Technology, 2017, 133: 94-107.

[98] 冯瑞玲, 蔡晓宇, 吴立坚, 等. 硫酸盐渍土水-盐-热-力四场耦合理论模型[J]. 中国公路学报, 2017, 30(2): 1-10.

[99] 邴慧, 何平. 不同冻结方式下盐渍土水盐重分布规律的试验研究[J]. 岩土力学, 2011, 32(8): 2307-2312.

[100] 陈军浩, 庄言, 陈笔尖, 等. 滨海软土冻结温度场发展规律[J]. 煤田地质与勘探, 2020, 48(4): 174-182.

[101] 龙伟, 荣传新, 段寅, 等. 拱北隧道管幕冻结法温度场数值计算[J]. 煤田地质与勘探, 2020, 48(3): 160-168.

[102] Hu X D, Fang T, Han Y G. Mathematical solution of steady-state temperature field of circular frozen wall by single-circle-piped freezing[J]. Cold Regions Science and Technology, 2018, 148: 96-103.

[103] Hu X D, Hong Z Q, Fang T. Analytical solution to steady-state temperature field with typical freezing tube layout employed in freeze-sealing pipe roof method [J]. Tunnelling and Underground Space Technology, 2018, 79: 336-345.

[104] 岳丰田, 仇培云, 杨国祥, 等. 复杂条件下隧道联络通道冻结施工设计与实践[J]. 岩土工程学报, 2006, 28(5): 660-663.

[105] 姜耀东, 赵毅鑫, 周罡, 等. 广州地铁超长水平冻结多参量监测分析[J]. 岩土力学, 2010, 31(1): 158-164, 173.

[106] Wang Y T, Gao Q, Zhu X L, et al. Experimental study on interaction between soil and ground heat exchange pipe at low temperature [J]. Applied Thermal Engineering, 2013, 60(1-2): 137-144.

[107] 黄建华, 严耿明, 杨鹿鸣. 水泥改良土地层联络通道冻结温度场分析[J]. 土木工程学报, 2021, 54(5): 108-116.

[108] 覃伟, 杨平, 金明, 等. 地铁超长联络通道人工冻结法应用与实测研究[J]. 地下空间与工程学报, 2010, 6(5): 1065-1071.

[109] Vasilyeva M, Stepanov S, Spiridonov D, et al. Multiscale Finite Element Method for heat transfer problem during artificial ground freezing[J]. Journal of Computational and Applied Mathematics, 2020, 371: 112605.

[110] 李大勇, 吕爱钟, 张庆贺, 等. 南京地铁旁通道冻结实测分析研究[J]. 岩石力学与工程学报, 2004, 23(2): 334-338.

[111] Yang X, Ji Z, Zhang P, et al. Model test and numerical simulation on the development of artificially freezing wall in sandy layers considering water

seepage[J]. Transportation Geotechnics, 2019, 21: 100293.

[112] Li Z M, Chen J, Sugimoto M, et al. Thermal behavior in cross-passage construction during artificial ground freezing: case of harbin metro line[J]. Journal of Cold Regions Engineering, 2020, 34(3): 1-13.

[113] 杨平, 皮爱如. 高流速地下水流地层冻结壁形成的研究[J]. 岩土工程学报, 2001, 23(2): 167-171.

[114] Alzoubi M A, Madiseh A, Hassani F P, et al. Heat transfer analysis in artificial ground freezing under high seepage: Validation and heatlines visualization[J]. International Journal of Thermal Sciences, 2019, 139: 232-245.

[115] 刘伟俊, 张晋勋, 单仁亮, 等. 渗流作用下北京砂卵石地层多排管局部水平冻结体温度场试验[J]. 岩土力学, 2019, 40(9): 3425-3434.

[116] 周洁, 李泽垚, 万鹏, 等. 组合地层渗流对人工地层冻结法及周围工程环境效应的影响[J]. 岩土工程学报, 2021, 43(3): 471-480.

[117] 张晋勋, 亓轶, 杨昊, 等. 北京砂卵石地层盆形冻结的温度场扩展规律研究[J]. 岩土力学, 2020, 41(8): 2796-2804, 2813.

[118] 凌贤长, 蔡德所. 岩体力学[M]. 哈尔滨: 哈尔滨工业大学出版社, 2002.

[119] 蔡美峰. 岩石力学与工程[M]. 2版. 北京: 科学出版社, 2013.

[120] 陈文, 孙洪广, 李西成, 等. 力学与工程问题的分数阶导数建模[M]. 北京: 科学出版社, 2010.

[121] 姜玉婷. 分数阶微积分在非牛顿流体中的应用[J]. 科技创新与应用, 2019 (24): 179-180, 182.

[122] 王豫宛, 王伟, 周倩瑶, 等. 基于非定常分数阶微积分的岩石蠕变模型研究[J]. 河北工程大学学报(自然科学版), 2019, 36(2): 60-63, 69.

[123] 赖远明, 刘松玉, 吴紫汪. 寒区挡土墙温度场、渗流场和应力场耦合问题的非线性分析[J]. 土木工程学报, 2003, 36(6): 88-95.

[124] 赖远明, 吴紫汪, 朱元林, 等. 寒区隧道温度场、渗流场和应力场耦合问题的非线性分析[J]. 岩土工程学报, 1999, 21(5): 529-533.

[125] 陈四利, 李锋, 侯芮, 等. 温度变化对水泥土渗透特性影响试验[J]. 沈阳工业大学学报, 2020, 42(4): 453-458.

[126] 徐增辉, 刘光廷, 叶源新, 等. 温度对软岩渗透系数影响的试验研究[J]. 三峡大学学报(自然科学版), 2006, 28(4): 301-304, 311.

[127] 赵孝保. 工程流体力学[M]. 3版. 南京: 东南大学出版社, 2012.

[128] 徐学祖, 邓友生. 冻土中水分迁移的实验研究[M]. 北京: 科学出版

社, 1991.

[129] Michalowski R L. A constitutive model of saturated soils for frost heave simulations[J]. Cold Regions Science and Technology, 1993, 22(1): 47-63.

[130] 徐学祖, 王家澄, 张立新. 冻土物理学[M]. 北京: 科学出版社, 2001.

[131] Zhang, X D, Wang Q, Yu T W, et al. Numerical Study on the Multifield Mathematical Coupled Model of Hydraulic-Thermal-Salt-Mechanical in Saturated Freezing Saline Soil[J]. International Journal of Geomechanics, 2018, 18(7): 1-17.

[132] 董兴泉. 考虑非达西渗流的成层软土大变形固结理论与试验研究[D]. 镇江: 江苏大学, 2017.

[133] 程瑞端, 陈海焱, 鲜学福, 等. 温度对煤样渗透系数影响的实验研究[J]. 煤炭工程师, 1998(1): 11-14.

[134] 宁建国, 王慧, 朱志武, 等. 基于细观力学方法的冻土本构模型研究[J]. 北京理工大学学报, 2005, 25(10): 847-851.

[135] 纪佑军, 刘建军, 程林松. 考虑流-固耦合的隧道开挖数值模拟[J]. 岩土力学, 2011, 32(4): 1229-1233.

[136] 薛强, 梁冰, 马士进. 边坡失稳系统的固流耦合模型[J]. 山东科技大学学报(自然科学版), 2001, 20(2): 87-89.

[137] 孙培德, 杨东全, 陈奕柏. 多物理场耦合模型及数值模拟导论[M]. 北京: 中国科学技术出版社, 2007.

[138] 王贺, 郭春香, 吴亚平, 等. 基于弹性力学考虑冰水相变过程下多年冻土冻胀系数与冻胀率之间的关系[J]. 岩石力学与工程学报, 2018, 37(12): 2839-2845.

[139] 庞善起, 鹿姗姗. 正交表的构造方法及 Matlab 实现[J]. 中国卫生统计, 2017, 34(2): 364-367.

附录 A 单参数动态智能反演主要程序

```
import os
import numpy as np
import pandas as pd
import time
def sdcal(T_1cal, T_real):
    T_1cal=np.array(T_1cal)
    T_real =np.array(T_real)
    #sd=np.array((T_real-T_1cal)**2)
    sd = (T_real - T_1cal)**2
    sd =np.sum(sd, axis=1)
    sd =sd.tolist()
    sd =round(sd[0], 6)
    return sd
def ComCal(R_TC, path, n):
    cal_dir =os.path.join(path, 'singleData', 'calData.csv')
    calData =pd.read_csv(cal_dir, header=None)
    return calData.iloc[n,]
if __name__ =='__main__':
    R_TC =1.926
    R_var =3
    step =0.3
    R_list =[R_TC -step, R_TC, R_TC + step]
    R_and_Sd =pd.DataFrame()
    Sd_list =[]
    T_1cal =[]
    T_cal =pd.DataFrame()
    path =os.getcwd()
    real_dir =os.path.join(path, 'singleData', 'realData.csv')
    T_real =pd.read_csv(real_dir, header=None)
    #############
    T_1cal =ComCal(R_TC -step, path, 0)
```

```
sd =sdcal(T_1cal, T_real)
Sd_list.append(sd)
#############
T_1cal =ComCal(R_TC, path, 1)
sd =sdcal(T_1cal, T_real)
Sd_list.append(sd)
#############
T_1cal =ComCal(R_TC + step, path, 2)
sd =sdcal(T_1cal, T_real)
Sd_list.append(sd)
#############
R_and_Sd =pd.concat([pd.DataFrame(R_list), pd.DataFrame(Sd_list)], axis=1)
print(R_and_Sd)
minvalue =R_and_Sd.iloc[:, 1].min()
minvalueIdx =R_and_Sd.iloc[:, 1].idxmin()
goodvalue=R_and_Sd.iloc[minvalueIdx, 0]
start=0
end=0
if minvalueIdx ==1:
    print('The optimal value is: ' + str(goodvalue))
elif minvalueIdx >1:
    start =R_and_Sd.iloc[minvalueIdx, 0]
    end =R_TC + R_var
    T_1cal =ComCal(R_TC + R_var, path, 11)
    sd=sdcal(T_1cal, T_real)
    Sd_list.append(sd)
    R_list.append(R_TC + R_var)
    R_and_Sd =pd.concat([pd.DataFrame(R_list), pd.DataFrame(Sd_list)], axis=1)
elif minvalueIdx<1:
    start=R_TC -R_var
    if start<0:
        start=0
    end=R_and_Sd.iloc[minvalueIdx, 0]
    T_1cal =ComCal(R_TC + R_var, path, 11)
    sd =sdcal(T_1cal, T_real)
```

```
        Sd_list.append(sd)
        R_list.append(R_TC + R_var)
        R_and_Sd =pd.concat([pd.DataFrame(R_list), pd.DataFrame(Sd_list)], axis
=1)
      decide=1
      while(decide==1):
        tmp=(start+ end)/2
        T_1cal =ComCal(tmp, path, 11)
        sd =sdcal(T_1cal, T_real)
        Sd_list.append(sd)
        R_list.append(R_TC + R_var)
        R_and_Sd =pd.concat([pd.DataFrame(R_list), pd.DataFrame(Sd_list)], axis
=1)
        minvalue =R_and_Sd.iloc[:, 1].min()
        minvalueIdx =R_and_Sd.iloc[:, 1].idxmin()
        lefttmp=(R_and_Sd.iloc[minvalueIdx, 0]+ R_and_Sd.iloc[minvalueIdx-1,
0])/2
        righttmp=(R_and_Sd.iloc[minvalueIdx, 0]+ R_and_Sd.iloc[minvalueIdx+ 1,
0])/2
        if lefttmp>R_and_Sd.iloc[minvalueIdx-1, 0]:
          T_1cal =ComCal(tmp, path, 11)
          sd =sdcal(T_1cal, T_real)
          Sd_list.append(sd)
          R_list.append(tmp)
          R_and_Sd =pd.concat([pd.DataFrame(R_list), pd.DataFrame(Sd_list)],
axis=1)
        if righttmp<R_and_Sd.iloc[minvalueIdx+ 1, 0]:
          T_1cal =ComCal(tmp, path, 11)
          sd =sdcal(T_1cal, T_real)
          Sd_list.append(sd)
          R_list.append(tmp)
          R_and_Sd =pd.concat([pd.DataFrame(R_list), pd.DataFrame(Sd_list)],
axis=1)
        if lefttmp<=R_and_Sd.iloc[minvalueIdx-1, 0] and righttmp>R_and_Sd.iloc
[minvalueIdx+ 1, 0]:
          decide=0
      minvalue =R_and_Sd.iloc[:, 1].min()
```

```
            minvalueIdx =R_and_Sd.iloc[:, 1].idxmin()
            start= (R_and_Sd.iloc[minvalueIdx, 0]+ R_and_Sd.iloc[minvalueIdx- 1,
0])/2
            end=(R_and_Sd.iloc[minvalueIdx, 0]+ R_and_Sd.iloc[minvalueIdx+ 1, 0])/2
        minvalue =R_and_Sd.iloc[:, 1].min()
        minvalueIdx =R_and_Sd.iloc[:, 1].idxmin()
        opt=R_and_Sd.iloc[minvalueIdx, 0]
```

附录 B 多参数动态智能反演主要程序

```python
import os
import numpy as np
import pandas as pd
from sympy import Matrix
import time
def sdcal(T_1cal, T_real):
    T_1cal = np.array(T_1cal)
    T_real = np.array(T_real)
    # sd=np.array((T_real-T_1cal)**2)
    sd = (T_real - T_1cal) ** 2
    sd = np.sum(sd, axis=1)
    sd = sd.tolist()
    sd = round(sd[0], 6)
    return sd
def LijCal(R_L_list):
    L_t = 3
    L_u = 2
    L_p = L_t
    L_V = np.array(pd.DataFrame())
    L_K = []
    L = []
    L1 = []
    L2 = []
    Lij = []
    L_tmp = []
    R_L_size = R_L_list.shape
    L_Var_num = R_L_size[0]
    L_Var_num_div = R_L_size[1]
    G = np.transpose(np.array(list(range(0, L_t))))
    i = 1
    while(i <= L_u):
```

```python
            R = np.kron(np.kron(np.ones((pow(L_t, (i-1)))), G), np.ones((pow(L_t,
(L_u-i)))))
            i = i + 1
            L_V = np.append(L_V, R)
        L_V = L_V.reshape((9, 2), order='F')
        L_V = np.transpose(L_V)
        U = Matrix(L_V).rref()
        U = np.array(U)
        #U=np.array([[0,1,0,0,1,0,0,1,0],[0,0,0,1,1,1,0,0,0]])
        m, n = np.where(U == 1)
        s, L_t = np.where(U[(m + 1):L_u, n] <= 1)
        B = np.transpose(U[:, np.unique(n[L_t])])
        L = L_V * np.transpose(B)
        L = np.mod(L, L_p)
        L = L + np.ones(L.shape[0], L.shape[1])
        L_size = L.shape
        L_size = L_size[1]
        i = 1
        j = 1
        while (j <= L_Var_num):
            L_tmp = L[:, j]
            while (i <= L_Var_num_div):
                L_tmp[L_tmp == i] = R_L_list[j, i];
            i = i + 1
            Lij = [Lij, L_tmp]
            j = j + 1
            i = 1
        #Lij =np.array([[1.5408,0.9000], [1.5408,1.1250], [1.5408,1.3500], [1.
9260,0.9000], [1.9260,1.1250], [1.9260,1.3500], [2.3112,0.9000], [2.3112,1.
1250], [2.3112,1.3500]])
        return Lij
    def ComCal_Multiparameter(R_TC, path, n):
        cal_dir = os.path.join(path, 'singleData', 'calData.csv')
        calData = pd.read_csv(cal_dir, header=None)
        return calData.iloc[n,]
    if __name__ == '__main__':
        R_list = []
```

```python
R_and_Sd = pd.DataFrame()
Sd_list = []
T_1cal = []
T_cal = []
T_cal_best = []
T_real = pd.read_csv('T_real.csv')
globalbest_faval_sum = []
globalbest_x_sum = []
R_TC1 = [1.926, 1.125]
R_TC2 = [i*1.2 for i in R_TC1]
R_TC3 = [i*0.8 for i in R_TC1]
R_L_list = [R_TC3, R_TC1, R_TC2]
R_L_list = np.array(R_L_list)
#print(R_L_list)
E0 = 0.1
MaxNum = 30
narvs = 2
c1 = 2
c2 = 2
w = 0.6
vmax = 0.4
R_L_list = np.transpose(R_L_list)
LK = LijCal(R_L_list)
particlesize = LK.shape
particlesize = particlesize[0]
v = np.random(particlesize, narvs)
R_list = LK
i = 1

while (i <= particlesize):
    T_1cal = ComCal_Multiparameter(i, LK, n)
T_1cal = np.transpose(T_1cal)
T_cal = np.append(T_cal, T_1cal)
Sd_list = sdcal(T_1cal, T_real)
i = i + 1
x = R_list
v = 0.4 * np.random(particlesize, narvs) - 0.2
```

```
f =Sd_list
personalbest_x =x
personalbest_faval =f
[globalbest_faval, i] =min(personalbest_faval)
globalbest_faval_sum = np.append(globalbest_faval_sum, globalbest_faval)
globalbest_x =personalbest_x[i,:]
globalbest_x_sum =np.append(globalbest_x_sum, globalbest_x)
T_cal_best1 =T_cal[i,:]
T_cal_best =np.append(T_cal_best, T_cal_best1)
k =1

while (k <=MaxNum):
  fori in range(0, particlesize):
    v[i,:]=w *v[i,:]+ c1 *np.random * (personalbest_x[i,:] -x[i,:]) + c2 *np.random * (globalbest_x -x[i,:])
    for j in range(0, narvs):
      if v[i, j]>vmax:
        v[i, j]=vmax
      elif v[i, j]<-vmax:
        v[i, j]=-vmax
    x[i, :]=x[i, :]+ v[i, :]
  Lk=x
  T_cal =[]
  Sd_list=[]
  fori in range(0, particlesize):
    T_1cal =ComCal_Multiparameter(i, LK, n)
    T_1cal =np.transpose(T_1cal)
    T_cal =np.append(T_cal, T_1cal)
    Sd_list=sdcal(T_1cal, T_real)
  f=Sd_list

  fori in range(0, particlesize):
    if f[i]<personalbest_faval[i]:
      personalbest_faval[i]=f[i]
      personalbest_x[i, :]=x[i, :]
  globalbest_faval, i =min(personalbest_faval)
```

```
        globalbest_faval_sum=np.append(globalbest_faval_sum, globalbest_
faval)
        globalbest_x=personalbest_x[i, :]
        globalbest_x_sum=np.append(globalbest_x_sum, globalbest_x)
        T_cal_best1=T_cal[i, :]
        T_cal_best=np.append(T_cal_best, T_cal_best1)
        if abs(globalbest_faval)<E0:
          break
        k=k=
```